U0321631

国家出版基金项目

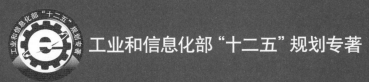

工业和信息化部"十二五"规划专著

航天发射科学与技术

航天发射装置概览

THE OVERVIEW OF AEROSPACE LAUNCHING EQUIPMENT

刘　浩　李喜仁　丁旭昶　陈亚军　编著

北京理工大学出版社

BEIJING INSTITUTE OF TECHNOLOGY PRESS

内 容 简 介

本书汇编了国外航天发射装置中最有代表性的弹道导弹发射装置、地空导弹发射装置、舰空导弹发射装置、巡航导弹发射装置和战术火箭发射装置的图片、资料,并进行了整理和分析;介绍了各种发射装置的发展历程、发展趋势、功能、组成、主要性能以及作战使用等。本书重点介绍了美国和俄罗斯的航天发射装置。

本书适合于从事航天发射技术研究和发射装置设计的工程技术人员阅读,也可作为高等院校相关专业的本科生、硕士生及博士生的教学参考书。

图书在版编目(CIP)数据

航天发射装置概览 / 刘浩等编著 . —北京:北京理工大学出版社,2015.6
(航天发射科学与技术)
国家出版基金项目　工业和信息化部"十二五"规划专著
ISBN 978 - 7 - 5682 - 0739 - 3

Ⅰ.①航…　Ⅱ.①刘…　Ⅲ.①航天器 - 发射装置　Ⅳ.①V553

中国版本图书馆 CIP 数据核字(2015)第 133399 号

出版发行 / 北京理工大学出版社有限责任公司
社　　　址 / 北京市海淀区中关村南大街 5 号
邮　　　编 / 100081
电　　　话 / (010)68914775(总编室)
　　　　　　(010)82562903(教材售后服务热线)
　　　　　　(010)68948351(其他图书服务热线)
网　　　址 / http://www.bitpress.com.cn
经　　　销 / 全国各地新华书店
印　　　刷 / 北京地大天成印务有限公司
开　　　本 / 787 毫米 × 1092 毫米　1/16
印　　　张 / 20.5　　　　　　　　　　　　　　　　责任编辑 / 李秀梅
字　　　数 / 395 千字　　　　　　　　　　　　　　文案编辑 / 李秀梅
版　　　次 / 2015 年 6 月第 1 版　2015 年 6 月第 1 次印刷　责任校对 / 周瑞红
定　　　价 / 78.00 元　　　　　　　　　　　　　　责任印制 / 王美丽

航天发射科学与技术

学术顾问委员会

（按姓氏笔画排序）

丁旭昶	于 倩	于建平
王 缜	牛养慈	任跃进
刘淑艳	李喜仁	张泽明
陈亚军	陈登高	周凤广
赵长禄	郝志忠	秦 烨
唐胜景	曾智勇	

总序

　　世界各国为了进一步提高综合国力，都在大力开发空间资源和加强国防建设。作为重要运载器的火箭、导弹，以及相关的发射科学技术，也相应地都得到了广泛的重视。发射科学技术综合了基础科学和其他应用科学领域的最新成就，以及工程技术的最新成果，是科学技术和基础工业紧密结合的产物。同时，发射科学技术也反映了一个国家相关科学技术和基础工业的发展水平。

　　航天发射科学技术的发展历史漫长，我国古代带火的弓箭便是火箭的雏形。火箭出现后，被迅速用于各种军事行动和民间娱乐。随着现代科学技术的发展和人类需求的增加，美国、俄罗斯、中国、日本、法国、英国等航天大国，投入了大量的人力、物力进行航天发射的研究和开发，并取得了丰硕成果，代表了世界的先进水平。火箭、导弹的发射水平，决定了一个国家航天活动和国防保障区域的范围。因此，各航天大国均把发展先进的发射和运载技术作为保持其领先地位的战略部署之一。无论是空间应用、科学探测、载人航天、国际商业发射与国际合作，还是国防建设，都对发射技术提出了新的要求，促使航天发射科学技术向着更高层次发展。

　　综上所述，系统归纳、总结发射领域的理论和技术成果，供从事相关领域教学、研发、设计、使用人员学习和参考，具有重要的意义。这对提高教育水平、提升技术能力、推动科学发展和提高航天发射领域的研发水平将会起到十分重要的作用。

　　航天发射科学技术构成复杂，涉及众多学科，而且内容广泛，系列丛书的编写需要有关领域的专家、学者来共同完成。因此，北京理工大学、北京航天发射技术研究所、北京机械设备研究所、北京特种机械研究所、总装备部工程设计研究院等国内从事相关领域研究的权威单位组建了本丛书的作者队伍，期望将发射科学技术的重要成果著作成册，帮助读者更深入地了解和掌握航天发射领域的知识和技术，推动我国航天事业的发展。

本丛书力求系统性、完整性、实用性和理论性的统一，从发射总体技术、发射装置、地面支持技术、发射场总体设计、发射装置设计、发射控制技术、发射装置试验技术、发射气体动力学、发射动力学、弹射内弹道学等多个相互支撑的学科领域，以发射技术基本理论，火箭、导弹发射相关典型系统和设备为重点，全面介绍国内外的相关技术和设备、设施。

本丛书作者队伍是一个庞大的教育、科研、设计团队，为了编写好本丛书，编写人员辛勤劳动，做出了很大努力。同时，得到了相关学会，以及从事编写的五个单位的领导、专家及工作人员的关心和大力支持，在此深表感谢！由于种种原因，书中难免存在不当之处，敬请读者批评指正！

编写委员会

航天发射装置用于火箭导弹的贮存、运输和发射，是火箭导弹武器系统的重要组成部分，直接影响火箭导弹武器系统的技术水平、使用性能和维护性能。如果说导弹是划破天空的利箭，那发射装置就是射出利箭的强弓。

随着新工艺、新材料和信息技术的快速发展，航天发射装置这一集机、电、液等多种技术于一体的装备，无论是装备的复杂性还是各项战术技术指标都在快速提升。新军事理论的不断涌现，更是催生了很多新型发射装置和发射方式。为深入、全面了解世界各国航天发射装置的发展和技术特点，把握航天发射装置的发展趋势，推动航天发射科学与技术的发展，作者结合多年的工作经验，将长期积累的国外航天发射装置有关资料进行了整理、分析和提炼，完成了本书。

本书作为《航天发射科学与技术》丛书的第二分册，力求将抽象的航天发射科学技术以《航天发射装置概览》的形式，较为形象、直观地展现在读者面前。本书按航天发射装置中最具代表性的弹道导弹发射装置、防空导弹发射装置、巡航导弹发射装置和战术火箭发射装置四大类型分别进行介绍（不含便携式防空导弹发射装置和空空导弹发射装置）。在介绍每个类型发射装置时，首先对该类型发射装置的发展历程和发展趋势进行概要说明，随后按照所属国家分类，采取图文并茂的方式，逐一对每种发射装置进行较为详细地说明。鉴于美国和俄罗斯在航天发射技术领域的领先地位及其装备体系的完整性，本书重点介绍了美国、俄罗斯两国研制的最有代表性的航天发射装置的发展历程、发展趋势、功能、组成、性能指标和技术特点，同时也介绍了与发射装置紧密相关的武器系统和有关参数，便于读者更加全面地了解发射装置的状况。

本书由北京机械设备研究所刘浩、丁旭昶、陈亚军主持编写和定稿。第一篇"弹道导弹发射装置"主要由杨向东、丁旭昶编写，第二篇"防空导弹发射装置"和第四篇"战术火箭发射装置"主要由刘浩、李喜仁、陈亚军编写，第三篇"巡航导弹发射装置"主要由李文华（北京特种机械研究所）编写。汤元平参加了本书编排、图片搜集与处理和书稿校对工作。王金生对本书进行了校阅，并修订了部分章节。凌莉参加了书稿打印工作。

本书编写过程中得到了秦烨、王生捷、郑伟、王蕴慧、王三舟等同志大力支持，在此表示衷心感谢。

本书内容丰富，有较强的实用性，适合于从事航天发射技术研究和发射装置设计的工程技术人员阅读，也可作为高等院校相关专业的本科生、硕士生及博士生的教学参考书。

作者在编著过程中虽然花费了很大精力，但限于作者的水平和搜集的资料有限，本书仍难免有错误与不足之处，殷切希望专家和读者批评指正。

作　者

2015 年 5 月

目 录
CONTENTS

总论 ……………………………………………………………………………… 1

第一篇　弹道导弹发射装置

第1章　概述 ………………………………………………………………… 5

1.1　弹道导弹发射装置发展历程 …………………………………………… 5

1.2　弹道导弹发射装置发展趋势 …………………………………………… 7

1.2.1　随机发射 ……………………………………………………… 7

1.2.2　快速反应 ……………………………………………………… 8

1.2.3　采用小型化、一体化发射设备 ……………………………… 9

1.2.4　发射装置通用化 ……………………………………………… 9

1.2.5　多平台发射 …………………………………………………… 10

1.2.6　高伪装性能 …………………………………………………… 10

1.2.7　低成本 ………………………………………………………… 11

第2章　美国弹道导弹发射装置 ………………………………………… 12

2.1　战略弹道导弹发射装置 ………………………………………………… 12

2.1.1　概述 …………………………………………………………… 12

2.1.2　LGM - 30G "民兵Ⅲ" 导弹发射装置 …………………… 14

2.1.3　"三叉戟" 系列导弹发射装置 …………………………… 19

2.1.4　MGM - 118A "和平卫士"（MX）导弹发射装置 ……… 20

2.1.5　"侏儒" 导弹公路机动加固发射装置 ………………… 24

2.1.6　"侏儒" 导弹发射装置的特点 ………………………… 27

2.2 战术弹道导弹发射装置 ·· 28

2.2.1 概述 ·· 28

2.2.2 MGM – 140 陆军战术导弹系统（ATACMS）发射装置 ········· 30

第3章 俄罗斯弹道导弹发射装置 ··· 33

3.1 战略弹道导弹发射装置 ·· 33

3.1.1 概述 ·· 33

3.1.2 SS – 18 地下井发射装置 ·· 42

3.1.3 "白杨"系列导弹公路机动发射装置 ······························ 45

3.1.4 SS – 24（"手术刀"）导弹铁路机动发射装置 ··················· 50

3.2 战术弹道导弹发射装置 ·· 54

3.2.1 概述 ·· 54

3.2.2 SS – 26（"伊斯坎德尔"）导弹发射装置 ························· 57

第4章 其他国家弹道导弹发射装置 ······································· 60

4.1 法国弹道导弹发射装置 ·· 60

4.1.1 地地战略导弹 ·· 60

4.1.2 潜地战略导弹 ·· 60

4.1.3 地地战术导弹 ·· 61

4.2 印度弹道导弹发射装置 ·· 62

4.3 巴基斯坦弹道导弹发射装置 ··· 66

第二篇　防空导弹发射装置

第1章 概述 ·· 73

1.1 防空导弹发射装置发展历程 ··· 73

1.2 防空导弹发射装置发展趋势 ··· 77

第2章 美国地空导弹发射装置 ··· 80

2.1 美国地空导弹发射装置概述 ··· 80

2.2 "波马克"地空导弹发射装置 ··· 81

2.3 "奈基"地空导弹发射装置 ·· 82

2.4 "霍克"地空导弹发射装置 ·· 82

2.5 "小懈树"地空导弹发射装置 ··· 84

2.6 "爱国者"地空导弹发射装置 ··· 85

2.6.1 发射车 ………………………………………………………… 85

2.6.2 发射箱 ………………………………………………………… 88

2.7 "复仇者"地空导弹发射装置 ……………………………………… 91

2.8 THAAD 地空导弹发射装置 ………………………………………… 91

2.9 "斯拉姆拉姆"地空导弹发射装置 ………………………………… 92

第 3 章 美国舰空导弹发射装置 ……………………………………… 94

3.1 美国舰空导弹发射装置概述 ……………………………………… 94

3.2 "标准 1"（SM－1）导弹发射装置 ……………………………… 95

3.3 "海小懈树"导弹发射装置 ………………………………………… 101

3.4 "标准 2"导弹发射装置 …………………………………………… 102

3.4.1 SM－2MR 导弹发射装置 ……………………………………… 102

3.4.2 SM－2ER 导弹发射装置 ……………………………………… 103

3.5 "宙斯盾"MK41 导弹发射装置 …………………………………… 103

3.5.1 发射模块 ……………………………………………………… 103

3.5.2 发射箱 ………………………………………………………… 106

3.5.3 发射模块系列 ………………………………………………… 107

3.5.4 发控单元 ……………………………………………………… 109

3.5.5 MK41 垂直发射系统的特点 ………………………………… 111

3.6 "海麻雀"MK48 导弹发射装置 …………………………………… 112

3.6.1 垂直发射型"海麻雀"RIM－7M 导弹 ……………………… 112

3.6.2 MK48 发射装置 ……………………………………………… 112

3.6.3 MK20 导弹发射箱 …………………………………………… 112

3.6.4 MK48 装舰条件 ……………………………………………… 113

3.6.5 燃气流对舰的影响 …………………………………………… 113

3.6.6 导弹的使用条件 ……………………………………………… 114

3.7 "拉姆"导弹发射装置 ……………………………………………… 114

3.7.1 "拉姆"导弹的主要参数 …………………………………… 114

3.7.2 "拉姆"导弹发射装置 ……………………………………… 114

3.8 同心筒导弹发射装置 ……………………………………………… 116

3.8.1 同心筒发射装置的组成与功能 ……………………………… 116

3.8.2 CCL 试验研究 ………………………………………………… 118

3.9 单隔舱导弹发射装置 ……………………………………………… 120

3.10 MK57 先进垂直发射系统（MK57AVLS） ……………………… 122

第 4 章　俄罗斯地空导弹发射装置 ·· 124

4.1　俄罗斯地空导弹发射装置概述 ··· 124

4.2　SA - 1 地空导弹发射装置 ··· 125

4.3　SA - 2 地空导弹发射装置 ··· 125

4.4　SA - 3 地空导弹发射装置 ··· 127

4.5　SA - 4 地空导弹发射装置 ··· 128

4.6　SA - 5 地空导弹发射装置 ··· 129

4.7　SA - 6 地空导弹发射装置 ··· 130

4.8　SA - 8 地空导弹发射装置 ··· 131

4.9　C - 300 地空导弹发射装置 ··· 132

4.9.1　C - 300ПМУ 发射装置 ·· 133

4.9.2　C - 300ПМУ1 地空导弹发射装置 ································· 136

4.9.3　C - 300ПМУ2 和 C - 400 地空导弹发射装置 ················ 140

4.10　C - 400 地空导弹发射装置 ··· 140

4.11　SA - 15（TOP）地空导弹发射装置 ···································· 141

4.12　SA - 9 地空导弹发射装置 ··· 144

4.13　SA - 11 地空导弹发射装置 ··· 145

4.14　C - 300B/ "安泰 - 2500" 地空导弹发射装置 ···················· 147

4.15　SA - 13 地空导弹发射装置 ··· 148

4.16　SA - 17 地空导弹发射装置 ··· 150

4.17　"通古斯卡" 地空导弹发射装置 ·· 151

4.18　"铠甲 - C1" 弹炮合一系统 ·· 152

第 5 章　俄罗斯舰空导弹发射装置 ·· 154

5.1　俄罗斯舰空导弹发射装置发展概述 ·· 154

5.2　"海浪"（SA - N - 1）舰空导弹发射装置 ··························· 154

5.3　"风暴"（SA - N - 3）舰空导弹发射装置 ··························· 155

5.4　"奥萨"（SA - N - 4）舰空导弹发射装置 ··························· 156

5.5　"利夫"（SA - N - 6）舰空导弹发射装置 ··························· 158

5.6　"施基利"（SA - N - 7）舰空导弹发射装置 ························ 160

5.7　"克里诺克"（SA - N - 9）舰空导弹发射装置 ····················· 162

5.8　"卡什坦"（SA - N - 11）舰空导弹发射装置 ······················ 164

5.9　SA - N - 24 舰空导弹发射装置 ··· 165

第6章　其他国家地空导弹发射装置 ……………………………………………… 168

6.1　法国地空导弹发射装置 ……………………………………………………… 168

6.1.1　"响尾蛇"地空导弹发射装置 ………………………………………… 168

6.1.2　"猎鹰"地空导弹发射装置 …………………………………………… 170

6.1.3　"西卡"地空导弹发射装置 …………………………………………… 172

6.1.4　"罗兰特"地空导弹发射装置 ………………………………………… 172

6.1.5　"米卡"地空导弹发射装置 …………………………………………… 174

6.1.6　"紫菀"15/30 地空导弹发射装置 …………………………………… 175

6.2　英国地空导弹发射装置 ……………………………………………………… 176

6.2.1　"警犬"地空导弹发射装置 …………………………………………… 176

6.2.2　"雷鸟"地空导弹发射装置 …………………………………………… 177

6.2.3　"山猫"地空导弹发射装置 …………………………………………… 177

6.2.4　"长剑"地空导弹发射装置 …………………………………………… 178

6.3　意大利地空导弹发射装置 …………………………………………………… 180

6.3.1　"斯帕达"地空导弹发射装置 ………………………………………… 180

6.3.2　"靛青"地空导弹发射装置 …………………………………………… 181

6.4　瑞士地空导弹发射装置 ……………………………………………………… 182

6.4.1　"奥利康"地空导弹发射装置 ………………………………………… 182

6.4.2　"米康"地空导弹发射装置 …………………………………………… 183

6.4.3　"阿达茨"导弹发射装置 ……………………………………………… 184

6.5　日本地空导弹发射装置 ……………………………………………………… 185

6.5.1　TAN‒SAM 地空导弹发射装置 ……………………………………… 185

6.5.2　Chu‒SAM 地空导弹发射装置 ……………………………………… 186

6.6　德国地空导弹发射装置 ……………………………………………………… 187

6.7　以色列地空导弹发射装置 …………………………………………………… 188

6.7.1　ADAMS 地空导弹发射装置 ………………………………………… 188

6.7.2　"箭"地空导弹发射装置 ……………………………………………… 189

6.8　印度地空导弹发射装置 ……………………………………………………… 190

6.8.1　"特里舒尔"地空导弹发射装置 ……………………………………… 190

6.8.2　"阿卡什"地空导弹发射装置 ………………………………………… 190

6.9　挪威地空导弹发射装置 ……………………………………………………… 191

6.10　国际合作地空导弹发射装置 ……………………………………………… 192

6.10.1　MEADS 系统简介 …………………………………………………… 192

6.10.2　发射装置简介 ………………………………………………………… 193

第7章　其他国家舰空导弹发射装置 ······················· 194

7.1　法国舰空导弹发射装置 ·································· 194

7.1.1　"马舒卡"舰空导弹发射装置 ·················· 194

7.1.2　"海响尾蛇"舰空导弹发射装置 ················ 194

7.1.3　"西北风"舰空导弹发射装置 ·················· 198

7.1.4　"紫菀"舰空导弹发射装置——"席尔瓦"（SYLVER）··· 198

7.2　英国舰空导弹发射装置 ·································· 200

7.2.1　"海猫"舰空导弹发射装置 ···················· 200

7.2.2　"海标枪"舰空导弹发射装置 ·················· 201

7.2.3　"海狼"舰空导弹发射装置 ···················· 204

7.2.4　"海光"舰空导弹发射装置 ···················· 207

7.3　以色列舰空导弹发射装置 ································ 208

7.3.1　"巴拉克-1"舰空导弹武器系统 ··············· 208

7.3.2　"巴拉克-8"舰空导弹武器系统 ··············· 209

7.4　意大利舰空导弹发射装置 ································ 210

第三篇　巡航导弹发射装置

第1章　概述 ··· 215

1.1　巡航导弹发射装置发展历程 ···························· 215

1.1.1　第一代反舰导弹 ···························· 215

1.1.2　第二代反舰导弹 ···························· 216

1.1.3　第三代反舰导弹 ···························· 216

1.1.4　第四代反舰导弹 ···························· 216

1.2　巡航导弹发射装置发展趋势 ···························· 216

1.3　巡航导弹发射装置基本组成 ···························· 217

1.3.1　舰载发射装置 ······························ 217

1.3.2　车载发射装置 ······························ 218

1.3.3　潜射发射装置 ······························ 218

1.3.4　机载发射装置 ······························ 218

1.3.5　储运发射箱（筒）·························· 218

第2章　美国巡航导弹发射装置 ····························· 220

2.1　美国巡航导弹发射装置概述 ···························· 220

2.2　美国"捕鲸叉"反舰导弹发射装置 ······················ 221

2.2.1　RGM－84A"捕鲸叉"舰载发射装置 ⋯⋯⋯⋯⋯⋯⋯⋯⋯⋯ 221

2.2.2　岸防"捕鲸叉"导弹发射装置 ⋯⋯⋯⋯⋯⋯⋯⋯⋯⋯⋯⋯ 223

2.2.3　潜载"捕鲸叉"导弹发射装置 ⋯⋯⋯⋯⋯⋯⋯⋯⋯⋯⋯⋯ 224

2.3　美国"战斧"巡航导弹发射装置 ⋯⋯⋯⋯⋯⋯⋯⋯⋯⋯⋯⋯⋯⋯ 225

2.3.1　舰载发射装置 ⋯⋯⋯⋯⋯⋯⋯⋯⋯⋯⋯⋯⋯⋯⋯⋯⋯⋯ 225

2.3.2　"战斧"车载导弹发射装置 ⋯⋯⋯⋯⋯⋯⋯⋯⋯⋯⋯⋯⋯ 228

2.3.3　"战斧"潜射导弹发射装置 ⋯⋯⋯⋯⋯⋯⋯⋯⋯⋯⋯⋯⋯ 228

2.3.4　"战斧"机载发射装置 ⋯⋯⋯⋯⋯⋯⋯⋯⋯⋯⋯⋯⋯⋯⋯ 230

第3章　俄罗斯巡航导弹发射装置 ⋯⋯⋯⋯⋯⋯⋯⋯⋯⋯⋯⋯⋯⋯⋯⋯ 232

3.1　俄罗斯巡航导弹发射装置概述 ⋯⋯⋯⋯⋯⋯⋯⋯⋯⋯⋯⋯⋯⋯ 232

3.2　SS－N－1"扫帚"舰舰导弹发射装置 ⋯⋯⋯⋯⋯⋯⋯⋯⋯⋯⋯ 232

3.3　SS－N－2"冥河"反舰导弹发射装置 ⋯⋯⋯⋯⋯⋯⋯⋯⋯⋯⋯ 233

3.4　SS－N－12"沙箱"反舰导弹发射装置 ⋯⋯⋯⋯⋯⋯⋯⋯⋯⋯ 233

3.5　SS－N－19"花岗岩"舰舰导弹发射装置 ⋯⋯⋯⋯⋯⋯⋯⋯⋯ 235

3.6　SS－N－22"马基斯特"反舰导弹发射装置 ⋯⋯⋯⋯⋯⋯⋯⋯ 235

3.7　SS－N－25"天王星"反舰导弹发射装置 ⋯⋯⋯⋯⋯⋯⋯⋯⋯ 237

3.7.1　舰载发射装置 ⋯⋯⋯⋯⋯⋯⋯⋯⋯⋯⋯⋯⋯⋯⋯⋯⋯⋯ 238

3.7.2　岸防导弹发射装置 ⋯⋯⋯⋯⋯⋯⋯⋯⋯⋯⋯⋯⋯⋯⋯⋯ 239

3.8　SS－N－26"宝石"反舰导弹发射装置 ⋯⋯⋯⋯⋯⋯⋯⋯⋯⋯ 239

3.9　SS－N－27"俱乐部"反舰导弹发射装置 ⋯⋯⋯⋯⋯⋯⋯⋯⋯ 242

第4章　其他国家巡航导弹发射装置 ⋯⋯⋯⋯⋯⋯⋯⋯⋯⋯⋯⋯⋯⋯⋯ 243

4.1　法国"飞鱼"反舰导弹发射装置 ⋯⋯⋯⋯⋯⋯⋯⋯⋯⋯⋯⋯⋯ 243

4.1.1　"飞鱼"MM38舰对舰导弹 ⋯⋯⋯⋯⋯⋯⋯⋯⋯⋯⋯⋯⋯ 243

4.1.2　"飞鱼"MM38岸对舰导弹 ⋯⋯⋯⋯⋯⋯⋯⋯⋯⋯⋯⋯⋯ 243

4.1.3　"飞鱼"MM40舰对舰导弹 ⋯⋯⋯⋯⋯⋯⋯⋯⋯⋯⋯⋯⋯ 244

4.1.4　"飞鱼"MM40岸对舰导弹 ⋯⋯⋯⋯⋯⋯⋯⋯⋯⋯⋯⋯⋯ 245

4.1.5　"飞鱼"SM39潜射导弹 ⋯⋯⋯⋯⋯⋯⋯⋯⋯⋯⋯⋯⋯⋯ 247

4.2　以色列"迦伯列"反舰导弹发射装置 ⋯⋯⋯⋯⋯⋯⋯⋯⋯⋯⋯ 247

4.3　英国"海鸥"反舰导弹发射装置 ⋯⋯⋯⋯⋯⋯⋯⋯⋯⋯⋯⋯⋯ 248

4.4　法国、意大利"奥托马特"反舰导弹发射装置 ⋯⋯⋯⋯⋯⋯⋯ 248

4.5　瑞典反舰导弹发射装置 ⋯⋯⋯⋯⋯⋯⋯⋯⋯⋯⋯⋯⋯⋯⋯⋯⋯ 251

4.5.1　瑞典"罗伯特315"反舰导弹发射装置 ⋯⋯⋯⋯⋯⋯⋯⋯ 251

4.5.2　瑞典 RBS - 15 反舰导弹 ···················· 251

4.6　日本 SSM - 1 反舰导弹发射装置 ·················· 253

4.7　挪威"企鹅"反舰导弹发射装置 ·················· 254

4.8　法、德"独眼巨人"反舰导弹发射装置 ·············· 257

第四篇　战术火箭发射装置

第1章　概述 ···································· 261

1.1　战术火箭发射装置发展历程 ···················· 261

1.2　战术火箭发射装置发展趋势 ···················· 262

第2章　美国战术火箭发射装置 ······················ 263

2.1　美国 M270 多管火箭炮 ························ 263

2.1.1　M270 式多管火箭炮的构成 ················ 263

2.1.2　M270 式多管火箭炮用火箭弹 ·············· 266

2.1.3　M270 式多管火箭炮的战术技术性能 ·········· 267

2.1.4　M270 式多管火箭炮的性能特点 ············· 268

2.2　美国"海玛斯"（HIMARS）高机动火箭炮 ·········· 268

第3章　俄罗斯战术火箭发射装置 ····················· 270

3.1　БМ - 13 "喀秋莎"火箭炮 ···················· 270

3.2　9K51 式"冰雹"122 mm 多管火箭炮 ············· 271

3.3　9K57 式"飓风"220 mm 多管火箭炮 ············· 273

3.4　9K58 式"旋风"300 mm 多管火箭炮 ············· 274

第4章　其他国家战术火箭发射装置 ···················· 277

4.1　德国"拉尔斯 - Ⅱ"110 mm 火箭炮 ············· 277

4.2　法国"阵风"145 mm 火箭炮 ·················· 279

4.3　以色列 LAR - 160 式 160 mm 火箭炮 ············· 281

4.4　比利时 LAU - 97 式 70 mm 火箭炮 ·············· 282

4.5　日本 75 式 130 mm 火箭炮 ··················· 283

4.6　南非"战神婢女"127 mm 火箭炮 ··············· 284

4.7　印度"皮纳卡"214 mm 多管火箭炮系统 ··········· 285

参考文献 ···································· 287

索　引 ····································· 288

总　　论

　　航天发射科学技术是对火箭和导弹发射方式及其地面设备系统和发射工程设施进行研究、设计、试验及使用的理论与技术的总称。航天发射装置是航天发射技术的工程化实现，用于火箭和导弹的储存、运输和发射。

　　航天发射装置是火箭导弹武器系统的重要组成部分，直接影响火箭导弹武器系统的技术水平、使用性能和维护性能。航天发射装置起源于火箭发射装置。随着导弹武器技术的兴起，由火箭发射装置为基础发展起来的导弹发射装置得到了飞速发展，使航天发射装置的内涵和外延都得到了扩展。导弹发射装置作为一种高度集成的机、电、液一体化装备，成了航天发射装置的典型代表。

　　随着新工艺、新材料和信息技术的快速发展，无论是装备的复杂性，还是各项战术技术指标都在快速提升。而新军事理论的不断涌现，更是催生了很多新型发射装置和发射方式。根据不同火箭、导弹的发射要求，各种航天发射装置在载具、功能、结构和外形上有着较大的差别，亦有着多种不同的分类方式。为直观地展现各种航天发射装置的异同，本书按照火箭导弹的功能分类对航天发射装置进行介绍，分为弹道导弹发射装置、防空导弹发射装置、巡航导弹发射装置和战术火箭发射装置四个篇章。

第一篇　弹道导弹发射装置

第1章 概 述

1.1 弹道导弹发射装置发展历程

弹道导弹是导弹的一种。它除了一小段有动力飞行并进行制导的弹道外,其余均沿着只受地球重力作用的抛物线弹道飞行。弹道导弹按作战使命分为战略弹道导弹和战术弹道导弹,其中,战略弹道导弹通常携带核弹头,被用于攻击敌方的各种重要战略目标。按射程可以分为洲际导弹(射程超过 8 000 km)、远程导弹(射程 4 000 ~ 8 000 km)、中程导弹(射程 1 000 ~ 4 000 km)和近程导弹(射程在 1 000 km 以下)。按发射方式分可分为陆基和海基两大类。陆基弹道导弹根据发射手段主要有地下井发射、公路机动发射、铁路机动发射;海基弹道导弹目前主要是依靠弹道导弹核潜艇作为机动发射平台。下面按战略弹道导弹和战术弹道导弹分别介绍导弹及其发射装置的发展历程。

战略弹道导弹是战略核攻击力量中的主要组成部分,具有投掷质量大,射程远,命中精度高,反应时间短,戒备率高,以及指挥、控制和通信较为可靠等特点。到目前为止,根据导弹的发展技术与过程,有关专家认为战略弹道导弹发展大约经过了 4 代,是导弹武器中发展最快,技术最先进,更新换代周期最短的一种武器。

第一代导弹是 20 世纪 50 年代中期开始研制,50 年代后期开始部署的,是美、苏在德国 V - 2 弹道导弹的基础上,利用从德国获得的导弹专家和大批技术资料研制出来的导弹。其典型的型号有美国的"雷神"中程导弹,"宇宙神"和"大力神 I"洲际导弹及苏联 SS - 5 中程导弹、SS - 6 洲际导弹。这一代导弹主要解决有无问题,导弹本身性能低,卫星侦查水平不高,更高层次的问题如提高生存能力还未提到日程上来。其发射方式主要采用地面发射(如"雷神""宇宙神 D"和 SS - 6)或地下井储存/地面发射(如"宇宙神 E"和"大力神 I")。这一代导弹发射设备的特点是设备多,系统复杂,成本高,发射准备时间长。以"雷神"导弹发射设备为例,整个发射设备包括发射装置、发射控制设备、配电设备、电气设备、导弹测试设备、辅助测试设备及液压气动设备。除发射装置外,其他设备被分装在 6 辆拖车上,并在拖车上进行工作。发射装置由上、下两部分组成。下半部分用螺栓固定在发射阵地的混凝土基座上,然后用起重机将发射装置的上半部分吊装至下半部分，并用铰链固定。完成发射装置对接后，还需将发射装置回平至水平状态和导弹及其运输起竖车对接，之后才能进行导弹起竖及其他发射准备工作。

第二代导弹是 20 世纪 50 年代末到 60 年代初开始研制，60 年代初到 60 年代中后期部署的。其重点是提高生存能力。主要型号有美国的"大力神Ⅱ"，苏联的 SS - 9"悬崖"液体导弹，美国的"民兵Ⅰ"和"民兵Ⅱ"，苏联的 SS - 13"野人"，法国的 S - 2 固体导弹，美国的"北极星 A - 1"，苏联的 SS - N - 4，以及法国的 M - 1 潜地导弹。在第二代导弹中，液体导弹普遍采用可储存推进剂，以缩短发射准备时间，并开始采用地下储存和地下发射的方式，使生存能力有了提高。固体发动机及轻质量核弹头的研制成功使得固体导弹开始出现。在解决了潜艇水下发射的难题后又开始发展潜地固体导弹。潜地导弹可利用潜艇水下机动的优点，具有较高的生存能力。

第三代导弹是 20 世纪 60 年代中期开始研制，70 年代初（美国）—70 年代中期（苏联）开始部署的。主要型号有美国的"民兵Ⅲ"陆基洲际导弹，"海神 C - 3""北极星 A - 3"潜地导弹；苏联的 SS - 17"急行者"、SS - 18"撒旦"、SS - 19"匕首"陆基洲际导弹，SS - 20"先锋"中程导弹，以及 SS - N - 8 潜地导弹。这一时期，由于卫星侦查水平进一步提高（美国侦察卫星地面分辨率达到 0.3 ~ 0.6 m），导弹的命中精度也大为提高（从"民兵Ⅱ"的 560 m 提高到"民兵Ⅲ"的 220 m）。因此，提高导弹生存能力已成当务之急。除采用潜射方式提高生存能力外，弹道导弹还通过采用加固地下井和发展公路机动发射方式提高生存能力。美国从 1971 年开始，对 1 000 多个"民兵"导弹发射井进行了加固，抗力从 0.21 MPa 提高到 1.4 MPa。苏联采用多层同心钢圈混凝土结构使 SS - 18 导弹发射井抗力提高到 4.22 MPa，而 SS - 20 则通过采用高机动性的发射装置来提高生存能力。这一阶段弹道导弹还有一个突出的特点，即冷发射技术开始被广泛应用。尤其是苏联导弹，不仅 SS - 20 中程导弹采用了冷发射方式，SS - 17，SS - 18 等洲际导弹也采用了冷发射方式。

第四代导弹是 20 世纪 70 年代研制，80 年代中期开始装备的。主要型号有美国的 MX"和平卫士""侏儒""三叉戟Ⅱ"，苏联的 SS - 24"解剖刀"、SS - 25"白杨"、SS - 27"白杨 - M"等。这一阶段导弹发射技术的一个突出特点就是多种发射方式并存，机动发射能力和生存能力大为提高。如 MX 和 SS - 24 采用地下井发射和铁路机动发射两种发射方式；SS - 25 采用地下井发射和公路机动发射两种发射方式；而"侏儒"则采用了一种加固公路发射车的方案，结合了地下井抗力强和公路发射车机动能力好的优点。

20 世纪 90 年代之后，随着苏联解体，美国中止了"侏儒"导弹计划，但继续部署"三叉戟Ⅱ"，并对"民兵Ⅲ"进行现代化改装。20 世纪 90 年代以来，美国、俄罗斯、法国都把重点放在潜地弹道导弹上，而英国则一直倚重潜地弹道导弹。到 2006 年，美国部署的陆基弹道导弹主要是"民兵Ⅲ"，而海基弹道导弹则全部是"三叉戟Ⅱ"。俄罗斯的陆基弹道导弹包括 SS－18，SS－19，SS－25 和 SS－27，而海基弹道导弹则包括 SS－N－18M1，SS－N－23 等。SS－NX－30（"布拉瓦"）正处于研制当中。

战术弹道导弹已经历 3 代演变。20 世纪 50 年代装备了第一代战术弹道导弹。其代表型号为美国的"红石"和苏联的"飞毛腿－A"，都采用液体推进剂，系统复杂，反应时间长，射程短，命中精度低。20 世纪 60 年代发展了第二代战术弹道导弹，包括美国的"长矛""潘兴 IA"，苏联的"飞毛腿－B"（SS－12）和法国的"普吕东"。其特点为采用预装可储存液体推进剂或固体推进剂，反应时间短，命中精度提高。20 世纪 70 年代以来发展的第三代战术弹道导弹，包括美国的"潘兴Ⅱ"、陆军战术导弹系统（ATACMS）；苏联的 SS－21，SS－22 和 SS－23；以及法国的"哈德斯"。其特点是射程远，命中精度高，采用先进的固体推进剂，机动性好，反应速度快，抗干扰，全天候，生存能力强。

1.2　弹道导弹发射装置发展趋势

纵观弹道导弹的发展史，发射方式经历了地面固定发射、地下井储存/地面发射、井下发射、水下发射、公路机动发射、铁路机动发射等多种方式。其演变的基本规律是从地面固定发射方式向以机动发射方式为主、多种发射方式并存的趋势发展。其发展演变的主线是提高弹道导弹的生存能力和快速反应能力。总的来看，弹道导弹发射装置有以下发展趋势。

1.2.1　随机发射

随机发射能力主要针对陆基机动弹道导弹。采用随机发射的导弹武器系统由于发射场地预先不确定，使敌方无法发现而大大提高了武器系统的生存能力。要实现随机发射，主要需要解决 3 个方面的问题：低比压场坪发射、无依托瞄准和实时定位定向。

1. 低比压场坪发射技术

实现低比压场坪发射的主要途径有应用可延伸底部，增大发射装置接地面积，以及减小发射后坐力。大型地地导弹一般采用冷发射方式，发射后坐力很大，因此采用可延伸底部是实现低比压场坪发射的有效途径。可延伸底部可以将大部分发射后坐力传递到地面。当地面承载能力不够而发生沉陷时，可延伸底部随之沉陷，而发射装置保持稳定，这样导弹就可以在 4 级以上（含 4 级）的公路上进行随机发射。俄罗斯的 SS－25，SS－27 等就是采用这种方法。

2. 无依托瞄准技术

无依托瞄准的技术途径主要有水平瞄准、垂直近瞄和弹上自瞄等。水平瞄准是指发射装置（导弹）处于水平状态下进行瞄准，发射装置起竖后不用再进行瞄准，可直接进入发射程序。垂直近瞄就是发射装置起竖后在靠近发射装置的地方进行瞄准。这两种瞄准方式都需要配备地面瞄准设备，但相对于远距斜瞄方案来说，对发射场坪的要求大大降低，可在经过简易处理的场地上进行瞄准，因而能够适应随机发射。弹上自瞄就是利用弹上平台进行自瞄准，无需地面专用瞄准设备，但采用弹上自瞄方式的瞄准精度较差，这就提高了对导弹自身的要求。从目前技术发展的趋势来看，弹上自瞄方案无疑是最具优越性的。因为导弹发射车不仅简化了装车设备，也简化了操作程序，大大缩短了发射准备时间。

3. 实时定位定向技术

实时定位定向也是实现随机发射的一项关键技术。目前的地地导弹武器一般采用固定发射场坪，地理信息（经度、纬度、高程和北向基准）都已事先测定，要实现随机发射，就要求实时测定发射装置所在地的地理信息。目前，采用弹上自定位、自定向已成为定位定向技术发展的趋势。这种弹上自定位、自定向技术的工作原理是：在技术阵地（或待机隐蔽点）根据已知的地理信息，对弹上惯性测量组合进行初始设定。在导弹机动过程中，弹上的惯性器件始终处于导航状态，实时确定导弹所处位置的地理信息，并可利用数字地图、GPS 定位信息或零速外来信息等多种手段进行标定和补偿。

1.2.2 快速反应

快速反应能力是导弹武器系统的重要性能指标，从目前国内外弹道导弹的发展情况来看，主要有 4 个方面的发展趋势：一是缩小导弹发射系统的规模，实现单车作战；二是提高发射装置的机动性能；三是缩短单发导弹的发射准备时间；四是缩短连续发射准备时间。

1. 单车作战

早期的导弹发射车一般采用多辆车共同实现导弹发射。这种多车作战模式既不利于导弹的快速发射，也不利于隐蔽。将运输、调温、供配电、测发控、瞄准、定位定向、指控、发射等功能集身于一辆车，就可以实现单车作战，能显著提高弹道导弹的反应速度和机动作战能力。因此，单车作战是弹道导弹发射装置发展趋势之一。目前国内外的中近程导弹大多实现了单车作战，中远程和洲际导弹也趋向于采用单车作战模式。

2. 提高机动性

导弹的机动性能主要取决于导弹发射车的质量、外形尺寸和发射车底盘的性能。目前国内外弹道导弹发射车，尤其是集成度高的多功能导弹发射车，一般采用轻质化的上装结构，以及小型化和一体化的装车设备等来控制整车质量和外形尺寸。

底盘是导弹机动的平台。其性能指标主要体现在以下几个方面：机动速度、机动距离，越野能力，通过桥梁和涵洞的能力，以及弯道通过能力。目前地地导弹发射车主要有两种形式的底盘：半挂车和自行式底盘。从国外的现状来看，俄罗斯倾向于采用自行式底盘，如 SS-20 和 SS-25 的发射车均采用自行式底盘；而美国倾向于使用半挂车，在"侏儒"导弹的公路机动发射方案中，有两种发射车方案，均以半挂列车作为发射车底盘。这两种形式的底盘各有优缺点：自行式底盘越野性能最好，而半挂车的承载能力和转向性能较好。采用何种形式的底盘主要取决于对导弹规模、作战模式和战区环境条件等因素的综合考虑。

3. 缩短发射准备时间

导弹的发射准备时间主要包括发射装置的调平、起竖、瞄准、导弹测试、诸元计算和装订等。因此，要缩短发射准备时间，就需要从以上几个方面入手。如果采用弹上自瞄方案，则可省去发射阵地瞄准时间。这是十分有效的途径。同样，发射装置的快速调平和起竖也是缩短发射准备时间的一个重要方面。尤其是快速起竖对提高武器系统的生存能力更有意义。如俄罗斯的 SS-25 可在水平状态下完成导弹的测试与瞄准定向，转入自动发射程序后 1.5 min 内可将导弹发射出去。其中，起竖时间在 10 s 之内。

4. 缩短连续发射准备时间

连续发射准备时间是指发射装置完成第一发导弹的发射后，到第二发导弹发射完成的时间。发射装置的再次发射时间是武器系统作战能力的重要体现。缩短再次发射时间的主要途径有：采用多联装方式，导弹快速装填和转载，筒/车（弹/车）快速对接与分离等。

1.2.3　采用小型化、一体化发射设备

过去发射 1 枚弹道导弹，被称为是"百人一杆枪"，需要上百人、几十台各种各样的装备车辆才能完成。现在发射 1 枚弹道导弹所需人员和车辆越来越少，将运输、起竖、测试、监控、发配电、瞄准、发射等功能，通过设备的小型化和功能集成，齐集于一部有很强机动越障能力的多功能发射车来完成。如美国的"侏儒"战略导弹和俄罗斯的 SS-20 和 SS-27 弹道导弹，只需 2~3 部高机动能力的车辆就可完成发射任务。国内外最新的弹道导弹，只需 1 辆多功能发射车便可完成发射任务。这种高度集成的一体化发射设备既便于导弹武器隐蔽待机，又利于在狭小场地实施快速发射。

1.2.4　发射装置通用化

发射装置通用化是指同一发射装置可以发射不同型号的导弹。这种设计思想在舰载导弹和地空导弹等小型导弹发射装置的设计中体现得较为充分。如美国海军的 MK41

垂直发射装置能发射"标准2""轻型海麻雀""阿斯洛克"反潜导弹,"战斧"巡航导弹等。俄罗斯新研制的 CLUB 舰载导弹系统可以发射反潜、反舰、对地攻击 3 种类型共 5 种型号的导弹。在弹道导弹方面,美国的陆军战术导弹系统(ATACMS)采用 M270 多管火箭弹发射装置,可兼容火箭弹和导弹的发射。发射装置的通用化设计不仅提高了武器系统作战的灵活性,而且能有效降低研制周期和成本,对部队的使用和维护也带来了很多便利。

1.2.5 多平台发射

多平台发射是指同一型号的导弹能在不同的发射平台上实施发射,即一种导弹既能在公路上机动发射,也能在铁路上机动发射,甚至还能在简易地下井和舰船上发射。美国的 MX 导弹在设计时就考虑到既能在"民兵Ⅲ"的发射井内发射,也能在铁路上实施机动发射,但铁路机动发射方案的研制因故中止;而俄罗斯的 SS-25 既能在地下井内发射,也能在公路上机动发射。这种多平台发射技术对于大型和战略导弹来说更有意义,可使导弹的部署更加灵活,充分发挥各种发射方式的优点,避免"将所有鸡蛋放到同一个篮子里"的现象。

1.2.6 高伪装性能

要提高地地导弹的生存能力,主要的技术途径有:采用防护和加固技术、快速发射技术、任意点随机发射技术和隐身与伪装技术。对于机动发射装置来说,采取防护和加固的措施势必会增加整车质量,影响武器系统的机动能力。这一问题对于大型导弹来说更为突出。因此,采用隐身与伪装技术是一种可取的途径,如在海湾战争中,伊拉克的"飞毛腿"发射车伪装成油罐车,利用黑夜和不良气候条件,小批窄范围分散机动,适时转移,隐真示假,在失去制空权的情况下成功生存下来并进行反击。

目前导弹发射装置提高隐身与伪装能力的主要途径是隐身设计、外加伪装器材和主动抗击。

隐身设计是在发射装置的设计中采用一些变形和隐身的措施,使发射装置本身具有对抗某些侦察手段的能力。主要的设计手段有:采用模仿民用车外形,防止对空反光,安装防空灯,涂覆伪装迷彩等措施减小发射装置的光学特性;采用吸波材料或涂覆吸波涂层减小发射装置的电磁特性;合理布置底盘的排气管道以及采用发射筒隔热和快速冷却技术减小发射装置的红外特性;采用低噪声设备减小发射装置的声学特性,等等。

外加伪装器材主要是在导弹机动运输和待机隐蔽时覆盖伪装网、变形器等,隐藏或改变导弹发射装置的特性。

在现代战争中,精确制导武器的应用越来越广泛。对付这种精确制导武器,光靠被动防护是不够的，需要攻防结合。主要途径有：对激光制导武器实施烟雾迷盲，对GPS 制导武器实施电子干扰，对热红外末制导武器释放红外诱饵，等等。

1. 2. 7　低成本

弹道导弹，尤其是中远程以上弹道导弹发射装置均较为复杂，其全寿命周期成本一般也较高。未来作战不仅是比技术，更是比经济。因此，低成本化也是弹道导弹发射装置发展的趋势之一。

降低发射装置全寿命周期成本的主要途径有：提高装车设备的一体化水平，减少车载设备的种类和数量；在性能满足使用要求的前提下，采用价格相对低廉的材料和元器件；延长发射设备的使用寿命，增加发射次数，可有效降低单发成本；采用通用化、系列化、组合化的设计方法，减少设备种类和专用设备数量，也是提高地面设备经济性的有效途径；尽量采用民用技术，降低采购、制造和维护成本。

第 2 章　美国弹道导弹发射装置

2.1　战略弹道导弹发射装置

2.1.1　概述

1. 第一代战略弹道导弹

1953 年，美国第一种近程弹道式地地导弹试射成功，被命名为"红石"导弹。该导弹代号为 PGM-11，可携载 3 t 重的常规弹头或核弹头。"红石"于 1957 年正式装备炮兵部队，以营为作战单位，每个营下设 2 个导弹连，每个导弹连配备 1 部发射架。整个导弹系统需用 9 辆车运载。这便是美国最早的地地弹道导弹部队。

PGM-17A"雷神"是美国地地中程弹道导弹，采用液体推进剂，最大射程为 3 200 km。"雷神"导弹采用地面发射方式。地面设备非常复杂，成本很高，占整个武器系统成本的 87%。地面设备包括发射装置、发射控制设备、配电设备、电气设备、导弹测试设备、辅助测试设备及液压气动设备，其中除发射设备外，其他设备被分装在 6 辆拖车上，并在拖车上进行工作。"雷神"导弹的发射装置为支撑式发射装置，需在发射现场组装，并与地基用螺栓连接。

1959 年，美军装备了 HGM-16F"宇宙神"地地战略导弹。它的射程超过 1 万 km，仍属于第一代地地战略导弹，技术性能较差。为提高生存能力，"宇宙神 F"型采用了地下井储存方式，但发射时还需设法将它提升到地面。美国第一代地地战略导弹均采用不能储存的液体推进剂，只能在发射前临时加注，准备时间较长，从而减慢了发射速度。

HGM-25A"大力神Ⅰ"于 1959 年 2 月试射成功。它首次采用可储液体推进剂，是两级液体导弹。它和"宇宙神"一样，平时被储存在地下井内，发射时才将导弹提升到地面。全套发射装置系统复杂，包括 1 个地下井，1 个推进剂室，1 个仪器设备室，1 个可控制 3 个地下井的控制中心，以及天线地下井、动力室等。地下井采用钢筋混凝土圆筒结构，直径为 12.2 m，深为 48.3 m。井盖由两扇门组成，重 106 t，可承受 2 270 t 垂直载荷。

2. 第二代战略弹道导弹

美国第二代弹道导弹是在 20 世纪 50 年代末到 60 年代初研制，60 年代初—60 年代中后期部署的。其主要型号有"大力神Ⅱ""民兵Ⅰ""民兵Ⅱ"等地地战略弹道导弹和"北极星 A－1"潜地战略弹道导弹。

LGM－25C"大力神Ⅱ"于 1962 年 3 月被试射成功。和"大力神Ⅰ"相比，其技术性能有显著提高，不仅可被储存在地下井内，还可从地下井内被直接发射，从而缩短了发射准备时间。地下井直径 16.7 m，井深 44.5 m。和以往的地下井相比，"大力神Ⅱ"地下井采取了加固措施，井口用 750 t 重的滑动门密封，可抵抗核攻击。地下控制中心在受到核攻击时甚至可以与外界自动隔绝，自主供气和供水。

"民兵Ⅰ"有两种型号：LGM－30A"民兵ⅠA"和 LGM－30B"民兵ⅠB"。"民兵ⅠA"于 1961 年开始试飞，1962 年开始服役。"民兵ⅠB"于 1962 年开始试飞，1963年开始服役。"民兵Ⅰ"也属于第二代，被用来取代"宇宙神"，它是一种 3 级液体地地导弹，采用地下井发射。"民兵Ⅰ"地面设备包括地下发射井、地下发射控制中心、运输起竖车、通信网和安全围墙等。其地下井为简易井，取消了复杂的燃气导流设施，火焰直接从导弹周围排出。地下发控中心距地面 15 m，除控制设备外，还备有应急电池和生活物资。运输起竖车被用于将导弹（不含弹头和制导舱）从总装厂运至发射阵地，并将导弹安装在发射井中。

LGM－30F"民兵Ⅱ"于 1964 年开始试飞，1965 年开始部署。"民兵Ⅱ"的性能与"民兵Ⅰ"相比有显著提高。它的命中精度大大提高，圆概率误差降到 560 m，在第二代地地战略导弹中是佼佼者。"民兵Ⅱ"的地面设备在"民兵ⅠB"基础上进行了改进，主要是利用弹上计算机代替部分地面系统设备的功能，并采用微电子技术，减轻了地面辅助和测试设备质量。另外，采用了自准直技术，取消了导弹瞄准时人工下井转动导弹的动作。

UGM－27A"北极星 A－1"是一种潜地中程弹道导弹，于 1957 年研制，1960 年部署。"北极星 A－1"导弹的发射装置由油压驱动的空气阀、发射筒、储气瓶、固定装置、安全装置等组成。其中，发射筒由内筒和外筒套装而成，中间充有硅油。导弹被装在内筒中，在发射筒筒盖下方设置了一个密封隔膜，以防止海水进入并使发射筒内部保持一定的压力。每个发射筒都配有一个燃气—蒸汽弹射系统，被用以将导弹从发射筒内弹射出水面。

3. 第三代战略弹道导弹

美国第三代地弹道导弹是在 20 世纪 60 年代中开始研制，70 年代初开始部署的。主要型号有"民兵Ⅲ"陆基洲际导弹和"北极星 A－3""海神"潜地导弹。

LGM－30G"民兵Ⅲ"是美国于 20 世纪 60 年代中期至 70 年代初研制的第三代地地战略导弹。它是世界上第一种装有分导式多弹头的地地战略导弹。"民兵Ⅲ"采用地下井发射，利用导弹运输车进行运输和装井。"民兵Ⅲ"发射井的最大特点是进行了加固，使井的承压能力达到 6 865～13 730 kPa。

UGM-27C"北极星 A-3"是一种中远程潜地导弹，于 1960 年研制、1964 年部署。"北极星 A-3"是"北极星 A-1"的后续发展型。其发射装置和"北极星 A-1"基本相同。

UGM-73A"海神"（C-3）是美国于 1964 年开始研制，1971 年开始部署的中远程潜地导弹。"海神"导弹采用了 MK24 型发射装置。该装置由发射筒、发射动力系统和减震与密封装置等组成。

4. 第四代战略弹道导弹

第四代地地弹道导弹于 20 世纪 70 年代研制，80 年代中期开始装备。其主要型号有 MX，"侏儒"地地弹道导弹，以及"三叉戟"潜地弹道导弹。

MGM-118A"和平卫士"MX 是美国大型固体洲际弹道导弹，于 1979 年开始研制，1983 年第一次试飞，1986 年开始部署。MX 的部署方式，以及地面设备的配置和组成经过多年论证一直定不下来，先后设想了陆上机动、水下机动、空中机动和地下井发射等方式，提出了几十种方案，如地面越野机动、公路或铁路机动、岩石坑道、水平掩体、垂直掩体、带盖的沟壑、密集部署、河道、水池/河道、海岸潜艇、大型飞机和地下井方案。大多数方案被否定，最终采用"民兵"导弹地下井发射方案。

"侏儒"于 1983 年开始研制。该导弹体积小，投掷质量轻，导弹弹长 16.15 m，弹径 1.17 m，起飞质量仅 16.8 t，射程 1.2 万 km，是一种小型固体洲际弹道导弹。20 世纪 90 年代初，"侏儒"被用于装备美国空军。"侏儒"导弹采用了公路机动发射为主的发射方式，但和一般的公路发射车不同的是，"侏儒"导弹采用了全封闭式加固的机动发射车。这种发射车配有锚定器、密封围裙、穿地桩等装置，能承受 0.21 MPa 超压，使车辆在遭受核打击情况下不致被冲击波颠覆。

"三叉戟"导弹有两种型号："三叉戟Ⅰ"（C-4）和"三叉戟Ⅱ"（D-5）。UGM-96A"三叉戟Ⅰ"导弹是美国潜地远程弹道导弹，于 1973 年开始全面工程研制，1979 年开始部署。"三叉戟Ⅰ"发射装置包括存放导弹的发射筒和弹射导弹的燃气—蒸汽发生器系统。"三叉戟Ⅱ"导弹也是一种潜地远程弹道导弹，是在"三叉戟Ⅰ"导弹的基础上研制的，于 1984 年开始全面工程研制，1989 年开始部署。"三叉戟Ⅱ"的发射装置与"三叉戟Ⅰ"相同。

2.1.2　LGM-30G"民兵Ⅲ"导弹发射装置

1. 武器系统概述

美国"民兵"系列导弹共有 3 种类型，其中，LGM-30G"民兵Ⅲ"型（如图 1-2-1 所示）是当前美国陆基核力量的主力。"民兵Ⅲ"是美国第一种装分导式多弹头的地地战略导弹。它于 1964 年开始方案论证，1966 年开始研制，1968 年 8 月进行首次飞行试验，1970 年 7 月研制性飞行试验结束，1976 年 6 月开始服役。服役后的"民兵Ⅲ"导弹得到不断改进，并计划改进服役到 2020 年左右。

图 1 － 2 － 1　"民兵Ⅲ"导弹发射试验

"民兵Ⅲ"的主要战术技术指标如下：

射程：9 800 ~ 13 000 km。

命中精度（CEP）：370 ~ 450 m（MK12），185 ~ 227 m（MA12A）。

弹长：18.26 m。

最大弹径：1.67 m。

起飞质量：35.4 t。

级数：三级 + 末助推级。

推进剂类型：固体。

发射方式：地下井储存，井下发射。

2. 地面设备

"民兵Ⅲ"导弹采用井下发射方式。其地面设备是从"民兵Ⅰ"和"民兵Ⅱ"地面设备逐步改进而来的，因此本部分按"民兵"系列导弹的发展顺序介绍其地面设备。

"民兵Ⅰ"地面设备包括地下发射井、地下发射控制中心、运输起竖车、通信网和安全围墙等，每个发射阵地占地 8 100 ~ 12 000 m²。地下井为简易井（如图 1 - 2 - 2 所示），火焰直接从导弹周围排出。井底有火焰偏流器。地下井是钢筋混凝结构，直径3.66 m，深 25 m，上部为两层环形设备室，装有防震地板。井盖厚 1.22 m，重 85 t，在发射前 12 ~ 15 s 打开。井的抗超压能力为 2 060 kPa。发射井与相邻井间距离为 9 ~ 16 km，且井与发射控制中心之间至少相距 5.5 km，以使一颗核弹头不能同时摧毁两口井。地下井的后勤供应室内有环境控制系统，保证井内部温度在 18℃ ~ 30℃，相对湿度不大于 60%。另外，还有一台备用柴油发电机。

图 1 - 2 - 2 "民兵"导弹在发射井中

地下发射控制中心（如图 1 - 2 - 3 所示）距地面 15 m，其中除控制台设备外，还有应急电池和生活物资。设备环境温度为 23℃ ~ 25℃，相对湿度约 45%。

运输—起竖车被用于将"民兵"导弹（不包括弹头和制导舱）从装配厂运至发射阵地，并将其装在地下发射井中的三点悬吊减震系统上，如图 1 - 2 - 4 所示。它包括牵引车，装运导弹容器的挂车，以及向发射井安装"民兵"导弹用的设备。运输—起竖车装载导弹时总重 49 t。牵引车和挂车由通用发动机公司制造。牵引车功率为 20.5 MW，高度约 1.83 m，底轴距地面 0.23 m。牵引车可以爬 17°底坡。装导弹的容器采用铝镁合金制成，重约 4 t，长 19.4 m，宽 2.44 m。容器内有装导弹的托架，在导弹和托架、托架和容器之间有防震架。容器壁是绝热的。容器内部环境条件能自动调节。向发射井安装"民兵"导弹用的设备包括液压动力装置，2 个千斤顶，液压升降机及控制台。导弹在井内被定位后，再依次装上制导舱和弹头。

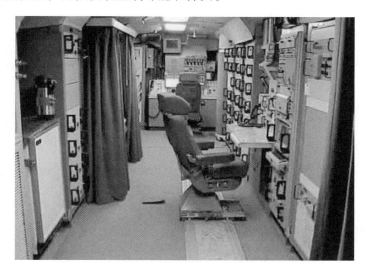

图 1 - 2 - 3 "民兵"导弹地下发射控制中心

（a）

图 1 - 2 - 4 "民兵"导弹运输—起竖车

（a）导弹运输

（b）

图 1 - 2 - 4　"民兵"导弹运输—起竖车（续）

（b）导弹装井

"民兵Ⅱ"地面设备在"民兵Ⅰ"地面设备的基础上做了如下改进：

（1）弹上计算机承担了原属地面系统的许多功能，加上采用微电子技术，使地面辅助和测量设备质量自 430 kg 降到 41 kg。

（2）计算机提供的信息增多，如全中队状态、目标—时间控制、导弹起飞时间预测等。这些信息与改进的制导系统一起使目标选择能力提高了 8 倍。

（3）采用自瞄准技术，可遥控校准平台，在 360°方位内瞄准。在预储的 8 个目标信息中，可迅速变换目标。不再像"民兵Ⅰ"那样，重新瞄准时需派人下井转动导弹。

"民兵Ⅲ"地面设备的主要改进是对地下井进行了加固，使井的承压能力达到 6 865 ～ 13 730 kPa。主要加固措施有：

（1）改进导弹悬挂系统，把地下井中的发射设备装在加固的由隔震板支撑的悬浮地板上，有效地提高了抗地冲击波能力。

（2）在井盖上加一层厚 250 mm 的硼酸盐防辐射混凝土，增强了防辐射和抗冲击波的能力。井盖厚度达 1.47 m，重约 100 t。

（3）沿井盖缝隙安装碎片收集器，可收集核爆炸引起的尘埃、碎石或积雪和冰块，以免落入井内损伤导弹。

3. 地面设备主要特点

1）发射井通用性好

"民兵Ⅲ"导弹发射井不仅可以发射"民兵"系列导弹，还可发射 MX 导弹，具有很好的通用性。

2）反应速度快

在平时做好各项作战准备工作后，处于待发状态的"民兵Ⅲ"导弹可在 32 s 内被发射出去。

3）辅助设备少

由于采用固体发动机，故取消了繁多的加注设备。采用 1 辆运输—起竖车就实现了导弹装井，减少了导弹装井设备的数量。

4）操作维护人员少

由于导弹可靠性提高，发射控制自动化程度高，辅助设备少，故减少了操作人员。发射控制中心最少需要 2 人值班，可指挥 10 枚导弹的发射，最多可指挥 50 枚导弹的发射。

5）防护能力强

"民兵Ⅲ"发射井经过加固后，承压能力达到 6 865 ~ 13 730 kPa，具有很高的防护能力。

6）成本低

由于采用一种简易发射井的方式，发动机燃气直接从导弹周围排出，取消了以往发射井复杂的燃气排导设施，并使得发射井直径减小，大大降低了发射井的建造成本和维护成本。

2.1.3 "三叉戟"系列导弹发射装置

"三叉戟"系列导弹有"三叉戟Ⅰ"（C – 4）和"三叉戟Ⅱ"（D – 5）两种型号。由于这两种型号的发射装置基本相同，因此以"三叉戟Ⅰ"导弹为对象介绍发射装置。"三叉戟Ⅰ"是美国潜地远程弹道导弹。该导弹代号为 UGM – 96A，是"海神"导弹的后继型号，1971 年开始预研，1973 年开始全面工程研制，1979 年开始部署。

"三叉戟Ⅰ"的主要战术技术指标如下：

射程：7 400 km。

命中精度（CEP）：230 ~ 500 m。

弹长：10.4 m。

最大弹径：1.88 m。

起飞质量：31.5 t。

级数：3 级。

推进剂类型：固体。

发射方式：潜艇水下发射。

"三叉戟Ⅰ"导弹被装备在经过改装的"海神"导弹潜艇和新研制的"三叉戟"潜艇上。"海神"导弹潜艇装备"三叉戟Ⅰ"导弹时，主要改装了发射装置，使其能适应"三叉戟Ⅰ"导弹的发射要求。

"三叉戟Ⅰ"导弹发射装置由发射筒、发射动力系统和减震与密封装置等组成。发射筒由外筒、内筒、筒口密封膜和筒盖组成。外筒是潜艇耐压壳体的一部分，在其与内筒对应的部位开有检查孔。内筒是整体结构，筒口装有石棉—苯乙烯塑料支撑的半球形水密隔膜装置。发射动力系统为固体推进剂燃气—蒸汽动力弹射系统。发射装置采用粘接在内筒筒壁上的密封环作为导弹与发射筒之间的密封装置。

2.1.4 MGM-118A "和平卫士"（MX）导弹发射装置

1. 武器系统概述

"和平卫士"导弹是美国大型固体洲际弹道导弹。该导弹代号为 MGM-118A，原名先进洲际弹道导弹，即 MX 导弹，主要承包商是马丁·玛丽埃塔公司。1971 年由战略空军司令部提出研制。1973 年成立 MX 导弹计划局，开展预先研究工作。1976 年 3 月进入方案论证阶段。1979 年 9 月开始全面工程研制。1983 年 6 月 17 日做第一次研制性飞行试验。这类飞行试验计划进行 20 次。1986 年开始部署，先在经过改装和加固的"民兵Ⅲ"导弹地下井中部署 50 枚。冷战结束后，美国不再需要 MX 导弹，因此 MX 导弹从 2002 年开始分阶段逐步退役，2005 年正式退役。

MX 的主要战术技术指标如下：

射程：11 100 km。

命中精度（CEP）：90 m。

弹长：21.6 m。

最大弹径：2.34 m。

起飞质量：86.4 t。

级数：3 级 + 末助推级。

推进剂类型：前 3 级：固体；末助推级：液体。

发射方式：地下井发射。

2. 发射方式论证

MX 导弹基地部署方式，以及地面设备的配置和组成等受生存能力、技术难度、经费和环境影响，多年来一直定不下来。先后设想了陆上机动、水上机动、空中机动和地下井发射等方式，提出了几十种方案，如地面越野机动、公路或铁路机动、岩石坑道、水平掩体、垂直掩体、带盖的壕沟、密集部署、河道、水池/河道、海岸潜艇、大型飞机和地下井等方案。大多数方案均被否决，曾有以下几种方案可供选用。

1）水平跑道式机动发射方案

水平跑道式机动发射方案是在环形公路周围构筑许多掩体的多保护结构发射系统。在该发射系统中每枚 MX 导弹配备 1 辆运输—起竖—发射车，1 辆掩盖保护车，有一条环形公路连接 23 个掩体。附属设备有末装配区及铁路专用线。掩体是钢筋混凝土结构，可承受 4.1 MPa 的压力。掩体内部呈拱形，内径 6 m。环形跑道为六边形，宽 6 m。一个环形跑道长 24～32 km。要建造 200 多条这样的跑道。运输—起竖—发射车长 55 m，高 4.11 m，宽 3.96 m，载弹时重约 300 000 kg，有 24 个轮子。该车要由 2 423 kW 柴油发动机牵引，最大速度为 48 km/h。

2）水平掩体式发射方案

水平掩体式发射方案是水平跑道式机动发射方案的改进型。该发射系统是在部署区用几条大致平行的公路代替环形跑道，且每节公路两侧构筑 23 个掩体。发射时，装有导弹的起竖—发射车滑出掩体口，导弹升至垂直状态进行发射。导弹掩体是钢筋混凝土结构，长 52 m，内径 4 m。掩体壁厚为 530 mm。运输车长 64 m，宽 5.18 m，高 7.9 m，重 362 000 kg。

3）垂直掩体式发射方案

垂直掩体式发射方案是把导弹配置在垂直掩体内。掩体是一个具有混凝土套筒的垂直地下井，类似"民兵"导弹地下井。各掩体间距约为 2 000 m。装弹车可在 23 个这样的掩体间机动，以提高生存能力。

4）密集部署超硬地下井发射方案

密集式部署方案是以密集的方式配置的超硬地下井，并把导弹配置在这样的发射井内。部署场地呈窄长形，长 22.5 km，宽约 1.9 km。井间距离为 548 m。该基地包括一个导弹部署区、操作基地设备和后勤中心。部署区有垂直发射井、发射控制中心、通信系统和电力系统。发射井为钢筋混凝土结构，井深 53 m，井壁厚 1.8～2.4 m，井内有导弹保护装置、减震系统和钢制内衬。发射井可加固到能承受约 34.3 MPa 超压。发射时，导弹在地面点火发射。该方案因耗费大而且易受攻击而被否决。

5）机动/地下井结合式发射方案

机动/地下井结合的发射方案是平时给导弹穿上铠甲，将其放在发射架上，定期地用一般运输车（未加固）机动，并在机动沿线分散部署数百个简易的地下井或地洞，每枚导弹可配备 10～20 个空的地下井，以便迷惑敌方，提高生存能力。

6）利用"民兵"导弹地下井发射方案

利用"民兵"导弹地下井发射方案是目前被采纳的方案。1985 年 8 月 23 日，MX

导弹利用范登堡空军基地的一个"民兵"地下井进行第 9 次发射试验，这是 MX 导弹的第一次地下井发射试验，美国国会已批准生产 50 枚 MX 导弹，将其部署在"民兵"导弹地下井内。和"民兵"导弹不同的是，MX 采用了井下冷发射方式，即将导弹装筒后安装到地下井中，利用动力装置将导弹从发射装置中弹射出筒后点火飞行（如图 1 - 2 - 5 所示）。

图 1 - 2 - 5　MX 从地下井发射

7）铁路机动发射方案

美国曾计划将部署在地下井中的 50 枚 MX 导弹转移部署到 25 列铁路列车上，以提高其生存能力。为此，美国在 1989 年 7 月进行了一次车厢组件的发射试验，将一枚模型弹从铁路车中弹出。1989 年 9 月至 10 月，美国还进行了一个月的发控车厢和安全车厢的可居住性试验。试验结果表明：在核战争条件下，人员能生活在密闭车厢中长达一个月。美国曾计划对一套列车车厢发射装置进行更全面的试验，此项计划后被取消。

3. 发射装置

MX 导弹发射装置最初被用于水平掩体式发射方案。其作用是在发射前支持和保护导弹，在发射过程中产生高压燃气，将导弹弹射出筒并对导弹进行导向。发射装置使 MX 导弹具备冷发射能力。后来，水平掩体式发射方式发生了变化。该发射装置主要被用来保证发射系统试验和导弹的发射试验。后来地下井部署方案采用了导弹带发射装置装井的方式。

发射装置由发射筒、动力装置（燃气发生器）和适配器等组成，如图 1 - 2 - 6 所示。

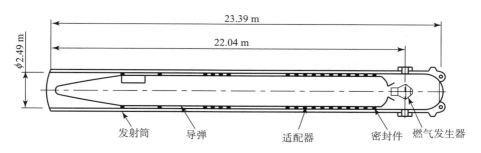

图 1 - 2 - 6　MX 导弹发射装置示意图

发射筒总长 23.39 m，由两个石墨/环氧（亦称碳纤维/环氧）复合材料筒段和一个钢制底座组成。3 段之间采用钢法兰连接。两段复合材料圆筒内径为 2.49 m，平均直径公差为 ±0.89 mm，壁厚为 42 mm。在整个发射筒长度上直线度要求为 6.4 mm，重达 7.26 t。

动力装置采用了燃气—蒸汽式弹射动力装置，利用水降低燃气温度，满足导弹的发射要求。

适配器由很多小块的轻质材料结构通过箍带串接而成。被导弹发射出筒后箍带自动解锁，适配器与弹体分离。

4. MX 的铁路发射车方案

美国曾计划在 1992—1994 年将 1988 年 12 月以来部署在沃伦空军基地地下井中的 50 枚 MX 导弹转移部署到 25 列铁路列车上，以提高其生存能力。这一计划的费用为 56 亿美元，估计全寿命成本为 120 亿美元。MX 的铁路部署方案虽然未能最终实施，但美国对此进行过较充分的论证，并研制出样车，进行了一系列的试验。因此，本部分对 MX 铁路发射车的方案也进行简要介绍。

每列铁路机动发射列车至少有 9 节车厢：2 节导弹车，1 节发射控制车，2 节安全车，1 节维护车，1 节 80 m³ 燃油车，以及 2 节牵引车。乘员共 42 人，包括：1 名列车长；在发射控制车内的 4 名发射官员；在 2 节安全车内的 4 名列车工程师，1 名医生，6 名维护人员，以及 26 名安全人员。

导弹发射车车厢和安全车车厢都有长 26.54 m 的带盖车体，外壳用 12.7 mm 厚的钢板制成。其中间一段长 12.5 m，宽 2.44 m，为气密舱。另装有 38.1 mm 厚的钢板和 101.6 mm 厚的聚氨酯泡沫以防辐射。发射车厢长约 27 m，高约 5.2 m，空重 61.3 ~ 63.6 t，载上 MX 导弹重约 150 t。发射控制车重约 170 t。安全车重约 185 t。MX 铁路发射车样车如图 1 - 2 - 7 所示。

图 1 - 2 - 7　MX 铁路发射车样车

发射控制车装有多种频段的无线电网络，同国家指挥当局联络，同军用卫星通信，并通过光纤管缆与两节相邻的导弹车厢通信，以利于保密和抗电磁脉冲。2 台 300 kW 功率的柴油发电机被装在发射控制车厢的一头，为整车供电。每台电机一个月将消耗掉大约 37.8 m³ 的燃料。

列车能在美国的绝大部分铁路线上，特别是在 3，4，5，6 级铁路上行驶，总共 193 000 km 长。

MX 铁路车库作战方案如下：一般情况下，列车驻留在全国 7 个空军基地的车库掩体内。在形势需要时，6 小时内全部列车都能疏散到民用铁路网上，停在预测地点，比预计的敌方可能瞄准它们的时机更频繁地变换位置。列车无专门标记，表面上看像是一列货车，除要求的 9 节车厢外，还可加额外的车厢。导弹将从预先勘测好的多个基准点（彼此相隔大约 1.6 km 左右）发射。如果遇上突然袭击，没有足够的时间疏散列车，导弹能从车库掩体内发射，车库顶盖可打开。在车库内列车一般是无人操纵的，由车库发射控制中心操纵。

MX 导弹制导装置在列车上承受模拟发射环境时，仍能达到同地下井中 MX 一样的精度，但此结果是从几项单独的试验汇总得出来的。

2.1.5　"侏儒"导弹公路机动加固发射装置

1. 武器系统概述

美国小型洲际弹道导弹（Small Intercontinental Ballistic Missile，SICBM）"侏儒"（导弹代号为 MGM - 134A）是美国最新研制的公路机动的固体洲际弹道导弹，被用于打击导弹地下井这一类硬目标。研究"侏儒"导弹的基本指导思想是通过机动性提高导弹发射前的生存能力，以弥补 MX 导弹在这方面的不足。在 20 世纪 90 年代，它与 MX 导弹一起作为美国战略核威慑力量的重要组成部分。"侏儒"导弹由 1983 年 4 月 11 日组建的"总统战略力量委员会"提出研制。1983 年 5 月 3 日，空军成立"侏儒"导弹计划局。该局组织军方和承包商迅速开展有关研制、投标和签约等工作。"侏儒"

导弹计划于 1987 年进入全面研制阶段，1988 年末开始首次飞行试验，1992 年具备初步作战能力。随着美苏军备控制谈判的进展和苏联的解体，"侏儒"导弹的研制计划在执行 9 年后于 1992 年 3 月正式结束。

参加"侏儒"导弹预先研制的主要公司有波音航空航天公司、古德伊尔公司、马丁·玛丽埃塔公司、通用动力公司、贝尔航空航天公司、洛克希德导弹与航空航天公司和麦克唐纳·道格拉斯公司等。

"侏儒"导弹的主要战术技术指标为：

射程：10 000 ~ 12 000 km。

命中精度（CEP）：164 ~ 182 m。

弹长：16. 15 m。

最大弹径：1. 17 m。

起飞质量：16. 8 t。

级数：2 级或 3 级。

推进剂类型：固体。

发射方式：以公路机动为主。

2. 发射装置

对于"侏儒"导弹，曾考虑过各种部署方案，如地下井、空中机动、陆地蜂箱式机动、隐蔽的超掩体方式和公路机动等方案，但主要部署在加固的机动发射车内，以提高核攻击下的生存能力。发射车辆可加固到能承受 0. 21 MPa 超压（要求能经受 0. 7 MPa 超压），可在美国西部军事基地 12 个区域 203 800 km^2 的范围内进行公路机动。在研制期间，曾考虑了 4 种可供选择的机动发射车方案。

波音航空航天公司与古德伊尔公司联合设计的加固机动发射车（HML）由牵引车和挂车（发射车）两部分组成，共 7 轴 14 个车轮。牵引车 4 轴 8 轮，挂车 3 轴 6 轮。采用标准的钢丝子午线轮胎，直径 1. 37 m，宽 0. 61 m，是承受重型装备的典型轮胎。该车装有两台发动机。一台是装在牵引车内，为 559 kW 增压式柴油发动机，另一台被装在挂车上，为 410 kW 的增压式柴油发动机。

牵引车上有 2 名乘员，装有一台 895 kW 柴油发电机。挂车上安装有发射筒及起竖装置，还装有发射控制装置、环境调节装置和保证核安全的装置。

HML 备有轮胎充气系统，能在机动中根据路面情况从牵引车上给轮胎充气或放气，以适应不同路面的形式要求。

全面研制阶段的 HML 在装载 16. 78 t 导弹时总质量为 97. 6 t，长度约 30 m，宽为 4. 27 m，能以 88. 5 km/h 的速度在公路上行驶、以 24 km/h 的速度在越野路面行驶。

根据美国军方要求，停止的 HML 应能承受 207 kPa 的超压。这相当于发射车位于 1

百万 t TNT 当量核爆炸爆心约 1.85 km 处所受的超压。要求机动中能承受 69 kPa 的超压。这相当于美国阿布拉姆斯坦克所能承受的超压。因此,波音公司的 HML 采用了又宽又低的圆顶三角剖面,还装有锚定器、密封围裙和穿地桩等装置。锚定器使车轴"固定"在地面上,限制车辆移动,保持车身稳定,从而使导弹处于良好的发射状态。车身装密封圈围裙,有助于保持车底较低压力。遭冲击波袭击时,超压会将车身紧紧压在地面,增加车底摩擦力,使车辆不致被冲击波颠覆。穿地桩(如长钉、犁片等)也能增加车身的稳定性。牵引车上配有 4 个电视摄像机。其中 3 个在前面,1 个在牵引车与拖车的连接处。在受到核攻击时,将风挡关闭,以防止核冲击。此时,驾驶员通过舱中电视屏幕驾驶车辆。

波音公司的 HML 如图 1 – 2 – 8 所示。

图 1 – 2 – 8   波音公司的 HML

马丁·玛丽埃塔和卡特皮拉公司设计和研制的加固机动发射车为履带式车辆,由牵引车和拖车两部分组成。牵引车的发动机是 559 kW 3412V – 12 型四冲程柴油发动机。车辆总长 24.74 m,宽 3.66 m,驾驶室高 2.89 m。牵引车和拖车总重 79 450 kg。其中,牵引车重约 32 234 kg,拖车重约 47 443 kg。其速度可达 80.47 km/h。该车和波音公司 HML 的不同之处在于:发射时,牵引车与半拖车脱开,远离发射点。

马丁公司的 HML 如图 1 – 2 – 9 所示。

通用动力公司设计的机动发射车是整体结构,即拖车连接发射器。这种系统是被称为"犰狳"(Armadillo)的公路机动系统。车重 45 000 kg,速度为 56 km/h。车身带有装甲护裙,以免受冲击波而颠覆。车身前面可承受 0.254 MPa 的超压,侧面可承受 0.137 MPa 超压。

贝尔公司设计的加固机动车是一种被称作 CACX 的机动轮式气垫运输车,平时利用车轮在公路上行驶,遇到水面、沼泽地、凹凸不平或瓦砾地带时,可利用气垫系统行驶,有实战机动运输的特点。

（a）

（b）

图 1 - 2 - 9　马丁公司的 HML

（a）行驶状态；（b）防护状态

　　1984 年美国军方同时和波音、古德伊尔、马丁、通用动力和贝尔 5 家公司签订了合同，即共同竞争 HML 方案。1985 年淘汰了通用动力公司和贝尔公司的方案。1986 年波音公司和马丁公司的试验样车进行了机动性演示试验，同年 12 月选定了波音公司的轮式 HML 方案。

2.1.6　"侏儒"导弹发射装置的特点

　　"侏儒"导弹发射装置的特点主要有以下几方面：

　　（1）生存能力强。

　　无论是波音公司的轮式 HML 方案，还是马丁公司的履带式 HML 方案，均采取了一系列的加固措施，提高了导弹在核爆条件下的生存能力。

（2）机动能力强。

波音公司和马丁公司的 HML 均采用了大功率发动机，使得发射车的最高车速均超过 80 km/h。能适应公路外区域的行驶，具有很好的越野能力。

（3）整车质量大。

波音公司的 HML 在装载 16.78 t 导弹时的总质量接近 100 t，车/弹质量比很大。

（4）成本高。

由于 HML 研制难度大、技术复杂，因此研制、部署和使用维护的费用都很高。

2.2 战术弹道导弹发射装置

2.2.1 概述

美国的战术弹道导弹大致可分为 3 代。20 世纪 50 年代装备了第一代战术弹道导弹，其代表型号为"红石"导弹。60 年代发展了第二代战术弹道导弹，其代表型号为"长矛"和"潘兴 IA"。70 年代以来发展的第三代战术弹道导弹，包括美国的"潘兴 II"和陆军战术导弹系统（ATACMS）。

PGM-11"红石"是美国近程地地弹道导弹。它是在 V-2 导弹的基础上发展起来的，1950 年开始研制，1957 年装备炮兵部队。"红石"导弹采用地面发射方式。其发射装置由 4 个千斤顶、转向架、支架、插销和火焰导流板组成。千斤顶可将发射装置固定在地面，并调整发射台的水平位置。转向架实现导弹起竖后的方位回转。其下环固定，上环转动，中间放置滚珠轴承的转架。发射装置上的 4 个插销被用于将导弹限位。火焰导流板起排导发动机燃气的作用。

"长矛"是美国陆军第二代地地战术导弹，共有 MGM-52A，B，C 3 种型号，分别代表基本型、海射型和增大射程型。其基本型于 1962 年开始研制；增大射程型于 1967 年开始研制，1972 年开始服役。"长矛"导弹是一种高度机动的战术导弹，采用地面车载机动发射方式，有两种发射车：M752 履带式起竖发射车和 M740 轻便零长发射车。后一种车自重仅 1 400 kg。履带式起竖发射车底盘是陆军 M-113 轻型装甲履带运兵车的改型，能在各种地形上行驶，具有水、陆两栖机动能力，公路行驶速度为 64 km/h，水上浮渡速度为 5～10 km/h。发射车上的发射架和导弹可从车上快速卸下，装上车轮、拖杆和千斤顶就组成轻便零长（轮式）发射车。它可用 2.2 t 卡车或其他标准车辆牵引，在短距离内还可用人工机动。

MGM-31A"潘兴 IA"近程地地导弹是"潘兴 I"的改进型，于 1966 年开始研制，1969 年开始装备。"潘兴 IA"采用与"潘兴 I"相同的地面机动发射方式。导弹发射设备为起竖发射车，作为半挂拖车，由一辆 M656 型牵引车牵引。M656 型牵引车是福特公司生产的一种 8×8 轮式牵引运输车，既可在公路上快速行驶，也可越野行驶，最大车速 80 km/h，最小转弯半径 12.5 m，满载爬坡度为 60°。半挂拖车上装载两级导弹和置于容器内的弹头，并有一套自动或手动起竖发射设备。起竖发射设备由导弹运载拖架、液压起竖吊架、发射台、瞄准环、液压气动升降机和电缆杆等组成。弹头可借助液压吊架被迅速安装到导弹上。液压气动升降机能迅速将运载托架上的导弹由水平状态起竖到垂直发射位置。

"潘兴Ⅱ"中程地地导弹是"潘兴 IA"的发展型，于 1974 年开始研制，1979 年全面进入工程研制，1983 年开始部署。"潘兴Ⅱ"导弹的发射设备为运输—起竖发射车（如图 1－2－10 所示），外形上和"潘兴 IA"的类似，但有很大改进。它由一辆牵引车和一辆半挂车组成。牵引车选用福特公司生产的 M757 型车，牵引质量 10 t，车上安装有 30 kW 标准柴油发电机组和一架搬运起重机。柴油发电机组在发射流程中为起竖发射车和导弹供电，同时也作为备用电源。搬运起重机被用于装配和维修更换导弹部件。半挂车上安装有导弹、雷达、弹头集装箱、弹头温控系统、保护罩、电子设备地面接口、液压控制台和两个直流电源（100 A 和 200 A）。导弹（不带弹头）被安装在起竖发射架上，下面由液压起竖系统支撑。弹头部分在形势紧张时可被迅速安装到导弹上。"潘兴Ⅱ"导弹运输起竖发射车的行驶速度为 60 km/h。

图 1－2－10　"潘兴Ⅱ"导弹运输起竖发射车

MGM－140 陆军战术导弹系统（ATACMS）既是美国最新型的战术弹道导弹，也是美国唯一现役的地地战术弹道导弹。ATACMS 于 1986 年开始研制，1990 年开始装备，是一种全天候的第三代地地战术弹道导弹。海湾战争中它被首次投入实战使用，主要被用于攻击敌方后续部队的装甲集群、机场、运输队和地空导弹发射基地等大型目标。ATACMS 的发射设备是改进后的 M270 式多管火箭炮。该车有装卸方便的发射箱和数字式可编程火控系统，以及快速定位定向系统。M270 可装载 2 枚 ATACMS 导弹，作战反应时间不到 10 min。

2.2.2　MGM - 140 陆军战术导弹系统（ATACMS）发射装置

MGM - 140 陆军战术导弹系统（ATACMS）是美国最新型地地战术导弹，海湾战争中被首次投入实战使用，主要被用于攻击敌方后续部队的装甲集群、机场、运输队和地空导弹发射基地等大型目标。

目前，ATACMS 已经有了 ATACMS - I，ATACMS - I A，ATACMS - II 和 ATACMS - II A 4 种改型。各种改型的推进和控制系统均相同，主要区别在于制导系统和战斗部。ATACMS - I 为基础型，而 ATACMS - I A 则增加了 GPS 辅助制导装置；ATACMS - II 和 ATACMS - II A 装备了包括 GPS 在内的改进型制导系统，配有 BAT 智能反装甲子弹头。ATACMS - I 和 ATACMS - II 的射程约为 150 km；而 ATACMS - I A 和 ATACMS - II A 则是采用 227 kg 轻质量弹头的增程型。其射程超过 300 km。

ATACMS - I 的基本性能参数为：

射程：100 ~ 150 km。

命中精度（CEP）：50 m。

弹长：3 960 mm。

弹径：610 mm。

弹重：1 672 kg。

战斗部重：454 kg。

发射方式：多种发射方式。

ATACMS 的一个特点就是没有专门的发射装置。初期导弹利用美军现装备的 M270 式多管火箭炮（如图 1 - 2 - 11 所示）进行发射。2 个发射箱各装 1 枚导弹。导弹的装运箱可快速拆卸。该发射车采用 M2 步兵战车底盘，既可装备 2 个导弹发射筒模块，也可装 1 个发射筒模块和 6 个火箭弹发射模块。

发射箱采用模块化的集装箱式发射—储存器，可以很方便地进行更换或与火箭弹的发射模块进行组合。除发射箱外，发射车上还装载了装填和卸弹用的双臂式吊车、发射操作一体化火控系统、地面导航系统、参数稳定器、动力系统、通风系统、乘员三防服装及抗核加固设备。其火控系统由火控装置、遥控发射装置、定位定向系统、电子装置和火控面板等组成，能完成射击诸元计算，控制瞄准和射击，不间断确定炮车的位置，以及控制更换发射箱的任务。因此，ATACMS 发射车具有很强的单车作战

图 1 - 2 - 11　ATACMS 导弹发射装置

能力。

　　ATACMS 发射车的主要技术参数如下：

　　外形尺寸（长×宽×高）：6.9 m×2.9 m×2.5 m。

　　成员：3 名。

　　战斗全重：25.9 t。

　　发动机：一台 VTA903 型 8 缸水冷涡轮增压柴油机，功率为 368 kW。

　　最大速度：64 km/h（公路）。

　　最大行程：480 km。

　　最大爬坡度：30°。

　　过垂直墙高：0.914 m。

　　越壕宽：2.54 m。

　　发射箱射界：高低：0°～ +60°；左右：±194°。

　　发射箱转动速度：5°/s。

　　发射箱仰俯速度：0.9°/s。

　　ATACMS 与已经相当成熟的多管火箭系统结合后，无须再用另外的操作员、发射架和其他装备，可以将其看作另一型号的火箭弹，这使地地战术导弹发射系统的一体化达到了前所未有的程度。此外，美国多管火箭系统（MLRS）的最新成员——高机动炮兵火箭系统（HIMARS）也完全兼容 ATACMS。

　　美国海军根据作战能力扩大到浅海及沿岸战区的需要，提出将 ATACMS 改型为一种海军战术导弹系统（NTACMS），用于从海上对地面的火力支援。1995 年论证了潜艇发射 ATACMS 导弹的作战方案，并进行了登陆舰在海面发射 ATACMS – 1A 导弹试验。1996 年年底，美国又成功地进行了舰载 MK41 垂直发射系统发射 ATACMS 的试验，验证了海军舰上作战系统发射该导弹的能力。NTACMS 最终将以 MK41 舰上垂直发射系统代替目前 ATACMS 所用的 M270 倾斜式发射系统。

　　除在舰载垂直发射系统中发射 ATACMS 导弹外，美国还考虑在潜艇中发射 ATAC-MS 导弹。目前进行的"俄亥俄"级潜艇改装计划中，为装配"战斧"巡航导弹开发了全垂直多管发射筒（MAC），而下一阶段的"超级 MAC"将装载 ATACMS。一个"超级 MAC"可装 6 枚 ATACMS。导弹被分两层装填，每层 3 枚。

第3章　俄罗斯弹道导弹发射装置

3.1　战略弹道导弹发射装置

3.1.1　概述

苏联/俄罗斯战略弹道导弹的发展是从 1946 年开始的，到现在已经发展了 4 代。其发射方式丰富多彩，主要包括地面发射方式、地下井发射方式、公路机动发射方式、铁路机动发射方式和潜艇水下发射方式。

1. 第一代战略弹道导弹

苏联/俄罗斯第一代战略弹道导弹主要包括 SS-4，SS-5，SS-6，SS-7，SS-8 等陆基导弹。

SS-4 是苏联单级液体中程导弹，于 1955 年开始研制，1959 年部署。SS-4 导弹可以从地面固定阵地发射或机动发射。机动发射时，整个武器系统约由 12 辆专用车辆组成，包括带特制拖车的牵引车。这些车辆装有导弹、推进剂和各种地面辅助设备。在发射阵地起竖和发射导弹约需 20 名操作人员。后期的 SS-4 还可以从地下井发射（如图 1-3-1 所示），因而导弹的防护等级大为提高。

SS-5 是一种中程液体导弹，是 SS-4 的发展型，于 1958 年开始研制，1964 年首次公开展出。SS-5 可采用地面发射和地下井发射两种发射方式。图 1-3-2 所示为 SS-5 地下发射井示意图。

SS-6 于 1954 年开始研制，1960 年部署。SS-6 采用捆绑式结构，由于导弹大而笨，只能在铁路沿线部署，采用铁路运输、地面固定发射的作战方式。在发射阵地需进行导弹芯级和助推器在发射系统上的安装，并完成大量推进剂的加注（如图 1-3-3 所示），反应时间很长。

SS-7 是一种两级洲际导弹，1963 年开始部署。SS-7 既能从地面发射装置发射，又能从地下井发射。SS-7 地下井采用了一种被称为"谢克斯娜"的发射装置（如图 1-3-4 所示）。在这种地下井中，导弹被安装在一个圆筒中，燃气从圆筒和井壁之间的通道排出，防止燃气对导弹的影响。为防止敌方攻击产生的地震对导弹的影响，用弹簧将导弹悬挂在地下井中。这种结构原理在后来的许多地下井发射装置中得到应用。

图 1-3-1   SS-4 导弹装井及弹头对接示意图

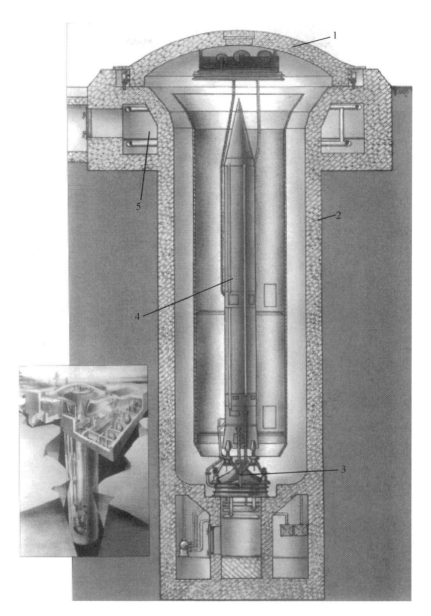

图 1 - 3 - 2 SS - 5 导弹地下发射井

1—防护顶盖；2—竖井；3—喷焰导流器；4—P - 12Y 导弹；5—井口设备室

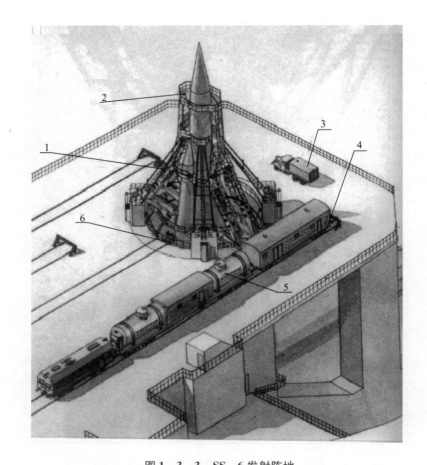

图 1 – 3 – 3　SS – 6 发射阵地

1—发射系统；2—维护塔架；3—清洗和中和处理车；4—过氧化氢加注车；

5—燃料加注车；6—维护塔架

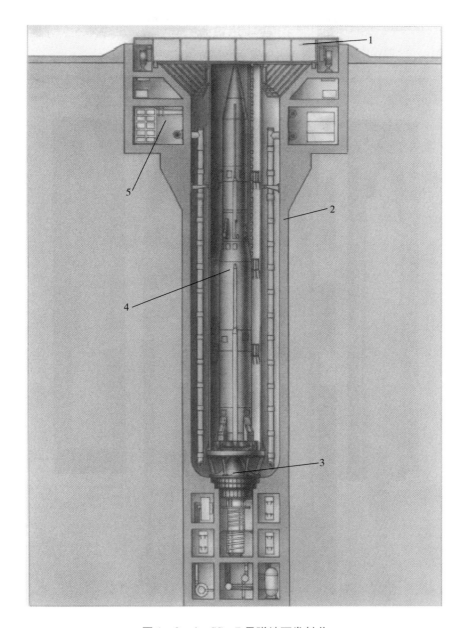

图1-3-4　SS-7导弹地下发射井

1—防护顶盖；2—竖井；3—喷焰导流器；4—P-16T导弹；5—井口设备室

2. 第二代战略弹道导弹

苏联/俄罗斯第二代战略导弹主要包括SS-9，SS-X-10，SS-11，SS-13，SS-14，SS-15等导弹。其中，SS-X-10没有被部署。

SS-9是一种两级液体洲际导弹，于1965年开始服役。导弹采用了地下井发射方式，利用一种运输装填车将导弹运输至发射井位置，起竖导弹后将导弹吊装至地下井中（如图 1-3-5 所示）。发射井采用了同心筒的双筒结构，将导弹安装在内筒中，燃气从两个圆筒间的环形通道中排出，避免对导弹产生影响。

图 1-3-5　SS-9 导弹地下发射井

SS-11 是一种两级液体洲际导弹，采用了可储存液体推进剂。因此，虽然 SS-11 也采用了地下井发射的方式，但采用了一种运输发射筒进行导弹的运输和发射。这种运输和发射方式不仅有利于提高导弹的机动性，还有利于简化发射井的结构。运输发射筒采用密封的金属圆筒结构。圆筒各段相互焊接成一体。在筒上用于导弹维护检查的部位开舱口。为防止导弹发射时高温燃气的影响，在筒体外表面涂有防热层。筒体和导弹之间设有减震系统，可以保证导弹在运输和固定在井下时处于良好的载荷环境中。SS-11 地下发射井示意如图 1-3-6 所示。

SS-13 是苏联第一种固体洲际弹道导弹，于 1969 年服役。SS-13 采用了一种新的地下井发射方式。这种地下井可以使导弹从密封的发射筒中依靠主发动机的推力将

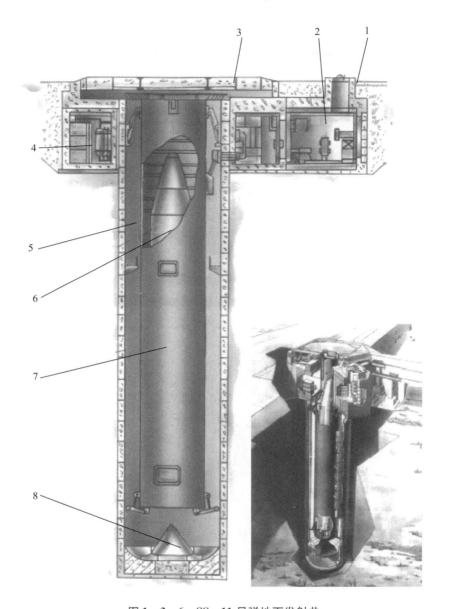

图 1 - 3 - 6 SS - 11 导弹地下发射井

1—地下井入口；2—防护通道；3—防护顶盖；4—井口设备室；5—竖井；

6—YP - 100 导弹；7—运输发射筒；8—喷焰导流器

　　导弹发射出去。SS - 13 导弹采用一种具有较强机动能力的半挂车作为运输车。这种运输车具有调平和起竖功能，可以将导弹起竖后装填到发射井中（如图 1 - 3 - 7 所示）。

　　SS - 14 是苏联第一种机动发射的中程导弹，于 1965 年首次在莫斯科红场阅兵式中展出。SS - 14 导弹平时被储存在容器中。容器由铰链合拢的两个半壳组成。整个容器被置于 JS - Ⅲ 履带式起竖发射运输车上，可进行机动发射。发射导弹时，利用起竖油缸

图 1 – 3 – 7 SS – 13 导弹运输车和发射阵地

将发射容器起竖到垂直位置。容器底部的支撑构架降至地面，起发射台的作用。然后，打开容器，回平，使导弹竖立在发射台上，处于待发状态，再根据发射命令发射导弹。

SS – 15 也是一种机动发射的中程导弹，于 1965 年首次在莫斯科红场阅兵式中展出。其机动运输方式和 SS – 14 相同，也是将导弹装载在履带式发射车上。所不同的是，SS – 15 导弹容器还作为发射筒，直接从容器内发射导弹。

3. 第三代战略弹道导弹

苏联/俄罗斯第三代导弹主要包括 SS – 16，SS – 17，SS – 18，SS – 19，SS – 20 等陆基导弹和 SS – N – 8 等潜地导弹。

SS – 16 是苏联较早的第三代洲际弹道导弹，于 1972 年进行了首次研制性飞行试验。SS – 16 既可被装在地下井中发射，也可被装在地面机动发射装置中发射，获得了有限的越野机动能力。

SS – 17 和 SS – 18 均采用地下井冷发射方式。导弹在整个使用期都处在密封的运输发射筒中。发射时导弹从运输发射筒中弹射出筒后点火。这种发射方式有两个优点：一是导弹在整个使用期内都处于良好的环境中，并得到额外的保护，提高了可靠性和使用的安全性；二是导弹弹射出筒后再点火，可以保证地下井不受燃气影响，能够很快地进行再装填和发射，提高了地下井的利用效率。同时，为提高抗打击能力，SS－18 导弹的地下井还进行了加固，采用多层同心钢圈混凝土结构，使导弹发射井抗力提高到 4.22 MPa。图 1－3－8 所示为 SS－17 发射井示意图。

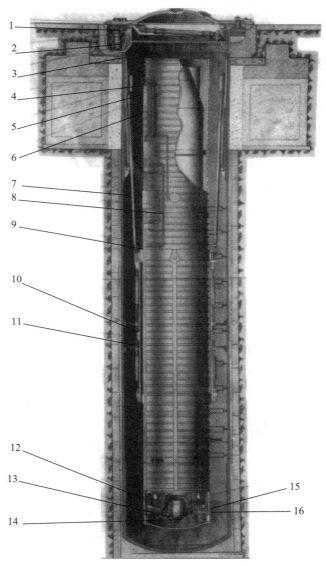

图 1－3－8　SS－17 导弹地下发射井

1—防护顶盖；2—打开井盖的作战器；3—开盖作动器；4—运输发射筒；5—垂直减震器；
6—固定的加注系统；7—竖井；8—地面制导控制设备；9—加强套筒；10—水平减震器；11—吊架；
12—固体燃气发生器；13—密封环；14—底盘；15—弹簧顶推器；16—固体火箭发动机

SS－19 为两级液体洲际弹道导弹，采用了与 SS－17 和 SS－18 类似的筒式地下井发射技术。所不同的是，SS－19 采用了热发射方式。

SS－20 为固体陆基机动中程弹道导弹，于 1976 年开始部署。SS－20 采用地面公路机动发射方式，发射阵地通常预先勘测好，不随机发射。机动发射车采用改型的 MAZ－543 六轴（12×8）自行式越野底盘，整车长度约 17 m，满载质量约 70 t，可通过Ⅳ级公路，最高车速 40 km/h。在戒备状态下，将导弹装载在发射车内，实行有依托基地的机动发射。依托基地的库房顶盖可以滑动，在紧急时刻用数分钟时间即可将导弹从库房里发射出去。装载导弹的发射车可经常变换位置，隐蔽在森林中，桥下或涵洞内，不易被发现和遭到袭击，大大提高了导弹的生存能力。

SS－N－8 是苏联远程潜地弹道导弹，于 1973 年开始服役。SS－N－8 导弹的发射平台有 3 种，分别为 D 级Ⅰ型核潜艇、D 级Ⅱ型核潜艇和 H 级Ⅲ型核潜艇。

4. 第四代战略弹道导弹

苏联/俄罗斯第四代导弹主要包括 SS－24，SS－25，SS－27 等陆基导弹和 SS－N－20 等潜地导弹。

SS－24 导弹是苏联 3 级固体洲际导弹，于 20 世纪 70 年代开始研制，1982 年进行了首次飞行试验，1985 年具备初步作战能力，2007 年正式退役。SS－24 最初被部署在 SS－11 导弹的加固地下井中，后采用铁路机动发射方案。

SS－25 "白杨" 导弹是苏联 1985 年服役的洲际固体弹道导弹。SS－27 "白杨－M" 导弹是俄罗斯于 20 世纪 90 年代研制，1998 年服役的新型洲际固体弹道导弹。这两种导弹均采用了先进的公路机动发射技术，同时也能在地下井中进行发射。

SS－N－20 是苏联 3 级固体潜地导弹，于 1980 年进行陆上飞行试验，1982 年从潜艇上进行了飞行试验。SS－N－20 导弹被装备在 "台风" 级核潜艇上，每艘装 20 枚导弹，发射筒在潜艇前部。

3.1.2　SS－18 地下井发射装置

1. 武器系统概述

SS－18 是苏联于 20 世纪 60 年代在 SS－9 基础上发展的，每枚导弹携带 10 颗分导式弹头，从地下井冷发射。导弹的主要参数如下：

射程：大于 12 000 km。

命中精度（CEP）：200～300 m。

弹长（不包括弹头）：34 m。

最大弹径：3 m。

起飞质量：207 t。

级数：2 级 + 弹头母舱。

推进剂类型：液体。

发射方式：地下井冷发射。

2. 地下井发射装置

苏联的 SS - 4 （1 000 ~ 1 200 km），SS - 5 （4 000 km）和 SS - 7 （大于 10 000 km）导弹都采用井下热发射（如图 1 - 3 - 9 （b）所示）。这几种导弹的燃料库在地下井附近。为了便于加注推进剂，各井间距离较近，若一个地下井被击中，相邻的几个井都将遭破坏。

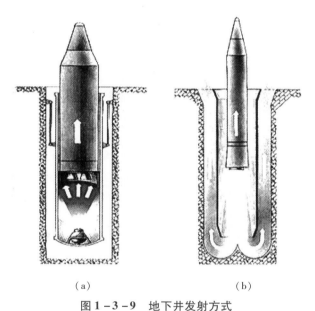

（a）   （b）

图 1 - 3 - 9 地下井发射方式

（a）地下井冷发射；（b）地下井热发射

SS - 9 导弹的燃料库不在地下井附近，因而地下井间的距离可以拉开。为了提高 SS - 18 地下井的抗核攻击能力，要求它们构筑得更加坚固。故需减少地下井的直径。其结果是挤掉了排焰道的空间，促使采用从地下井冷发射的方案（如图 1 - 3 - 9 （a）所示）。苏联利用冷发射技术比美国早 8 年。各个地下井间的距离有十几公里。各井连接起来的周长约 100 km，提高了地下井的生存能力。此外，每一个地下井不止由一个控制中心控制（有电缆和无线联系）。一旦地面控制中心全部失败，还有指挥飞机或指挥导弹起控制职能。

出厂前，弹体被水平装进发射筒中（如图 1 - 3 - 10 所示），然后被运到阵地。将其装入地下井的弹头用运输车，运到井边，将车上携带的电梯放进井内。一名操作手沿着电梯下到井内进行弹头和单体的连接或拆卸。当需要更换控制系统仪表时，只有拆下弹头，将其提出井外，才可以更换。

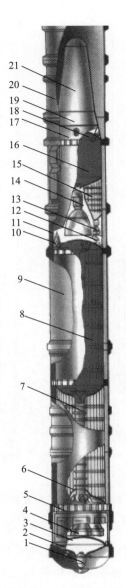

图 1 – 3 – 10　SS – 18 导弹安装在运输发射筒内

1—固体燃气发生器；2—底盘；3—底盘上底；4—一级发动机；5—横向支承（环）；6—一级燃料箱；

7—氧化剂输送导管；8—一级氧化剂箱；9—运输发射筒外壳；10—一级反推喷管；11—过渡段；

12—二级游动发动机排气管；13—二级游动发动机燃烧室；14—二级液体主发动机；15—二级燃料箱；

16—二级氧化剂箱；17—过渡段；18—二级反推喷管；19—仪器舱；20—运输发射筒的适配器；21—导弹弹头

　　导弹底部有尾罩，通过爆炸螺栓和弹体连接。尾罩有两个用途：一是承受冷发射时的燃气作用力。二是支撑导弹立于发射筒中。尾罩和发射筒间用连接在尾罩上的橡胶件密封，防止燃气泄漏。

　　导弹出筒速度为 15 m/s，上升到离发射筒 18 m 处发动机点火。点火时间靠导弹滑离发射筒时的行程开关控制。尾罩上有侧推小火箭把分离后的尾罩推离发射筒上方。

发射筒采用玻璃钢材料，内壁涂碳，防止产生静电。

发射筒内温度为（15±5）℃。筒内充有干燥空气，相对湿度仅为15%。这种温、湿度环境相当于博物馆的条件，适于长期存放电子仪表。弹头所处上部10 m长的空间内，冬季需要加温。发射筒下部空间不需要加温就可以保持（15±5）℃。

储存过程中如果氧化剂微量渗漏，则会分解出NO，时间一长，将形成氧化膜，可以把漏缝堵住，所以微量渗漏不产生负面影响。

导弹以加注状态竖立于发射筒内，利用快速加注方法加注推进剂，十几分钟即可加注完。在此状态下可以存放5～10年，个别导弹已经存放了20多年也没有出现问题。

3.1.3　"白杨"系列导弹公路机动发射装置

"白杨"系列导弹是指SS–25"白杨"导弹和SS–27"白杨–M"导弹。这两种洲际导弹是从SS–20"先锋"中远程导弹的基础上发展而来的。这3种导弹发射装置的特点基本相同，因此将这3种导弹的发射装置进行统一介绍。

1. 武器系统概述

SS–20"先锋"导弹是苏联1976年服役的中远程固体弹道导弹。SS–25"白杨"导弹是苏联1985年服役的洲际固体弹道导弹。SS–27"白杨–M"导弹是俄罗斯于20世纪90年代研制，1998年服役的新型洲际固体弹道导弹。SS–20、SS–25和SS–27采用了较先进的机动发射技术，赋予导弹武器较高的机动性，利于提高生存能力。其机动发射技术在SS–14、SS–15中近程机动导弹的基础上有新的突破与发展，解决了重型固体导弹的车载机动与快速发射难题，具有20世纪90年代世界先进水平。

这3种导弹的主要战术技术指标如表1–3–1所示。

表1–3–1　SS–20、SS–25、SS–27主要战术技术指标

主要战术技术指标	SS–20	SS–25	SS–27
射程/km	5 500	10 500	10 000
命中精度（CEP）/m	400	600	350
弹长/m	16.5	22.3	22.7
最大弹径/m	1.8	1.8	1.86
起飞质量/t	33	45.1	47.2
级数	2级	3级	3级
推进剂类型	固体	固体	主级：固体；战斗级：液体

2. 发射装置

SS－20 采用 6 轴自行式底盘（如图 1－3－11 所示）。SS－25 采用 7 轴自行式底盘（如图 1－3－12 所示），SS－27 采用 8 轴自行式底盘（如图 1－3－13 所示）。3 种导弹发射装置组成及技术方案基本相同，因此本部分以 SS－25 为基础介绍"白杨"系列导弹发射装置。

图 1－3－11　SS－20 导弹发射车

图 1－3－12　SS－25 导弹发射车

图 1 - 3 - 13 　SS - 27 导弹发射车

　　SS - 25 机动发射系统由导弹发射车和监控指挥车两台特装车组成。它采用了车辆自主供电方式，由质量轻，尺寸小的燃气轮机组发电，从而取消了 SS - 20 导弹专门用于阵地供电的移动电站。

　　按照发射阵地准备程度，SS - 25 机动发射系统适应 3 种状态下快速展开与发射。第一种为事先完全无准备的发射场。第二种为部分准备的发射点。第三种为有工事构筑与掩体的待机发射点。在无准备阵地发射时，地面承压强度较低 （0.3~0.5 MPa），而通常导弹发射车在起竖与发射状态下对地面的载荷高达几十吨至几百吨，压强为数兆帕。为适应在无准备阵地上机动快速发射，SS - 25 导弹发射车一方面减少发射载荷，另一方面采用可延伸底部实现在低比压场地上的发射，防止发射车因地面下沉而产生倾斜失稳和影响发射效果。

　　导弹发射车具有运输、起竖和发射导弹的多种功能，是机动发射系统的主战车。SS - 25 导弹发射车采用具有大功率和全驱动自行式底盘，以提高其通过能力，实现重型固体导弹在公路上机动作战。

　　SS - 25 导弹发射车底盘是在 MAZ - 543 （8 × 8） 载重越野车底盘基础上发展的多轴特装车。SS - 25 导弹起飞质量达 40 t 级，导弹与发射筒组合体质量在 45 t 以上，而发射车满载总重在 90 t 以上。SS - 25 导弹发射车采用 7 轴底盘，轴荷控制在 15 t 级，并选用大直径断面轮胎减少对地面的压力。

　　为使 90 t 级的重型车辆具有较高的机动速度 （45 km/h），SS - 25 导弹发射车底盘采用了 530 kW 的大功率发动机，使比功率达到了较高的水平，保证在困难的道路条件下仍具有较好的机动性能和通过能力。为使机动过程中导弹处于所需的力学环境中，并适应恶劣气候与不平的道路条件下机动作战，采用具有油气减震弹簧与扭力杆结构的独立悬挂系统，使任何条件下各轮胎负荷都达到平衡。采用中央充气系统，使轮胎压力可随路面硬度进行自动调节，满足在破坏性道路上及下公路进入林区越野行驶的作战使用要求。

为缩短整车长度，提高发射车的转弯性能，SS-25 发射车采用将发射装置伸出发射车的布置方式。为降低整车高度和重心高度，保证发射车的行驶稳定性，SS-25 发射车采取传动系统由车架大梁内侧布置，并采用分体式驾驶室；但由于发射筒外径达到 2.14 m，而底盘发动机（安装在驾驶室中部）上平面离地高度为 2.1 m，使得整车高度超过 4 m，重心高度也很高，SS-25 导弹发射车在使用中出现过多次翻车事故。

SS-25 导弹采取了一系列措施缩短发射准备时间，据报道最快准备时间为 15 min。所采用的快速发射技术主要包括 3 种。

（1）采用快速调平起竖技术。改液压传动为气压传动，采用燃气发生器提供能源，使起竖作动装置快速驱动，可在 10 s 内使导弹由水平转为垂直状态。由于采取了缓冲控制技术，使导弹在起竖过程中的过载仍满足要求。

（2）在水平状态完成导弹的测试与瞄准，转入自动发射程序后可在 1.5 min 内将导弹发射出去。

（3）发射筒顶盖在起竖前水平状态打开（如图 1-3-14 所示），采用自动解锁自重脱落，简化垂直操作项目，起竖后立即发射。

图 1-3-14　SS-25 发射筒顶盖在水平状态打开

SS - 25 导弹采用了先进的冷发射技术。为减轻弹射过程作用于导弹的过载和压力，降低发射筒内压，从而减轻结构质量，实现快速机动发射，保证导弹出筒速度为 15 ~ 20 m/s，相应的过载值为 3 ~ 4 g。由于导弹出筒速度要求低，故发射筒内的燃气压力也较低，约为 0.4 MPa。同时，弹射动力装置还采用两级点火方案：初级点火时导弹开始起飞，缓慢离开支撑环，导弹加速度约为 1 g，然后主级点火工作，使导弹在筒内的加速度达到 3 ~ 4 g。这种低压弹射方式使得导弹不必采用专门的尾罩结构承受弹射压力，大大简化了导弹底部结构，并减少了尾罩分离和侧推动作，提高了可靠性。

为减轻质量，SS - 25 发射筒采用轻质玻璃钢材料缠绕而成。玻璃钢发射筒具有质量轻，成本低（相对于其他复合材料）和生产效率高的优点。为扩散起竖过程中起竖推力对发射筒的作用，在发射筒下部安装起竖油缸的位置增加了金属托架。

为实现随机发射，SS - 25 采用了一种可延伸底部技术来降低对发射场坪承载强度的要求。通常导弹起竖后，发射筒（或发射台）通过几个支撑座触地，承受静动态载荷。由于战略导弹发射后坐力通常达数百吨，故发射点必须专门构筑钢筋水泥基础。这种发射点建造费用高，并易暴露，不利于随机作战。SS - 25 导弹发射筒起竖后不触地，全部质量通过车架的 4 个大直径底座传递到地面，而发射过程中的后坐力则通过套在发射筒尾部可伸缩的底座传递到地面（如图 1 - 3 - 15 所示）。这种后坐力传递方式一方面可降低底座对地面的压强，另一方面允许地面发生一定的沉陷，但这种沉陷不会影响发射车的稳定性。

图 1 - 3 - 15　SS - 25 发射车可延伸底部

SS－25 导弹发射车的主要技术参数如表 1－3－2 所示。

表 1－3－2　SS－25 导弹发射车的主要技术参数

序号	项　　目	技术指标
1	底盘驱动型式	14×14
2	发动机功率/kW	530
3	最高车速/（km·h^{-1}）	45
4	最小轮压（可调）/MPa	0.3
5	发射筒质量/t	约 5
6	发射筒外径/m	ϕ2.14
7	发射车上装质量/t	约 45
8	发射车满载总质量/t	约 90
9	导弹出筒速度/（m·s^{-1}）	15～20
10	弹射压力（最大值）/MPa	约 0.4
11	发射准备时间/min	15

3. 导弹发射车特点

"白杨"系列导弹发射车的主要特点如下：

（1）机动性好。采用自行式越野底盘提高发射车的承载能力和越野性能；采用轻质玻璃钢发射筒，降低整车质量；采用分体式驾驶室，降低了整车高度和重心高度，提高了发射车的通过性和稳定性。

（2）快速反应能力强。采用导弹装筒储存方式，减少技术准备时间；采用燃气作为起竖动力，实现导弹快速起竖；在水平状态下完成导弹测试与瞄准定向，转入自动发射程序后 1.5 min 内可将导弹发射出去；发射筒顶盖在水平状态下打开，起竖后立即发射。

（3）随机发射能力强。发射车采用大直径支腿，发射筒采用可延伸底部技术，实现低比压场坪发射。

（4）发射可靠性高。采用低压弹射和分级点火的方式取消了导弹尾罩，提高了发射可靠性。

3.1.4　SS－24（"手术刀"）导弹铁路机动发射装置

1. 武器系统总体概述

SS－24 导弹是苏联/俄罗斯 3 级固体洲际弹道导弹，从 20 世纪 70 年代开始研制，1982 年 10 月进行了首次发射，1986 年部署。SS－24 的主要战术技术指标为：

射程：10 000 km。

命中精度（CEP）：地下井发射：185 m；

　　　　　　　　　铁路发射：278 m。

弹长：22.6 m。

最大弹径：2.4 m。

起飞质量：104.5 t。

级数：3级。

推进剂类型：主级：固体；

　　　　　　战斗级：液体。

SS - 24采用了两种发射方式：地下井冷发射和铁路机动冷发射。最初 SS - 24 主要部署在 SS - 11 加固发射井中，后来改由列车机动发射。本部分主要介绍 SS - 24 铁路机动发射装置。

作为一种发射方式，铁路机动发射的最大优势是机动速度可达 100 ~ 200 km/h，机动距离远，一次可机动转移 1 000 ~ 2 000 km，可以做大范围的机动，便于摆脱敌方侦察手段的跟踪。同时铁路运输的平稳性要好于公路机动运输，车辆的转向速率也较公路机动小，适于在机动运输中进行测试工作，可以减小发射阵地发射准备时间。这都大大提高了该导弹的生存概率。但这种发射方式也有明显的不足：一是铁路桥梁、隧道在战时是敌方的重点破坏目标，有可能因线路的破坏而难以实现大范围的机动；二是列车的外形尺寸较大，目标大，平时储存隐蔽较为困难。苏联/俄罗斯在部署这些列车时，一般选定容易伪装和隐蔽的西伯利亚等地区及人烟稀少而铁路线上大型桥梁隧道少的森林地区。

一列导弹列车可由若干个发射单元和其他辅助车辆组成。主要的车辆有发射车、测控车、保障车、指挥车、通信车、发电车、生活车、燃料车、内燃机车等。最小的发射单元可由 3 节车厢组成：发射车、测控车和保障车。发射车处在测控车和保障车之间。构成一套发射单元的 3 节车厢之间安装有卸荷装置，以免发射时的后坐力影响相邻车辆。

2. 发射车

发射车（如图 1 - 3 - 16 所示）的主要作用是装载导弹，使导弹长期保持在待发射

图 1 - 3 - 16　SS - 24 铁路发射车

状态，并实现对导弹的发射。发射车由 2 个 4 轴转向架、车身、支承—起竖梁、调平起竖系统、瞄准系统、调温系统、供电系统、消防系统、开盖机构等组成。

4 轴转向架采用系列产品，根据发射车的特殊要求进行了改进。车身是发射车的重要组成部分，需承受运输、技术维护和发射等工况下的所有载荷，由车架，2 个侧壁，以及 2 个端壁组成。车顶采用可开启的顶盖。导弹起竖前由液压装置将顶盖打开。车身和顶盖的内表面都安装有保温层，并通过调温系统将发射车内的温、湿度保持在导弹要求的范围内。

发射筒在发射车内的安装方式为：发射筒尾部的支耳固定在车身侧壁的支架上，发射筒支耳和车身支架的连接轴也是发射筒的起竖回转轴。发射筒前部和中部被固定在支承—起竖梁构成的托架上，而起竖油缸的上支点则固定在支承—起竖梁的中部，下支点固定在车架上。发射筒靠起竖油缸的推力绕起竖回转轴旋转而起竖到垂直状态。

发射筒起竖前，发射车采用 6 对 12 个液压支腿对发射车进行调平，由发射车自带的液压泵驱动。其中，4 对分布在后转向架上方的发射筒起竖回转轴附近，2 对分布在前转向架上方。液压支腿伸出时通过专用底座顶在轮箍上，这样可使发射载荷通过起竖回转轴、液压支腿、轮箍、铁轨传递到路基上，隔离了转向架的弹性件，保证了发射过程的稳定性。

发射筒的起竖是通过安装在保障车内的液压泵或涡轮泵驱动的。和 SS - 20 等发射装置相同，涡轮泵的动力是由燃气发生器提供的，可在 30 s 内将发射筒从运输状态起竖到发射状态。

发射车前转向架内安装有一个仪器平台。平台上安装了陀螺罗盘和瞄准系统的主要设备。发射车被调平后仪器平台的支座利用液压驱动装置压入路基的道砟中，使仪器平台与发射车隔离，这样保证了瞄准系统设备在工作时保持稳定；借助仪器平台上的瞄准设备与发射筒瞄准窗口之间建立起的光学联系实现导弹的瞄准。

3. 其他辅助车辆

测控车的主要作用是和上级及铁路部门进行通信，对导弹进行测试，并控制完成发射准备和发射工作，装载通信设备、测试设备、发射控制台、接触网短路侧推装置等。其中接触网短路侧推装置（图 1 - 3 - 17 所示）的作用是：当发射车在电气化铁路发射时，可利用接触网短路侧推装置将铁路沿线的接触网短路，并将其侧推一段距离，保证发射筒的起竖和导弹的发射。

保障车的作用是装载发射准备工作所需设备，为发射任务的实施与完成提供保障。保障车主要由车厢和装车设备组成。其中，装车设备包括自备电站、调温系统、液压系统、接触网短路侧推装置、防护系统等。

指挥车和通信车的主要功能是：对发射车和其他车辆实行不间断控制以及远距离

图 1 - 3 - 17　接触网短路侧推装置

监测，接收各种控制和通信信息，与上级指挥站及铁路部门进行指挥通信。指挥车还能远程控制导弹的发射。

发电车的功能是为导弹列车供电。

生活车的主要功能是给作战人员提供生活保障，由多节车厢组成，包括餐车、军官车、士兵车和备品车等。

燃料车的作用是给整列列车补充燃料、机油等物资，外形和冷藏车相同。

内燃机车是整个列车的牵引车，一般采用多个机车连挂的方式运行，主要是为了提高列车的动力性能。采用内燃机车作为牵引车是为了保证在非电气化铁路和断电状态下列车也能正常运行。

4. SS - 24 铁路机动发射系统的主要特点

（1）生存能力强。主要体现在以下三个方面：一是机动速度快，机动距离远；二是外形和普通民用列车相同，伪装性能好；三是组成发射装置的 3 节列车既可和其他车辆连挂，也可自主运行，作战灵活。

（2）自主保障能力强。由于整列列车带有完备的生活设施和充足的物资补给，故可长时间保持值班状态。

（3）随机发射能力强。除桥梁、隧道、陡坡、急弯、有复杂接触网等禁止发射的路段外，可在铁路线上任意点实施发射。

（4）打击能力强。一列导弹列车可连挂多套导弹发射装置，提高了打击密度。

（5）环境适应性好。列车防护能力和保温能力好，自带调温系统，几乎不受任何气象条件限制。

3.2 战术弹道导弹发射装置

3.2.1 概述

苏联/俄罗斯战术弹道导弹的代表型号有 SS－1A，SS－1B，SS－1C，SS－2，SS－3，SS－12，SS－21，SS－23，SS－26 等。

苏联最早的弹道导弹 SS－1A（1950 年部署）采用地面发射方式。作战时，用公路运输车将导弹运至发射阵地，将导弹安装在发射台上，加注推进剂，完成发射准备工作并发射导弹。SS－1A 地面设备由 20 台车辆、机组和其他设备组成。导弹发射前需加注多种推进剂和催化剂。整个导弹发射准备时间为 6 h。其中，技术阵地准备时间 2 h，发射阵地准备时间 4 h。

SS－1B（即"飞毛腿 A"）和 SS－1C（即"飞毛腿 B"）均为地地战术导弹。其中 SS－1B 于 1957 年服役，SS－1C 于 1965 年服役。SS－1B 采用车载越野机动发射方式。其主要地面设备包括运输起竖发射车（如图 1－3－18 所示）、大地测量车、指挥车、运弹车、电源车、推进剂加注车、测试车、消防车等车辆。运输起竖发射车采用 MAZ－543 自行轮式底盘，具有较高的机动能力，在公路上的最大机动速度为 60 km/h。SS－1C 发射设备在 SS－1B 的基础上进行了改进，主要是提高了机动能力和缩短了发射准备时间。

图 1－3－18 "飞毛腿 B"导弹发射车

SS－2 是 SS－1A 导弹的改进型，于 20 世纪 50 年代初部署。SS－3 是近中程地地导弹，于 20 世纪 50 年代后期部署。SS－2，SS－3 均采用地面发射固定方式。图 1－3－19

所示为 SS - 3 导弹被安装在发射台上的示意图。

图 1 - 3 - 19　SS - 3 导弹被安装在发射台上

　　SS - 12 是近中程单级液体弹道导弹，是 SS - 1C（即 "飞毛腿 B"）的改进型，于 1969 年服役。SS - 12 导弹采用公路机动发射方式。导弹被装载在密封容器中。密封容器被安装在 4 轴 MAZ - 543 自行轮式底盘上。运输起竖发射车采用分体式驾驶室，使导弹能够从驾驶室顶部伸出，以缩短整车长度，提高机动性能，其可在公路和越野路面上机动。SS - 12 导弹采用垂直发射方式，发射准备时间为 20 min。

　　SS - 21（"圣甲虫"）导弹是苏联机动发射的战术弹道导弹，于 1985 年在莫斯科红场阅兵式上被首次展出。"圣甲虫" 采用固体火箭发动机，尺寸较小，被装载在一辆 6×6 运输起竖发射车上。每套 "圣甲虫" 武器系统都由 1 辆发射车和 1 辆弹药车组成。

两种车都有较高机动能力。车上 6 个轮胎的气压可以随时调节，以便在各种崎岖不平的地形行驶。一次最大行驶里程 650 km，行驶速度 70 km/h。车上装备核、生、化防护装置。此外，还有喷水式推进器，具有一定的两栖作战能力，可以 10 km/h 的速度在水中行驶。发射车上安装有发射准备所需的各种设备，只需 16 min 就可从行军状态转入战斗状态。发射完毕后可在 1.5 min 内撤出阵地，以避免遭到对方火力破坏。

SS-23（"蜘蛛"）导弹是苏联机动发射的单机战术弹道导弹，被用以取代使用液体推进剂的"飞毛腿"导弹，1980 年开始服役，1989 年根据"中导条约"被全部销毁。"蜘蛛"导弹采用热发射方式，被安装在运输起竖发射车内。发射时打开顶盖，将导弹起竖至垂直位置（如图 1-3-20 所示），然后点火发射。

图 1-3-20 "蜘蛛"导弹发射车

SS-26（"伊斯坎德尔"，又称"蜘蛛 B"）导弹是俄罗斯最新的战术弹道导弹。该导弹系统由导弹、发射车、运输装填车、指挥车、情报信息处理车、技术勤务保障车等设备组成。导弹发射车和运输装填车都载有 2 枚导弹，发射车满载时全重 42.3 t。发射车采用和"蜘蛛"同一个系列的 8 轮驱动 KAMAZ-43101 底盘，通行能力强；可用各种方式运输（包括空运），因此具有较高的战术和战略机动能力。和"蜘蛛"导弹发射车相比，每辆"伊斯坎德尔"导弹发射车都装载了 2 枚导弹，提高了导弹的打击密度。"伊斯坎德尔"导弹发射车具有很好的快速发射能力，发射准备时间为 4 min，两发导弹的发射间隔时间仅为 1 min。

3.2.2　SS–26（"伊斯坎德尔"）导弹发射装置

1. 武器系统概述

SS–26"伊斯坎德尔"是俄罗斯最新的战术弹道导弹，于20世纪90年代初开始研制，1995年进行了首次飞行试验，主要是用来打击点目标以及对区域目标进行反击设计而成的先进导弹武器系统。所打击目标包括敌方火力武器发射阵地、防空反导设施、机场、指挥所、控制通信枢纽，在集结地部署的部队群等小型和区域目标。

"伊斯坎德尔"导弹外形如图1–3–21所示。武器系统的主要性能参数如下：

图1–3–21　"伊斯坎德尔"导弹外形

射程：50~280 km。

精度（CEP）：30 m。

导弹长度：7 200 mm。

最大直径：950 mm（制导控制段），920 mm（发动机段）。

导弹质量：3.8 t。

导弹数量：发射车2枚，运输车2枚。

发射准备时间：4 min。

作战反应时间：16 min。

两枚导弹发射间隔时间：1 min。

2. 地面设备

"伊斯坎德尔"地面设备主要包括导弹发射车、运输装弹车、指挥车、信息处理站、技术维护和修理车、生活保障车等设备。

导弹发射车（如图1–3–22所示）被用来储存、运载导弹，并可在扇面±90°的范围内进行导弹发射，主要由底盘、调平起竖设备、发射控制设备等组成。其中底盘采用KAMAZ–43101轮式越野底盘（8×8），具有机动速度快，越野能力强的优点。发射车采用一车两弹的配置模式。两发导弹并排放置在两个独立的密封弹舱内。每个弹舱的顶盖和后盖均可自动打开。每一发导弹均有一套独立的起竖机构，由安装在驾驶室内的发射控制设备统一控制。由于"伊斯坎德尔"导弹采用裸弹热发射方式，因此当一发导弹发射时，另一发导弹处于水平位置，弹舱处于密封状态，以防止导弹受到燃气影响。

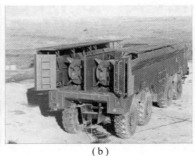

（a）　　　　　　　　　　　　（b）

图 1 - 3 - 22　"伊斯坎德尔"导弹发射车

（a）起竖状态；（b）水平状态

与"圣甲虫"和"飞毛腿 B"相比（仅按照一套标准作战系统来计算），"伊斯坎德尔"在人员配置上分别减少到 20% ~ 30% 和 8% ~ 17%。与"圣甲虫"和"飞毛腿 B"相比（仅按照一套标准作战系统来计算），在车辆配置上分别减少到 30% 和 20%。

发射车总体参数如下：

外形尺寸（长 × 宽 × 高）：11. 76 m × 3. 13 m × 3 m。

战斗全重：42. 3 t。

最大机动速度：70 km/h（公路路面），40 km/h（普通路面）。

最大战斗值勤范围：1 000 km。

战位：3 人。

运输装弹车的作用是储存和运输导弹，并给发射车装弹。其采用 MAZ - 79306 底盘，满载质量 40 t，机动越野能力和发射车相同。运输装弹车采用自带的起重机给发射车装弹（如图 1 - 3 - 23 所示）。

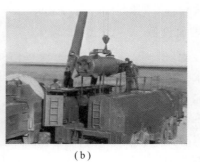

（a）　　　　　　　　　　　　（b）

图 1 - 3 - 23　"伊斯坎德尔"运输装弹车

（a）运输状态；（b）装弹状态

指挥车的功能是自动控制战场所有作战单元。信息处理站的功能是接收侦查信息，处理后显示目标数据，并准备导弹所需要的标准信息。技术维护和修理车的功能包括：对在转载运输车与发射筒内的导弹及弹上设备按规定进行检查，对系统各组成部分的设备进行检查，由技术维护和修理车的人员对导弹进行日常维护。生活保障车的作用是为作战人员（8人以上）提供住宿、休息和进餐。这4种车采用了通用化的设计方法，底盘均采用3轴的KAMAZ越野底盘，上装均采用方舱形式，如图1-3-24所示。

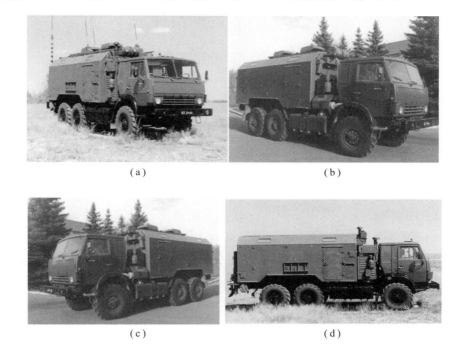

（a）　　　　　　　　　　　（b）

（c）　　　　　　　　　　　（d）

图1-3-24　"伊斯坎德尔"其他辅助车辆

（a）指挥车；（b）信息处理站；（c）技术维护和修理车；（d）生活保障车

3. 主要技术特点

"伊斯坎德尔"地面设备的主要技术特点如下：

（1）实现一车两弹，可提供强大火力。

（2）指挥和信息保障的自动化程度高，可将在战场侦察到的信息自动传送给自行发射车。

（3）发射车对多种弹头导弹的兼容性强，可提高打击精度和其他技术指标。

（4）在水平状态完成发射准备工作，起竖后可立即发射。

（5）导弹发射具有较高的独立性和隐蔽性。

（6）自行式发射车具有反应速度快、灵活多变、机动能力强的特点，具有水陆两栖机动能力，可实现整车空运，整体系统的战略转移机动性强。

第4章 其他国家弹道导弹发射装置

4.1 法国弹道导弹发射装置

法国的弹道导弹包括地地战略导弹、潜地战略导弹和地地战术导弹。地地战略导弹主要有 S－2，S－3，S－4 等，潜地战略导弹主要有 M－1，M－2，M－20，M－4 等；地地战术导弹主要有"普吕东"和"哈德斯"。

4.1.1 地地战略导弹

S－2 是法国中程地地固体导弹，1960 年开始研究，1967 年开始全面工程研制，1971 年开始装备部队。S－2 导弹的最大射程为 3 000 km，弹长 14.8 m，弹径 1.5 m，起飞质量 31.9 t。S－2 导弹采用地下井发射方式，平时被储存在无人看管的加固地下井中。地下井深 30 m，井内装有自动发射设备和伺服机构。导弹随时处于戒备状态。每 9 个地下井共用一个控制中心。井与井之间的距离为 3~6 km。控制中心通过通信网与战略司令部联络。接到发射命令后通过遥控方式将地下井井盖打开并发射导弹。

S－3 是法国中程地地固体导弹，1974 年开始研究，1979 年开始装备部队。S－3 导弹的最大射程为 3 500 km，弹长 13.8 m，弹径 1.5 m，起飞质量 25.8 t。S－3 导弹采用地下井发射方式，部署在经过加固的 S－2 导弹发射井中。地下井被加固后能抵抗百万吨级核弹头在离井 500 m 处的爆炸效应。其地面设备进行了现代化改进，提高了可靠性，减少了维修费用。

S－4 导弹是法国陆基机动中程地地导弹，1976 年开始研究，1993 年起装备部队。S－4 导弹的最大射程为 4 000 km，弹长 7.9 m，弹径 1.5 m。S－4 导弹采用了车载机动发射方式。导弹被放置在装有升降发射架的拖车上，平时在储存基地待命。每个基地都构筑若干个掩体，形势紧张时，再运送到预先勘测好的发射阵地。导弹发射车是一种五轴轮式运输—起竖—发射车，既可在各基地间活动，也可在全国公路网上行驶。

4.1.2 潜地战略导弹

M－1 是法国第一种潜地弹道导弹，于 1965 年开始研制，1971 年开始服役。M－1

60

导弹的最大射程为 2 500 km，弹长 10.9 m，弹径 1.5 m，起飞质量 18 t。M-1 导弹被装备在"可畏"号和"可怖"号潜艇上。每艘潜艇艇尾有两排发射管，每排 8 个，可装 16 枚导弹，能在 15 min 内将全部导弹发射完毕。发射装置采用压缩空气将导弹弹射出来。导弹冲出水面到一定高度后一级发动机点火。导弹出水速度约为 17.8 m/s。

M-2 导弹是 M-1 导弹的改进型，于 1969 年开始研制，1974 年开始服役。M-2 导弹的最大射程为 3 000 km，弹长 10.7 m，弹径 1.5 m，起飞质量 20 t。M-2 导弹被装备在"可畏"号、"可怖"号和"闪电"号潜艇上。其发射与控制设备和 M-1 导弹相似。

M-20 是法国中程潜地固体弹道导弹。该导弹是 M-2 的改进型，于 1971 年开始研制，1976 年开始服役。M-20 导弹的最大射程为 3 000 km，弹长 10.7 m，弹径 1.5 m，起飞质量 20 t。M-20 导弹被装备在"可畏"号、"可怖"号、"雷鸣"号、"无敌"号和"闪电"号潜艇上。每艘潜艇装 16 枚导弹。其发射与控制设备和 M-1，M-2 导弹相似。

M-4 是法国潜地固体弹道导弹，于 1976 年开始工程研制，1984 年完成鉴定飞行试验。M-4 导弹的射程为 4 000～6 000 km，弹长 11.05 m，弹径 1.93 m，起飞质量 35 t。M-4 导弹被装备在"刚毅"号潜艇上。和法国其他潜地导弹发射装置相比，M-4 发射装置充分利用了内、外发射筒之间的空间，并根据导弹悬挂系统的变化稍增向下方向的有效空间。M-4 导弹采用潜艇深水发射，发射深度约 40 m。导弹采用固体推进剂燃气弹射系统。导弹弹射出筒后发射筒内立即填充与导弹同等质量的水来取代导弹质量，以保持潜艇平衡，确保下一发导弹顺利发射。

4.1.3　地地战术导弹

"普吕东"（又称"冥王星"）导弹是法国陆军单级固体机动地地战术导弹，于 1967 年开始研制，1974 年开始服役。"普吕东"导弹的最大射程为 120 km，弹长 7.64 m，弹径 0.65 m，翼展 1.415 m，起飞质量 2 423 kg。"普吕东"采用车载机动发射方式。其地面设备主要包括导弹发射车和指挥车。发射车由法国陆军标准型 AMX30 坦克底盘改装而成，车中配有 IRIS 35M 型第三代数字计算机和数据处理与通信装置。发射车到达导弹发射阵地后往车上装载导弹及弹头，发射前要对导弹进行测试。指挥车也配有 IRIS 35M 型计算机和数据处理与通信装置。其任务是进行通信联络，负责有关发射数据的储存与使用。

"哈德斯"导弹是法国机动战术导弹，是"普吕东"导弹的后继型号，于 1977 年开始方案论证和总体设计工作，20 世纪 90 年代初期服役。"哈德斯"导弹的最大射程为 350 km，弹长 7 m，弹径 0.65 m，翼展 1.41 m，起飞质量 1 820 kg。"哈德斯"采用车载机动发射方式。导弹被装载在由牵引车牵引的轮式半挂运输—起竖—发射车上。

每辆车可载两枚导弹。导弹被装在发射筒内。发射筒在运输和储存期间被用以保护导弹。车上配备能自动开启发射筒盖、起竖发射筒和对导弹进行测试的装置。导弹可从车上的发射筒中垂直发射或倾斜发射。发射车上还安装有用于联络的通信系统。

4.2　印度弹道导弹发射装置

印度弹道导弹于20世纪80年代以后开始研制。现已研制成功的导弹主要有"大地"系列和"烈火"系列。

"大地"（又称"普里特维"）导弹是印度自行研制的一种战术支援地对地近程弹道导弹系统，主要被用于打击敌方纵深目标，1983年开始研制，1988年2月25日首次试验，1995年开始装备部队。现有3种型号：SS－150，SS－250和SS－350。其射程分别为150 km，250 km和350 km。其中，前两种型号采用液体发动机，而SS－350采用固体发动机。

"大地"导弹采用车载机动发射方式，发射车（如图1－4－1所示）采用4轴"太脱拉"底盘，每辆车载1枚导弹，越野性能好。每4辆导弹发射车组成一个战斗群。除发射车外，每个战斗群还配有装填车、测地车、指挥车和液体推进剂加注车。进入发射阵地后导弹起竖到垂直位置发射，但发射准备时间长，约3 h。由于发射准备时间长、作战序列车辆多、规模大、易被发现和打击，因此射前生存能力较差。

图1－4－1　"大地"导弹发射车

除采用车载公路机动部署方式外，"大地"导弹还采用了舰载部署方式，即导弹在舰艇甲板上固定和发射，如图1－4－2所示。

图 1 - 4 - 2 "大地"导弹舰艇发射

"烈火"是印度在 SLV - 3 运载火箭和"大地"导弹基础上发展起来的系列弹道导弹，于 20 世纪 80 年代开始研制。到目前为止，印度已经发展了"烈火"（Agni）系列中程弹道导弹"烈火 - Ⅰ""烈火 - Ⅱ""烈火 - Ⅲ""烈火 - Ⅳ""烈火 - Ⅴ"，其中，"烈火 - Ⅰ""烈火 - Ⅱ"现已装备部队，"烈火 - Ⅲ"也即将部署，"烈火 - Ⅳ"处于试验阶段，"烈火 - Ⅴ"已经进行了首次试射。

"烈火 - Ⅰ"为近程弹道导弹，射程 850 km，采用单级固体发动机，发动机直径为 1 m，导弹总长为 20 m，重约 12 t。"烈火 - Ⅱ"为中程弹道导弹，射程为 2 500 km，采用两级固体发动机，发动机直径为 1 m，导弹总长为 20 m，重约 16 t。"烈火 - Ⅰ"和"烈火 - Ⅱ"均采用了公路和铁路两种发射方式，且两种导弹的发射装置基本相同，因此本部分以"烈火 - Ⅱ"为背景介绍"烈火"系列导弹发射装置。

从公开报道情况来看，"烈火 - Ⅱ"有几种不同的公路发射车，但结构形式基本相同。发射车底盘采用了半挂拖车形式，将导弹支撑在半挂车上。由于导弹长度很长，为保证运输过程中导弹的载荷环境，车架采用高断面结构，以提高刚度；但这种结构形式将导致整车质量增加。由于整车长度很长，超过 20 m，高度也很高，因此机动能力受到限制。图 1 - 4 - 3 所示为一种"烈火 - Ⅱ"公路发射车。

"烈火 - Ⅱ"铁路发射车（如图 1 - 4 - 4 所示）由 3 节特制车厢组成，分别为控制车、发射车和导弹储存车。发射前，由储存车将导弹送入发射车，在控制车的控制下完成导弹起竖、测试和发射。

图 1 - 4 - 3 "烈火 - Ⅱ"公路发射车

图 1 - 4 - 4 "烈火 - Ⅱ"铁路发射车

"烈火 - Ⅲ"的射程为 3 500 km,具有 40 m 的精度(CEP);可实现公路机动发射,发射车采用 8×8 的捷克产 Tatra 卡车底盘(如图 1 - 4 - 5 所示),同时也计划实现铁路机动发射。与世界上其他国家的固体中程弹道导弹(IRBM)比较,"烈火 - Ⅲ"的体积和质量都是最大的,甚至超过了某些液体中程弹道导弹(MRBM)、固体中远程导弹和固体洲际导弹(ICBM),因此其机动能力较差。

"烈火 - Ⅳ"射程 4 000 km,可实现公路和铁路机动发射,是"烈火 - Ⅱ"的改进版(如图 1 - 4 - 6 所示)。

图 1 - 4 - 5 "烈火 - Ⅲ"公路发射车

图 1 - 4 - 6 "烈火 - Ⅳ"导弹发射

　　"烈火 - Ⅴ"的打击覆盖范围 5 000 ~ 8 000 km。"烈火 - Ⅴ"采用三级火箭固体燃料推进，质量约 50 t，弹长 17.5 m。导弹弹体采用复合材料，使整个导弹的质量大为减轻。不同于先前依靠铁路机动运输的"烈火"系列导弹，"烈火 - Ⅴ"不仅能够进行公路机动发射（如图 1 - 4 - 7 所示），而且拥有更高的命中精度。

图 1 - 4 - 7 "烈火 - V"公路发射车

4.3 巴基斯坦弹道导弹发射装置

巴基斯坦很早就开展了弹道导弹的研制工作。其主要的弹道导弹型号为"哈塔夫"系列。到目前为止，共发展了近 10 种型号。

"哈塔夫 - 1"是巴基斯坦史上第一种国产弹道导弹。该导弹的发展起始于 20 世纪 80 年代，于 1989 年向世人公布。导弹全长 6.0 m，弹径 0.56 m，发射质量 1 500 kg，采用单级固体推进剂火箭发动机，单颗弹头。在最大有效搭载质量 500 kg 的情况下，导弹射程为 70 km。如果弹头质量减至 100 kg，则射程可以达到 350 km，可以搭载常规高爆弹头、子母弹等战斗部。"哈塔夫 - 1"导弹采用车载机动部署方式。发射车为 4 轮运输/发射车。导弹发射方式为由发射臂导向的倾斜热发射方式（如图 1 - 4 - 8 所示），发射臂长达 12 m。

图 1 - 4 - 8 "哈塔夫 - 1"导弹发射

"哈塔夫 - 2"的研制工作起始于 1987 年。导弹有效搭载量为 500 kg，射程 300 km。如果载重减至 300 kg，则射程相应增加到 450 km。其弹长为 9.75 m，直径 0.56 m。导弹全重 3 000 kg。"哈塔夫 - 2"也采用车载机动部署方式。其发射方式和"哈塔夫 - 1"相同。图 1 - 4 - 9 所示为该型导弹发射瞬间。

图 1 - 4 - 9 "哈塔夫 - 2"导弹发射

"哈塔夫 - 3"的研制同样起始于 1987 年，在 1994 年被终止。1997 年，新的"哈塔夫 - 3"又被激活，被重新命名为"格赞纳维"。该导弹被改为单级火箭发动机，2002 年 5 月 27 日进行首发发射试验。新"哈塔夫 - 3"导弹全长 8.5 m，弹径 0.8 m，发射质量为 4 650 kg，有效载荷增至 600 kg。弹头既可以是常规高爆弹头，也可以是爆炸当量在 12 ~ 20 kt 的核弹头。"哈塔夫 - 3"使用的运输/发射车是"飞毛腿"导弹使用的 MAZ - 543 发射车的改进型号，如图 1 - 4 - 10 所示。经过改进后，发射车全长为

图 1 - 4 - 10 "哈塔夫 - 3"导弹发射车

16.5 m，车宽3.02 m，空车重达38 t，车上总共3名成员，公路最大行驶时速55 km，不加油最大行程650 km。"哈塔夫–3"仍然采用热发射方式，但与"哈塔夫–1""哈塔夫–2"采用的倾斜热发射方式不同的是，"哈塔夫–3"采用了垂直热发射方式。

"哈塔夫–4"（即"沙欣–1"）是一种中程弹道导弹，1997年7月进行该弹的首次发射试验，1999年3月23日的阅兵式上向世人公布。"哈塔夫–4"采用了固体火箭发动机。导弹全长12.0 m，弹径1.0 m，发射质量9 500 kg。导弹最小射程150 km，最大射程已经达到750 km。该导弹的运输/发射车采用了俄制MAZ–513的改进型底盘，车长16.5 m，宽3.02 m，空载总重38 t，满载质量约47 t，公路最大行驶时速55 km，最大行程650 km。该车采用525马力[①]的柴油机，车上有10 kW的发电机，用于导弹供电。导弹发射时，发射车先用千斤顶固定车体，然后竖起导弹。由于采用固体火箭发动机，据称整个发射过程只需5～10 min。

"哈塔夫–5"（即"高里–1"）是巴基斯坦另一种中程弹道导弹，1993年开始研制，1998年4月6日进行了导弹的首次发射试验。导弹采用单级液体助推火箭发动机，全长15.9 m，弹径1.35 m。导弹发射质量15 850 kg。"哈塔夫–5"仍然采用车载垂直热发射方式。该弹的运输/发射车有数种型号。在1998年首次试射时该弹采用了由民用底盘改装的半挂式发射车（如图1–4–11所示）；而在2000年3月展出时，该弹则是由一种坦克运输车底盘改装而成的运输车辆装载。

图1–4–11 "哈塔夫–5"导弹发射车

"哈塔夫–6"（即"沙欣–2"），是在"沙欣–1"基础上研制的两级固体发动机中程弹道导弹，1996年开始研发，1998年年底实现发射。据称"沙欣–2"的有效射程达到了2 500 km。导弹全长17.0 m，弹径1.4 m，发射质量25 000 kg。导弹采用了具有较高越野能力的运输/发射车（如图1–4–12所示）装载，运输车底盘是苏联

---

① 1马力=735 W。

SS - 20 导弹所采用的 MAZ - 547V 自行式 6 轴底盘。发射车全长约 16.5 m，宽 3.0 m。空载时车高 3.1 m。发射车上装有 V58 - 7 - MS 柴油机，公路最大行驶速度 50 km/h，最大行程 500 km。导弹采用裸弹垂直热发射方式。在发射前发射车必须先用 6 个液压千斤顶对发射车进行调平。据称发射车达到预定发射地点后能够在 5 ~ 10 min 内完成发射。

图 1 - 4 - 12 "哈塔夫 - 6" 导弹发射车

第二篇　防空导弹发射装置

第1章 概　　述

1.1　防空导弹发射装置发展历程

第二次世界大战中，飞机对地面重要目标和部队构成了严重威胁。为了有效地防止飞机对重要目标的攻击，美国、英国、苏联等国家先后发展了防空导弹。防空导弹具有自动化程度高，反应时间短，保卫空域大，单发杀伤概率高的优点。因此，第二次世界大战后，世界各主要国家都十分重视防空导弹的发展。随着空袭兵器和科学技术的发展，防空导弹得到了迅速发展，发展了第一代、第二代、第三代防空导弹，并正在研制第四代防空导弹。

20世纪70年代以来，特别是海湾战争及以美国为首的北约轰炸南联盟事件，表明现代局部战争前期以空中打击为主要手段，破坏对方的防空网和重要军事目标，争夺制空权。谁有了制空权，谁就有了战争的主动权。因此，防空导弹是现代战争最重要、最有效的防空兵器。

20世纪80—90年代，战术弹道导弹和巡航导弹得到了很快的发展，对防空提出了新的要求。防空导弹不仅反飞机，还必须具有反战术弹道导弹（TBM），反巡航导弹，反空地导弹的能力。俄罗斯在 C – 300 的基础上，发展了具有反导的 C – 300ПМУ – 1 和 C – 300ПМУ – 2；同时，还发展了近程低空、超低空的 TOP 防空导弹。美国发展了"爱国者"改进型：PAC – 1，PAC – 2 和 PAC – 3。为了适应新的防空需要，俄罗斯正在研制 C – 400，而美国正在发展战区高空防御系统 THAAD。

随着防空导弹的发展，对防空导弹发射技术也提出了新的要求。防空导弹发射技术的发展，也促进了防空导弹的发展，并保证了防空导弹具有较高的作战能力和生存能力。

20世纪40—50年代苏联、美国、英国等国家先后研制了第一代地空导弹，如苏联的 SA – 1 和 SA – 2，美国的"波马克"和"奈基 – 2"；英国的"警犬"和"雷鸟"等。第一代地空导弹属于中远程、中高空地空导弹，主要是防高空飞机。导弹的质量和尺寸都比较大。第一代地空导弹发射装置基本属于固定式或半固定式。发射装置为单联装，即每个发射装置只装一发导弹，导弹的发射方式大多数是定角发射。SA – 1

和"波马克"的发射角为90°。"奈基－2"的发射角为85°。苏联SA－2的发射角、方位角和高低角为变角。"波马克""奈基－2"和"雷鸟"为固定阵地发射。苏联的SA－2为半固定式,发射阵地要事先构筑,有掩体,可以进行阵地转移,但机动性差。SA－2地空导弹主要被用于要地和国土防空。一个火力单元编为一个营。一个导弹营有6辆发射车、6辆运输装填车,配备24发导弹。全营大小装备80多套。其中,自行式车辆就有40多辆。设备多,笨重且机动性差。公路最大行军速度35 km/h,土路25 km/h。由行军状态转为战斗状态的时间为6 h。由战斗状态转为行军状态的时间为3 h。

20世纪60年代以后,空袭兵器有了新的变化。为了躲避防空导弹的打击,利用雷达盲区,实施低空和超低空突防,而针对低空和超低空突防的兵器,便出现了第二代防空导弹,如SA－6"响尾蛇"和"霍克"等。同时,发射技术也有了很大变化和发展。

第二代中、低空防空导弹,既用于要地防空,也被用于野战防空,以保卫前进中的部队和战场转移,故对武器系统的机动性提出了要求。随着科学技术的发展,第二代防空导弹实现了电子元器件小型化,推进系统固体化、高能化,故而导弹的质量和尺寸明显减小,整个武器系统的装备大大减少。SA－6防空导弹以营为最小作战单元。1个导弹营配备1辆指挥车,1辆制导雷达车,4辆3联装导弹发射车,4辆导弹运输装填车,1辆电源车和1辆运油车。最大行军速度为50 km/h。由行军状态转为战斗状态的时间为7 min,而由战斗状态转为行军状态的时间则为5 min。

法国"响尾蛇"防空导弹的最小作战单元为连。每个连的作战装备为1辆搜索雷达车,2~3辆发射制导车,地面机动性较高,具有良好的越野能力,最大行军速度为60 km/h,涉水深1.2 m,爬坡度40%,越壕沟宽度0.9 m。由行军状态转换到作战状态时间为10 min。由战斗状态转换为行军状态时间为5 min。

20世纪70年代法国和德国联合研制的"罗兰特"防空导弹,其全部设备都被装在一辆车上。一辆车就是一个完整的火力单元,实现了弹、站、架三位一体,可以在车辆行军中进行目标搜索和目标跟踪,一停车就可发射,必要时可在行军中发射导弹和制导导弹,以攻击目标。每辆车可携带4发导弹和8发备用导弹,最大行军速度75 km/h。

第二代防空导弹武器系统的机动性和快速反应能力明显提高。由于空袭兵器性能的提高及具有低空突防能力,当防空雷达发现目标时,目标已很近,故要求防空导弹快速反应。也就是说,从雷达发现目标到第一发导弹发射出去的时间要短,用最短的时间摧毁来袭目标,否则就会贻误战机,甚至被动挨打。发射装置的调转、跟踪时间是武器系统反应时间的组成部分,故应缩短调转、跟踪时间。SA－2导弹的反应时间为6 min,高低角从1°15′调转到65°的时间为23 s,方位角从0°调转到179°的时间为

25 s。"响尾蛇"导弹的反应时间仅为 10～6 s，高低角从 -3°调转到 45°的时间为 2 s，方位角从 0°调转到 180°的时间为 3 s。

第二代防空导弹发射装置性能较第一代有明显提高，主要有：

（1）快速反应。

下面给出几种防空导弹的反应时间，如表 2-1-1 所示。

表 2-1-1　几种防空导弹反应时间

型号	SA-2	SA-6	"响尾蛇"	"霍克"	"罗兰特"
反应时间/s	360	30	6.5	20	7.0

由表 2-1-1 可以看出，第二代防空导弹较第一代防空导弹（SA-2）的反应时间明显缩短。

（2）机动性提高。

第一代防空导弹与第二代防空导弹的机动性如表 2-1-2 所示。

表 2-1-2　几种防空导弹机动性参数

型号 \ 项目	最大行军速度/（km·h⁻¹）	展开时间/min	撤收时间/min
SA-2	35	360	180
SA-6	50	7	5
"响尾蛇"	60	10	5
"霍克"	—	45	30
"罗兰特"	75	—	—

由表 2-1-2 可以看出，第二代防空导弹较第一代防空导弹行军速度由 35 km/h 提高到 75 km/h；展开时间由 360 min 缩短到 7 min，撤收时间由 180 min 缩短到 5 min。

机动性提高的主要措施是：载车由半挂或全挂改为全轮式越野自行车或履带车，发射车带弹行军，并且配套车辆大大减少。

（3）多联装。

由单联装（SA-2）发展为二联装（SA-3）、3 联装（SA-6、"霍克"）、4 联装（"响尾蛇"）、6 联装（"斯帕达"）等。由于多联装使一个火力单元的待发导弹数大大增加，在一次作战中，即使不补弹，也能对付多个目标，提高了武器的作战能力。

（4）发射装置调转跟踪速度提高。

第一代防空导弹与第二代防空导弹发射装置调转跟踪参数如表 2-1-3 所示。

表 2 - 1 - 3　几种防空导弹发射装置跟踪参数

项目 型号	高低跟踪		方位跟踪	
	速度/ [(°) · s^{-1}]	加速度/ [(°) · s^{-2}]	速度/ [(°) · s^{-1}]	加速度/ [(°) · s^{-2}]
SA - 2	2.3	0.2	7	1.5
SA - 6	5	1	1	3
"响尾蛇"	32.6	35.6	68	47.5

由表 2 - 1 - 3 可以看出，"响尾蛇"较 SA - 2 发射装置高低角跟踪速度由 2.3°/s 提高到 32.6°/s，方位角跟踪速度由 7°/s 提高到 68°/s。

为了提高发射装置调转、跟踪速度，要求发射装置小型化和轻型化。"响尾蛇"发射装置材料采用铝合金，以减轻发射装置质量；伺服系统提高功率的，同时还采用体积小，质量轻的液压驱动系统。

20 世纪 70 年代以后，空中威胁又有新的变化，主要是全空域、全方位、多批次、多架次的饱和攻击。美国和苏联在 20 世纪 80 年代装备的"爱国者"和 C - 300 是第三代地空导弹的典型代表。

"爱国者"导弹武器系统由 1 辆相控阵雷达车，1 辆指挥控制车，1 辆天线车，1 辆电源车和 6 ~ 8 辆 4 联装导弹发射车组成。作战时，导弹发射车由指挥控制车无线遥控，高低发射角通常固定在 38°上。在方位上，不需要精确地瞄准目标。发射车上调平设备允许发射车在有 10°的斜坡上部署。

"爱国者"导弹武器系统抗饱和攻击能力强，能够对付密集的空中攻击，反应时间短，火力强，射速快，抗干扰能力强。由于在地面使用一部多功能相控阵雷达，能够完成高、中、低空目标搜索，截获、识别、跟踪、照射和导弹跟踪、制导以及反电子干扰。能同时掌握 100 多批在不同高度上飞行的来袭目标和制导 8 枚导弹攻击多个目标。

海湾战争后，对"爱国者"导弹发射车进行了改进：一是由半拖车改为自行车，提高了机动性；二是提高了导弹装填速度。

C - 300 导弹武器系统是一种机动、多通道的防空导弹系统。杀伤区远界可达 90 km，拦截高度为 25 m ~ 27 km，同时拦截数可达 6 个，同时制导导弹数 12 个。武器系统的作战装备全是车载自行式，机动性好。

C - 300 导弹武器系统基本火力单元（营）由 1 辆制导照射雷达车，12 辆发射车，1 辆定位车组成。导弹出厂时，被装在密封的、充有干燥空气的发射筒内。发射车为 4 联装。发射车上装有无线通信设备，接收制导照射雷达车的导弹发射指令，进行导弹弹射。发射车上带有燃气涡轮发电机组。在发射阵地，发射车由 4 个液压缸支撑地面，在导弹发射时，由液压起竖千斤顶将 4 发筒弹起竖到 90°，并将筒弹垂直放到地面上，实现垂直冷弹射。

舰空导弹已经历了 3 个阶段，并正在研制第四代舰空导弹。

20 世纪 50—60 年代发展了第一代舰空导弹，如美国的"黄铜骑士""小猎犬"和"鞑靼人"，苏联的"海浪"（SA－N－1）和"风暴"（SA－N－3），英国的"海猫"和"海蛇"，法国的"玛舒卡"等。第一代舰空导弹，主要是反高空飞机，导弹的质量和尺寸比较大，系统反应时间长，发射方式为倾斜发射。

20 世纪 70—80 年代发展了第二代舰空导弹，主要是对付低空和超低空飞行的飞机，如美国的"海麻雀"，苏联的"施基利"，英国的"海标枪"和"海狼"，法国的"海响尾蛇"等。第二代舰空导弹的特点是：导弹尺寸比较小，系统反应时间快，多联装，筒式发射。

20 世纪 80—90 年代发展了第三代舰空导弹，主要是对付多批次、多架次的饱和攻击，如美国的"宙斯盾"，苏联的"利夫"（SA－N－6）等。第三代舰空导弹的特点是：垂直发射，全方位，火力强，抗饱和攻击，发射装置结构简单，尺寸小，质量轻；系统反应时间短，导弹发射率高，装弹量大。

美国"宙斯盾"导弹的发射装置被称为 MK41。它于 20 世纪 70 年代开始研制，80 年代开始装备部队。MK41 采用模块化设计，有"打击型""战术型"和"自卫型"3 种模块，采用垂直热发射，有公共的燃气排导系统。一个模块就是一个独立的发射系统。每个模块都有 8 个弹舱，可装 8 枚箱弹并且可发射多种导弹，如"标准""海麻雀"舰空导弹，以及"战斧"反舰导弹、"阿斯洛克"反潜导弹等。

以色列"巴拉克"舰空导弹，20 世纪 80 年代开始研制，1992 年装备以色列海军，是舰船点防御导弹系统。其重点是反巡航导弹和掠海空舰导弹。其发射方式为垂直热发射。垂直发射装置采用模块化设计，一个模块装 8 枚箱弹。装舰适应性好，可以装在 480 t 以上各型水面舰艇上。

苏联"利夫"（SA－N－6）舰空导弹，是由陆上 C－300 移植到舰上。发射方式是准垂直冷发射，垂直发射装置为转鼓式。8 枚筒弹被挂在发射装置圆柱上，待发导弹转到发射舱口，连接电插头，为导弹加电并装定发射参数和发射。导弹发射后，发射装置自动旋转，使下一枚筒弹对准舱口。为了防止导弹出筒后发动机未点火而砸向舰体，发射装置向舰弦倾斜 4°。

现在美国、俄罗斯正在研制第四代舰空导弹。第四代舰空导弹主要是反巡航导弹和弹道导弹。

1.2　防空导弹发射装置发展趋势

在海湾战争中，巡航导弹和战术弹道导弹显神威，是一种高效的进攻性武器。而后，俄罗斯和美国都十分重视反导武器的研制。

美国为了对付日益增长的弹道导弹与巡航导弹的威胁，制订了战区导弹防御计划。计划的核心是将 PAC – 2 改进为 PAC – 3 并研制战区高空区域防御导弹系统 THAAD。

PAC – 3 能对付 1 500 km 的弹道导弹，最大拦截距离 30 km，最大拦截高度 15 km。

THAAD 能对付射程 3 500 km 的弹道导弹，最大拦截距离 200 km，最大拦截高度 150 km，最低拦截高度 40 km，与低层防御的 PAC – 3 配合起来使用，实现多层拦截。THAAD 采用倾斜发射，载车为 M1075（五根轴）自行车，自带电源，发射车上装有一台无线通信设备与指控车进行通信联系，并实现自动定位定向。定位采用 GPS。车上有方位基准设备。发射车上装有 12 发箱弹。发射箱为复合材料，以减轻发射筒质量。

俄罗斯正在研制 C – 400。C – 400 防空导弹系统由一个指挥系统及几个不同类型的导弹火力单元组成。

每个导弹火力单元都由一部相控阵雷达车和几辆导弹发射车组成。发射车与 C – 300 相同，仍采用垂直弹射。车上可装载不同类型和不同数量的导弹。与 C – 300 发射车相比，其最大差别在于远距离部署，即远距离制导雷达站部署。发射车上装有用于与制导系统通信的高杆天线。C – 400 新研制的远程防空导弹的射程可达 400 km。还有两种小弹 9M96E 和 9M96E2，9M96E 的最大射程为 40 km，而 9M96E2 的最大射程为 120 km。

发射车上原 C – 300 导弹位置，采用小型导弹，可装 4 个小的筒弹。4 发筒弹质量为 2 700 kg，相当于 1 发 C – 300 筒弹质量。

第四代防空导弹对发射装置的要求：

（1）提高导弹发射速率。

由目前的 2 ~ 3 s 提高到 0.5 ~ 1 s。

（2）多种导弹共架。

装拦截不同空域的导弹，实现多层拦截。

（3）发射车多功能一体化。

发射车具有运输、供电、通信、定位定向和发射等多种功能。

（4）提高机动性。

缩短展开和撤收时间。

（5）快速自动定位定向。

为了扩大作战空域，发射车与雷达车的布置距离为 10 km。由于发射车与雷达车距离加大，故不能采用光学互瞄，必须采用自动定位定向。

（6）伪装隐蔽。

具有一定的防光学和雷达侦察的能力。

（7）三防（防生物，防化学，防核污染）。

作战装备应具有一定的防核、生、化的能力。

（8）通用化，系列化，模块化。

能够提高发射装置不同战场需求的适应能力，提高武器系统作战能力，降低生产成本，简化维修与管理，节省发射装置占用空间。

（9）发射车实现网络化作战。

发射车的网络化是信息战时代的根本要求。这种网络化的发射车具有信息自动化采集、智能化处理、网络化利用和资源化服务等 4 大基本特征，极大地增强了整个作战系统的功效。

第2章 美国地空导弹发射装置

2.1 美国地空导弹发射装置概述

美国地空导弹发射装置已经历了4代。第一代地空导弹"波马克""奈基",发射装置是固定阵地垂直发射。发射装置结构简单,单联装,不进行方位、高低角回转。第二代地空导弹"霍克",属于中低空防空导弹。发射装置为多联装倾斜热发射,需要有方位、高低角回转,可以瞄向目标和机动。第三代地空导弹"爱国者",属于中远程、中高空防空导弹。发射装置为多联装倾斜箱式发射,可以进行方位、高低角回转。高低角通常在38°,方位角回转范围为±100°,不需要精确地瞄准目标。发射装置的载车为半拖车,不需要越野机动,只是需要经常转移阵地。半拖车较自行车也有一定的优点,主要是半拖车对上装设备的适应性好,生产周期短,成本低。第四代地空导弹THAAD,属于高空、远程地空导弹。发射装置为多联装倾斜箱式发射,可以进行方位、高低角回转。发射装置的载车为自行式。发射装置为模块化结构。

美国地空导弹发射装置的特点:除第一代地空导弹发射装置外,第二代、第三代地空导弹的发射装置都是多联装倾斜热发射。而此时很多国家的地空导弹发射都趋向垂直发射,而美国为什么热衷于倾斜热发射?下面对倾斜热发射的优、缺点进行分析。

倾斜发射的发射装置一般根据来袭目标可进行高低角和方位角的变化,为导弹提供初始射向。倾斜发射的优点是导弹飞离发射装置后,在雷达的导引下直接飞向目标,空中飞行弹道短,时间短,因此尤其适用低空、近程导弹的发射。倾斜发射的导弹较垂直发射的导弹简单。倾斜发射的导弹不需要垂直矢量控制。

倾斜发射的缺点有:

(1) 系统反应时间长。

发射装置需要根据来袭目标进行方位和高低角调转、跟踪。"霍克"导弹的反应时间为20 s,因此武器反应时间长。

(2) 方位发射有盲区。

由于发射阵地周围有建筑物或者设备,因此倾斜发射不是任何方位角都可以发射的,故作战空域受到一定限制。

(3) 隐蔽性差。

倾斜发射的导弹发动机喷出的高温、高速燃气流，对地面其他设备有影响。因此，设备之间的布置距离不能太近。如"爱国者"发射车至雷达车的最小距离为 90 m。

（4）发射装置结构复杂、笨重，可靠性低，成本高。

由于倾斜发射的发射装置需要方位和高低角随动，因此发射装置结构复杂、笨重，成本高；而美国"爱国者"发射装置方位和高低角不随动，因此"爱国者"发射装置结构相对简单，尺寸、质量均比较小。

2.2　"波马克"地空导弹发射装置

"波马克"是美国 20 世纪 50 年代初开始研制的第一代远程地空导弹，能拦截中、高空飞机，1960 年开始装备美国空军。

导弹的主要参数为：

弹长：13.72 m。

弹径：0.89 m。

弹重：7 257 kg。

"波马克"需从固定阵地发射。发射方式为单联装垂直发射。发射装置被固定在发射阵地上。发射装置由底座、起竖臂和液压起竖系统等组成。"波马克"发射装置如图 2 - 2 - 1 所示。

图 2 - 2 - 1　"波马克"发射装置

2.3 "奈基"地空导弹发射装置

"奈基"是一种中、高空地空导弹武器系统,主要被用于国土防空和要地防空。

"奈基"地空导弹分为"奈基-1"地空导弹和"奈基-2"地空导弹。"奈基-1"地空导弹于 1945 年开始研制,1953 年 12 月开始装备部队;"奈基-2"从 1958 年 6 月开始装备部队。

"奈基-2"导弹的主要参数为:

弹长:12.1 m。

弹径:0.76 m。

弹重:4 550 kg。

"奈基-2"发射装置分为野战式和固定式两种。每个发射架上一枚导弹。对于野战式发射架,平时导弹被水平安放在发射架上,发射时遥控发射架竖起,使导弹 85°发射。发射装置通过底座下的千斤顶调整水平。阵地转移时,需把发射装置拆开并用专用运输车转运。

固定式发射装置与野战式发射装置基本相同,只是安装在地下掩体内,发射时,通过升降机升到地面上。"奈基-2"发射装置如图 2-2-2 所示。

图 2-2-2 "奈基-2"发射装置

2.4 "霍克"地空导弹发射装置

"霍克"地空导弹是美国 20 世纪 50 年代研制的中程、中低空防空导弹,主要被用于本土和要地防空。

导弹的主要参数为：

弹长：5.03 m。

弹径：0.36 m。

弹重：586 kg（改进型 636 kg）。

发射装置有牵引式和自行式两种。牵引式发射装置如图 2 - 2 - 3 所示。自行式又分为履带式和轮式两种，履带式的车后可牵引系统的其他设备。

图 2 - 2 - 3 "霍克"牵引式发射装置

"霍克"导弹的发射架为 3 联装，能进行高低角和方位角瞄准。当照射雷达天线锁定目标后，发射架就与雷达天线随动，以使导弹瞄准目标。下达发射指令后，发射架选定一枚待发导弹并激活电源，快速启动陀螺仪，使导弹天线稳定地锁住目标瞄准线，同时发射架转向大功率照射雷达给出的瞄准点，调整好导弹发射前置角，之后导弹的发动机点火，导弹飞离发射架。

2.5 "小懈树"地空导弹发射装置

"小懈树"地空导弹是美国20世纪60年代研制的近程、低空防空导弹，主要被用于野战防空，也可用于要地防空。

导弹的主要参数为：

弹长：2.90 m。

弹径：0.12 m。

弹重：86 kg。

"小懈树"地空导弹发射装置有3种：第一种是自行式。第二种是固定放置式。第三种是牵引式。自行式发射架被装在一辆M730型履带式装甲输送车上，使用6缸柴油发动机，功率为212 Hp①，行驶速度为67.2 km/h。发射架为4联装。发射架方位360°回转，高低角 −5°~90°回转。再装填时间约4 min，有8枚备份导弹。对于固定放置式，可车载或空运，作战时被放在地面发射。牵引式发射架被装在一辆拖车上，由一辆牵引车牵引，如图2−2−4所示。

图2−2−4 "小懈树"地空导弹牵引式发射架

---

① 1 Hp = 735 W。

2.6　"爱国者"地空导弹发射装置

美国的"爱国者"地空导弹于1965年开始研制，1982年装备部队，历经近20年。"爱国者"是一种高性能的地空导弹武器系统，不仅能拦截飞机，还能拦截战术弹道导弹，它属于第3代全天候中高空地空导弹武器系统。该系统由1辆相控阵雷达车，1辆指挥控制车，1辆天线车，1辆电源车和6～8辆4联装导弹发射车组成。

导弹的参数为：

弹长：5.3 m。

弹径：0.41 m。

弹重：1 000 kg。

2.6.1　发射车

发射车是一种完全独立的遥控设备，它自备电源，可携带4枚箱弹。发射架被安装在XM-860型半拖车上，由M-818型牵引车牵引，如图2-2-5所示。

图2-2-5　"爱国者"半拖车

发射车的调平设备允许其在最大坡度为10°的斜坡上展开。发射架在方位上±100°可以转动，不需要精确地瞄准目标。高低角通常被固定在38°上（0°～60°）。

发射车上装有自检设备。它自动监视所有重要电子设备和导弹状态，并定时向指挥控制车报告其状态。

指挥控制车通过数据传输线向发射车发出导弹发射前的制导信息和发射指令。发射车一收到发射指令就起动发射程序。

发射车行军时质量（含4发箱弹和牵引车）为31 686 kg。发射车行军时外形尺寸如图2-2-6所示，高度为3.96 m，宽度为2.87 m，全长为15.24 m。

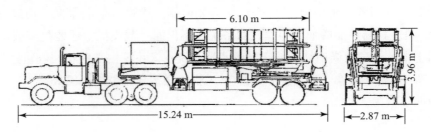

图2-2-6　发射车行军图

自行发射车展开状态如图2-2-7所示。发射车展开最大尺寸：高6.86 m（含天线为10.5 m），宽5.1 m，长10.08 m。

图2-2-7　发射车展开状态

发射车由发电机组、电子设备、发射架、发射架连接组合、牵引车、半拖车等组成，如图2-2-8所示。

（1）发电机组。

发电机组为柴油发电机，功率为15 kW，提供三相四线，400 Hz，120/208 V电源。

发电机组被安装在半拖车前部平台上，带有56.8 L主油箱。发电机一侧安装有工作台。放下工作台即可检修发电机。

（2）电子设备。

电子设备的功能有：接收、译码和执行指挥控制车的指令；向指挥控制车报告发射架和导弹的状态，以及每一受控动作的实施情况。

电子设备有两个功能模块。一个是控制模块，另一个是通信模块。

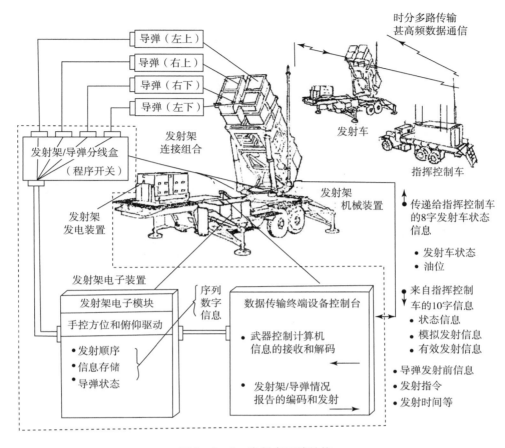

图 2 - 2 - 8　发射车系统结构

①控制模块。实时完成指挥控制车给发射车的控制指令，也可以手控发射架使其俯仰和方位转动。控制模块上还有一个开关。在作战时，将开关打到遥控状态，由指挥控制车遥控。

②通信模块（数据传输线终端模块）。它被用于发射车和指挥控制车之间数字通信的编码器/译码器、信号计时器和发射机/接收机。

（3）发射架。

发射架由起落架、转盘、基座和电机驱动机构等组成。基座前端有两个支撑杆，以便在运输中支撑箱弹。起落架和转盘之间连接两个同步升降丝杠。发射架结构都是用 ASTMA514 高强度钢焊接成的。外形尺寸：长 2.07 m，宽 1.87 m，高 0.548 m。质量为 499 kg。

发射架俯仰角和方位角回转装置由两个俯仰同步作动筒、方位支撑装置、数字编码器、方位驱动作动筒、发动机控制装置等组成。

俯仰同步作动筒提供起落架俯仰作用力。每一个作动筒都由 140 V 直流电动发动机、传动箱、端部带有滚珠的螺旋丝杠和制动开关组成。当发动机控制装置得到发射架电子设备指令时，即接通电源。当起落架达到预定发射角（38°）时，作动筒制动开关立刻断电。

数字编码器为发射架提供方位信号。它的精度为 3.06 mrad，是一种 11 位光学编码器。

方位驱动作动筒可使转盘转动（±100°）。它被装在拖车基板上，包括 1 个 140 V 直流电动发动机（和俯仰驱动发动机一样），1 个传动箱和 1 个输出齿杆。当发动机控制装置从发射架电子设备中获得方位指令时，作动筒发动机接通电源。如果编码器输出与这个指令信号符合，立刻断掉发动机电源。这样即可制动在所要求的位置上。

发射架上的发电机组发出的 208 V，400 Hz 的三相电，经过整流后为直流，为发动机提供 140 V 直流电源。单台俯仰发动机功率为 4 210 W。方位发动机功率为 2 200 W。

（4）发射架连接组合。

发射架连接组合由外部导弹数据电路、电源电缆和发射架导弹分线盒组成。

发射架连接组合的导弹分线盒被安装在发射架的后边。该分线盒包括一个电子开关矩阵。它可根据发射指令，自动地将一条单独的输入电缆与连接导弹发射箱的 4 条输出电缆之一接通。与导弹的电气连接是通过安装在导弹发射箱后端盖左下方的多芯插座实现的。发射架连接组合还包括检测和指令传输线路，以及弹上加温控制电路。

发射架可以用 C141 和 C5A 型运输机、轮船及大型直升机运输。发射架外形尺寸也适合欧洲铁路运输标准。发射架（不包括牵引车）长 10.0 m，宽 2.87 m，高 2.26 m，重 14.98 t，加上 4 发箱弹时质量为 21.79 t。

发射架牵引车为 M818（6×6）型。

发射架的半拖车与雷达半拖车一样。外形尺寸为：长 10.1 m，宽 2.87 m，高 1.09 m。质量为 7.455 t。在地面倾斜 -5° ~ +10° 内正常工作，有 4 个液压调平支腿。

发射车再装填 4 发箱弹时间为 30 min。

PAC-3 对发射装置通信系统进行了改进，实现了导弹营内部的语音、数据通信组网。

2.6.2　发射箱

发射箱被用于导弹发射，又是导弹运输的包装箱，如图 2-2-9 所示。发射箱长 6.1 m，宽 1.09 m，高 0.99 m。发射箱主要由蒙皮、主框、加强框、端框、绝缘支框，4 根"L"形内部加强梁，2 根滑轨和 7 个支架，导向板、前后端盖、箱内壁保温材料、箱内环境微调装置，以及固定导弹的自锁装置等组成。

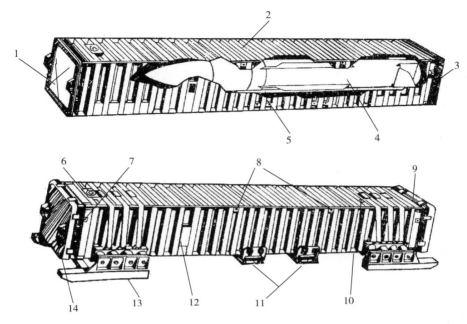

图 2 - 2 - 9 "爱国者"导弹发射箱结构图

1—前盖；2—箱体；3—后盖；4—导弹；5—导轨；6—干燥剂；7—手卡车接合件；8—水平起重点；
9—航运保险尾盖；10—湿度指示器；11—叉式起重槽；12—记录保持器；13—减震器；14—航运保险前盖

发射箱内部装有 25.4 mm 厚的聚氨基甲酸泡沫塑料隔热层，使箱内温度低于 54.44℃。

发射箱蒙皮用两张长 5.48 m "L" 形 6061 铝板对接焊成，另外用 6061 铝板冲压成 "L" 形角梁焊在箱内四角上。它的外部装有一定的数量加强框。为了起吊，装有 2 个加强主框，用 ASTMA514 钢板弯成 "Π" 形焊在箱上。其他各框均用 6061 和 201 铝板制成。

发射箱每端两侧各有一个绝缘缓冲框。这是为了减轻搬运中冲击而设计的。

发射箱前、后均有密封盖，以保证发射箱的密封（发射箱充有干燥惰性气体）。前盖框用 1010 ~ 1020 低碳钢板制成，中间再用玻璃布、铝箔制成一定厚度的薄板，内表面再粘上一层聚氨基甲酸泡沫塑料。该结构不但可以起到保温作用，而且防电磁辐射，导弹发射时可直接穿过，后盖框的材料与前盖框相同，所不同的是框中间用铜箔，而不是用铝箔，导弹发射时由导弹燃气吹掉。

筒内下端装有 2 根 5.3 m 滑轨。滑轨下面用铆钉铆上 7 个 A356 铝合金铸件支架。在滑轨表面上和外侧表面上贴上一定厚度的用石墨填充的酰胺纤维，以便减轻导弹在滑轨上运动时产生的摩擦和撞击。

导弹滑轨前端两侧和垂直方向有 3 个可调间隙的导向板，后端垂直方向也有一个导向板。每一个导向板上，一端都是可调螺钉，而另一端是不可调螺钉。螺钉接触面上都粘上石墨填充酰胺纤维材料的垫片，这可使导弹运动过程中减小摩擦。每一个导向板都被固定在发射箱内。

导弹制动插锁自锁装置的作用是在导弹运输和作战准备时，防止导弹在滑轨上做相对运动。这种机构被装在发射箱下部的 2 根滑轨中间的凹槽外。制动插销用 455 钢制成。将其一端插入导弹发动机前端裙部的小圆孔内，而将其另一端放入用 17 - 4PHH1100 钢制成凹形的槽内，然后再把这个部件固定在 2 根长梁中间的长槽内。制动插销开锁和闭锁是靠它的另一端连接一个不锈钢转轴来实现的。当导弹在箱内运动时，事先其自动开锁。它的开锁和闭锁状态是通过发射箱后盖下部仪器板上的微动开关监视的，发射顺序已准备好的导弹，发射箱电子装置显示制动插销位置状态。行军时，再由转矩手柄重新锁上。

发射箱内装有发射箱环境条件控制系统。它的作用是保证发射箱内具有一定的气压、温度和湿度，有压力调节旋钮、湿度调节旋钮和温度指示器，湿度不大于 60%。

发射箱上有两个主加强框，每一个加强框上端两个角上各有一个圆环。这是为起吊发射箱而设计的。

发射箱在发射架上的固定过程为：装填导弹时，由起重机将箱弹吊起，然后降下，使发射箱加强框上的 4 个定位孔落入发射架上的 4 个定位销，再用连接螺栓将箱弹固定在发射架上。发射箱加强框上部有 4 个定位销，而下部有 4 个定位孔。同理，将另一箱弹吊装在已吊装的箱上，并加以固定。

PAC - 3 发射箱可装 4 发导弹，如图 2 - 2 - 10 所示。

图 2 - 2 - 10　PAC - 3 发射车

2.7 "复仇者"地空导弹发射装置

"复仇者"是美国波音公司 20 世纪 80 年代研制的一种机动式近程、低空防空导弹。系统采用"毒刺"导弹。

整个武器系统被装在一辆多用途的悍马载车上，如图 2-2-11 所示。其 4 联装发射架炮塔两侧各装 4 枚导弹的发射箱、敌我识别器、前视红外探测器和光学瞄准具，这些设备都被装在一个可旋转 360°的舱体上。发射架高底角 10°~65°。利用 3 个"T"形螺栓将舱体固定在载车上。系统可以在行进中瞄准发射导弹。

图 2-2-11 "复仇者"弹炮结合武器系统

2.8 THAAD 地空导弹发射装置

THAAD 是美国经多年研制的一种高空远程反导弹系统，在大气层内、外防御中远程弹道导弹。

THAAD 导弹的主要参数如下：

导弹长：6.17 m。

导弹直径：0.37 m。

弹重：800 kg。

发射车底盘由 M1075 型 5 根轴卡车改装而成。每辆车上都装有 8 发导弹，如图 2-2-12 所示。发射车可用 C-141 飞机运输。它为自行车，具有较强的机动性。

发射车满载重 40 000 kg，长 12 m，高 3.25 m。

发射装置硬件可靠性 >310 h（实测 360 h）。

发射装置平均修复时间 <1 h（实测 0.79 h）。

图 2 - 2 - 12   THAAD 发射车

发射装置结构质量 < 4 800 kg（实测 3 774 kg）。

发射装置展开时间 < 60 min（实测 15 min）。

再装填时间 < 25 min（实测 23 min）。

发射车可在 10°坡度上发射。

发射车采用倾斜发射。发射车自带电源，装有一台无线通信设备与指控车进行通信，并能够实现自动定位定向。定位采用 GPS。车上有方位基准设备。发射箱为复合材料，能够有效减轻发射箱质量。

2.9   "斯拉姆拉姆" 地空导弹发射装置

"斯拉姆拉姆" 是美国 20 世纪 90 年代由 "阿姆拉姆" 空空导弹移植成的第四代地空导弹。发射架为 6 联装，被装在悍马高机动多用途轮式车（HMMWV）上，用于填补 "毒刺" 和 "爱国者" 系统防御空域之间的空白，属于中程地空导弹。

导弹的主要参数为：

弹长：3. 65 m。

弹径：0. 178 m。

弹重：152 kg。

该发射装置采用模块化、适应性设计，适于安装在多种车辆和固定设计平台，能够在 C - 130 运输机上方便地装卸，发射装置采取分散、网状分布式配套。发射装置既可本地控制，也可遥控。具有在小于 60 s 的时间内进入阵地并发射的能力，在机动、快速运动的作战环境中，或在驻防保护高架目标中，提供充分的防空保障。"斯拉姆拉姆" 将逐步取代 "复仇者"。

　　发射导弹时，发射架升至30°发射角，射手撤出，载车进行遥控发射。最大遥控发射距离为100 m，如图2 - 2 - 13所示。

图 2 - 2 - 13　"斯拉姆拉姆"发射车

第 3 章　美国舰空导弹发射装置

3.1　美国舰空导弹发射装置概述

20 世纪 50—60 年代，美国海军舰载防空导弹发展了"黄铜骑士""小猎犬"和"鞑靼人"，组成美国第一代远、中、近，高、中、低 3 个层次的防空导弹武器系统。"黄铜骑士"最大射程为 120 km。"小猎犬"最大射程为 37 km。"鞑靼人"最大射程为 16 km。这 3 种武器拦截的主要目标为不同高度来袭的各种飞机。这时的导弹发射装置为倾斜发射，方位、高低角变角发射，导弹为裸弹。

20 世纪 70 年代，美国海军开始装备第二代舰载防空导弹武器系统，如"标准 1"和"海麻雀"等，这时的导弹发射装置仍为倾斜发射，高低角、方位角变角发射，系统反应时间缩短，自动化程度提高。

20 世纪 80 年代，美国海军开始装备第三代舰载防空导弹武器系统，如"标准 2""改进海麻雀"和"拉姆"等。这时的导弹发射装置有了革命性的变化。"标准 2"和"改进海麻雀"采用垂直发射，出现了 MK41，MK48 通用化、模块化垂直发射装置。MK41 垂直发射装置不仅可以发射防空"标准 2"导弹，还可以发射对舰、对地攻击的"战斧"巡航导弹、"阿斯洛克"反潜导弹、"海麻雀"舰空导弹及 TACMS 战术弹道导弹等。MK41 被称为当代海军武器发展的最高水平，大大提高了载舰的综合作战能力。

将 MK41 垂直发射装置装舰后，存在一些不足及不能完全适应新的导弹发射和作战要求，主要是：

（1）使用维护费用高，操作使用人员多。

（2）结构尺寸大，笨重。

（3）由于导弹发动机新型燃料加入大量铝粉，使燃气温度和推力加大，上气道与增压室难以满足多次重复发射和一次意外点火要求。

（4）一个发射模块只能同时发射两发导弹，影响火力强度。

（5）由于采用公共燃气排导系统，容易引发相邻导弹点火，对导弹造成不安全。

由于以上原因，美国海军寻找新的垂直发射装置，为下一代水面舰艇开发研制出了一种全新概念的导弹垂直发射装置——同心筒发射装置（Concentric Canister Launcher）。

同心筒发射装置由内筒、外筒、半球形端盖、底板，以及内、外筒支撑构件组成。

同心筒发射装置的主要优点如下：

（1）结构简单，质量轻，体积小。

（2）由于自身解决了导弹发射燃气流排导，省去了集中、公用燃气排导系统，使导弹发射互不影响，可满足导弹齐射。

（3）双层同心筒结构为导弹提供了良好的保护与隔热功能，并解决了邻近导弹意外点火所带来的安全性问题。

（4）导弹意外点火后，导弹可自动飞离舰船，省去了防止导弹意外点火的防护设施，并大大提高了相邻导弹的安全性。

（5）发控系统采用分布式，使得发控系统具有很强的扩展性。

同心筒发射装置是一种很有发展前途的通用垂直发射系统。美国进行了不同导弹的小比例和全尺寸发射试验，积累了大量试验数据，为工程化做好了技术准备。

同时，美国还发展了 SCL 单隔舱发射装置。单隔舱发射装置是由美国洛克希德·马丁公司开发的，继承了 MK41 技术。燃气排导由公共燃气排导改为每发导弹独立的燃气排导系统。该发射装置尺寸小，质量轻，装舰更为灵活，安全可靠。

美国舰载导弹发射装置实现了垂直发射及通用化、系列化和模块化，并为各国仿效。

3.2 "标准1"（SM-1）导弹发射装置

"标准1"是美国海军装备使用的第二代舰空导弹，被装备在美国的巡洋舰、驱逐舰和护卫舰上。"标准1"自 1964 年开始研制，1969 年陆续装舰。"标准1"又分中程（RIM-66A）和增程（RIM-67A）两种。RIM-66A 是单级导弹，被用于取代"鞑靼人"舰空导弹；RIM-67A 是由两级组成的导弹，即在中程导弹的尾部加装了一台助推器，被用于取代"小猎犬"导弹。"标准1"中程导弹弹长 4.47 m，弹径 0.34 m，重 680 kg。增程导弹弹长 8.23 m，弹径 0.34 m，重 1 360 kg。

"标准1"中程防空导弹武器系统由 MK92 火控系统、SM-1MR 导弹、MK13 发射装置等组成。

MK13 发射装置是由美国 FMC 公司北方军械部研制的。

MK13 发射装置为单臂倾斜变角发射装置，如图 2-3-1 所示。该发射装置在 360°方位回转，俯仰 -10° ~ +90°旋转。

MK13 发射装置共发展了 8 型，即 MK13-0~7 型，MK13-4 型是其中性能比较优异的一种。中国台湾"成功"级护卫舰采用的即为 MK13-4 发射装置。它既可发射 SM-1MR"标准1"中程导弹，又能发射 SM-2MR"标准2"中程导弹，以及"鱼叉"反舰导弹和"阿斯洛克"反潜导弹。

图 2 - 3 - 1　"标准 1"导弹发射装置

MK13 - 4 导弹发射系统由发射控制系统、发射架、导弹舱和辅助设备（装弹、热交换器和控制器单元）4 部分组成，如图 2 - 3 - 2 所示。

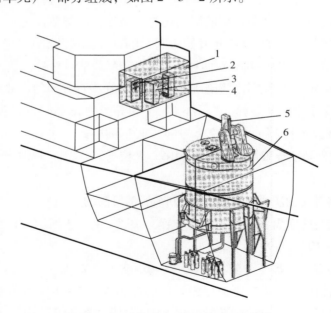

图 2 - 3 - 2　MK13 - 4 发射系统结构

1—发射系统控制室 ；2—电源板 EP1；3—控制台 EP2；4—电子设备 EP3；5—发射架；6—导弹舱

（1）发射控制系统。

发射控制系统安装在控制室内。控制室位于接近发射架与导弹舱的甲板上，可由一名操作人员操纵。控制室内装有电源板 EP1，控制台 EP2，以及电子设备 EP3。发射架位于舰甲板上。发射架下部为导弹舱。发射系统由 MK92 火控系统遥控。发射架由控制台 EP2 发出指令进行装弹、瞄准和卸弹。

电源板 EP1 从舰艇电源获得电力，配给整个发射系统。

控制台 EP2 为操作控制台，包含直流电源、控制开关和电路插件，内装测试设备。

电子设备 EP3 有瞄准和仰角伺服放大器以及瞄准和仰角放大器测试设备。

（2）发射架。

发射架主要由导向臂、托架、方位动力传动装置和俯仰动力传动装置等组成。

导向臂主要由可伸缩轨道，前、后运动插销，减摇鳍开启器和插拔头，导弹识别探头和投弃系统等组成，如图 2-3-3 所示。

托架由回转盘和两个耳轴支架组成。

方位动力传动装置和俯仰动力传动装置接收控制台的指令，使发射架回转。方位动力传动装置使托架在水平面上转动，而俯仰动力传动装置使导向臂在垂直面上转动，主要部件为电动机、液压发动机、减速器、制动器、接收器、调节器等。

（3）导弹舱。

导弹舱由导弹舱结构、回转结构（RSR）、动力传动装置、扬弹机等组成。

导弹舱结构由基础部分、内部结构、外壳及台架等组成。

回转结构（RSR）由内环、外环组成，可储存 40 枚导弹，以备发射用。

动力传动装置由一台电动机和液压泵组成，被用以驱动扬弹机以及 RSR。

扬弹机从 RSR 提升一枚导弹送到导向臂，或将导向臂上的一枚导弹落至 RSR。扬弹机上有一条滚筒链。该链条沿一轨迹运动，由液压动力装置系统驱动。扬弹机可将滚筒链的末端连接到内提升爪，提升或降下 RSR 内层或外层导弹室内的导弹。RSR 可以顺时针或逆时针方向转动。这取决于所选用导弹至扬弹位置的最短距离。因为由同一个动力传动装置提供动力给扬弹机和 RSR，所以用一个联锁装置来防止它们同时动作。

（4）辅助设备。

辅助设备包括喷水系统、注水系统、防冰系统、导弹舱通风系统、CO_2 系统、N_2 系统。

①喷水系统。在感热装置控制下自动直接喷水，以灭火和降温。

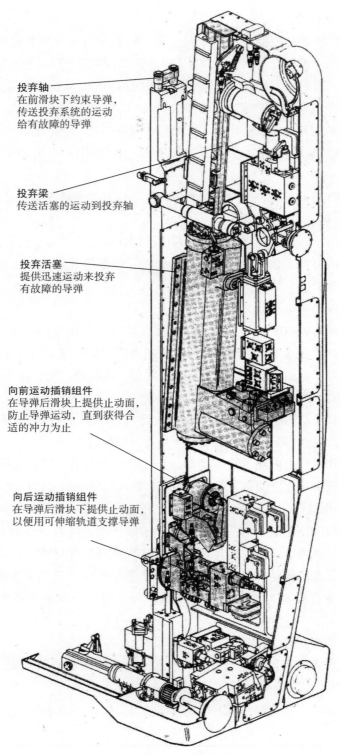

投弃轴
在前滑块下约束导弹，
传送投弃系统的运动
给有故障的导弹

投弃梁
传送活塞的运动到投弃轴

投弃活塞
提供迅速运动来投弃
有故障的导弹

向前运动插销组件
在导弹后滑块上提供止动面，
防止导弹运动，直到获得合
适的冲力为止

向后运动插销组件
在导弹后滑块下提供止动面，
以便用可伸缩轨道支撑导弹

图 2 – 3 – 3　导向臂结构

在待用状态下 1 551 kPa 的淡水源，加上 482.63 kPa 压力、1 476.3 L/min 流量的后备海水消防总管。

②注水系统。若导弹舱内的导弹火箭发动机意外点火，则能直接将高压水射进导弹火箭发动机排出的燃气中。

在待用状态下 1 378.94 kPa 的淡水源，加上 681.3 L/min 流量的海水消防总管（一个喷头）、1 362.6 L/min 流量的海水消防总管（两个喷头）。消防总管的压力为 482.63 kPa。

③防冰系统。在低温情况下它可防止导向臂、托架和台架的运动部件结冰，以保证发射架正常工作。此系统可保证在 −29℃ 的低温，风速 20.6 m/s，以及相当于每小时结冰 15.24 cm 的海水喷溅情况下发射架能正常工作。

④导弹舱通风系统。

它利用舰艇上的空调系统，保持导弹舱温度在 13℃ ～ 29℃。温度在 13℃ 时湿度为 95%，在 29℃ 时为 51%。此范围内大致呈线性变化。

⑤CO_2 系统。它能在感热装置控制下，自动排出 CO_2 气体，在导弹舱或内部结构的机械空间进行灭火。此系统也可就地或由远处进行手工操纵。CO_2 系统由 6 个 22.68 kg 的气瓶组成。

⑥N_2 系统。它提供压缩 N_2，而 N_2 由舰艇供应，为蓄压器和投弃系统的储氮罐充 N_2。N_2 系统有 4 个 N_2 瓶。N_2 瓶直径为 228.6 mm，高为 1 295.4 mm，体积为 0.042 m^3，压力为 13 410.56 kPa。

MK13 − 4 发射系统还具有下列设计特点：

（1）瞄准警示铃。

提醒甲板上的有关人员注意即将进行发射。

（2）保险开关。

防止导弹意外点火或设备的意外运动。

（3）低压固态直流电控制系统。

与 MK13 旧型使用的 110 V 交流电系统相比，大大减少了操作人员受电击的可能性。

（4）断电制动装置。

防止断电时系统发生失控的运动。

（5）可进行人工操纵。

当系统断电时，可使用动力驱动装置的手摇曲柄和手动泵将导弹装到导向臂上或将导弹放回导弹舱。

（6）导弹泄压部件。

在导弹舱中的导弹火箭发动机意外点火时，可将导弹火箭发动机排出的燃气排到大气中。

（7）联锁开关与逻辑控制。

保证发射系统按正确顺序执行各种功能。

（8）后滑块限制插销。

受到振动或当导弹舱内的导弹火箭发动机意外点火时，将导弹固定在导弹室内。

（9）前滑块限制环。

提供后备的限制。它能在后滑块限制销失灵时限制前滑块移动。

（10）烧蚀性绝热材料。

被安装在导弹舱的基础部分上。当导弹舱中的导弹火箭发动机意外点火时，能保护基础部分强制通风室的表面及台架管道。

（11）机内测试设备（BITE）。

使操作人员不必离开控制室，即可检测系统故障并进行监控。

MK13-4发射系统的主要参数如下：

系统质量（无导弹）：61 102 kg。

方位回转最大角速度：90°/s。

方位回转最大角加速度：200°/s^2。

俯仰回转最大角速度：45°/s。

俯仰回转最大角加速度：120°/s^2。

齐射间隔时间：7.47~7.82 s。

导弹舱储弹数：40枚。

不点火导弹排除方式：自动投弃（放）。

正常工作环境要求：低温：-29 ℃。

　　　　　　　　　　　高温：43 ℃。

　　　　　　　　　　　风速：40节。

舰艇运动最大横摇：振幅20°，周期10 s。

舰艇运动最大纵摇：振幅5°，周期6 s。

舰艇运动最大艏摇：振幅2.5°，周期6 s。

电源要求：

440 V，60 Hz，3相（发射架电源）：平均待用负荷：25.7 kW。

　　　　　　　　　　　　　　　　平均连续发射负荷：46.7 kW。

　　　　　　　　　　　　　　　　运行峰值负荷：209.2 kW。

440 V，60 Hz，3相（浸没式加热电源）：96 kW。

115 V，400 Hz，单相（同步发送器电源）：0.6 kW。

440 V，400 Hz，3相（鱼叉导弹预热电源）：1.5 kW。

MK13-4型发射装置具有反应时间短、发射速率高的特点，但该系统不仅机械结构复杂，使用维护要求高，而且会带来一旦一枚导弹输送故障，其他导弹均不能上架，就会使整个武器系统不能工作的严重后果。据了解，美国一艘"佩里"级护卫舰在使用中，其安全喷淋系统常有误操作，造成弹舱被灌了好几次水。

3.3 "海小懈树"导弹发射装置

"海小懈树"是美国海军在陆用"小懈树"地对空导弹基础上移植的近程、低空舰对空导弹系统，可被安装在轻型舰艇上作为单舰防御武器。该武器没有装备美国舰船，只出售给中国台湾，被装在驱逐舰和护卫舰上。

导弹的主要参数为：

弹长：2.87 m。

弹径：127 mm。

翼展：619 mm。

弹重：86.1 kg。

最大速度：2.5 Ma[①]。

发射装置采用陆用"小懈树"4联装发射架，如图2-3-4所示。发射架可由座舱里的射手、舰艇指挥室和其他火控设备的射手操纵。该装置基座为一个电子液压控制的伺服系统。装置前是一个空气净化器和IFF敌我识别器，而尾部为空调器。甲板下为

图2-3-4 "海小懈树"导弹发射装置

_____

① 马赫，1 Ma = 340.3 m/s。

气体压缩机，可提供压缩气体，以冷却红外探测头。发射装置的座舱里有控制面板，上有开关和显示器，可选择导弹和初始化发射顺序。发射装置重 4.85 t。

3.4 "标准 2"导弹发射装置

"标准 2"（SM - 2）是由美国海军于 1972 年开始发展的新一代防空导弹武器系统。SM - 2 导弹是在 SM - 1 导弹的基础上改进发展而来的，并逐步取代 SM - 1 导弹。

3.4.1 SM - 2MR 导弹发射装置

SM - 2MR 中程导弹采用 MK13，MK26，MK41 3 种发射系统。

MK26 发射系统是由范斯提耳冶金公司北方装备部于 1976 年研制生产，被用于全自动完成装弹和发射 SM - 2MR 中程导弹、"阿斯洛克"反潜导弹。

MK26 发射装置为双联装倾斜回转发射装置，如图 2 - 3 - 5 所示，由发射架和导弹舱组成。

图 2 - 3 - 5 MK26 发射装置

MK26 发射装置的主要性能参数为：

方位回转最大角速度：90 °/s；最大角加速度：180 °/s^2。

俯仰回转最大角速度：50 °/s；最大角加速度：100 °/s^2。

发射速率（导弹发射间隔时间）：5 s。

MK26 共研制了 6 种型号：0 型、1 型、2 型、3 型、4 型和 5 型。0 型和 3 型导弹舱备弹 24 枚，1 型、4 型和 5 型备弹 44 枚，而 2 型备弹 64 枚。

SM - 2MR 导弹的参数为：

弹长：4.72 m。

弹径：0.343 m。

翼展：1.06 m。

弹重：706.7 kg。

弹速：2.5 Ma。

3.4.2 SM - 2ER 导弹发射装置

SM - 2ER 增程导弹，采用 MK10 发射装置发射，MK10 为"小猎犬"导弹的发射装置。"小猎犬"导弹退役后被用于发射 SM - 2ER 导弹。MK10 发射装置为双联装倾斜回转发射装置，如图 2 - 3 - 6 所示。

SM - 2ER 导弹的参数为：

弹长：7.98 m。

弹径：0.343 m。

翼展：1.57 m。

弹重：1 507.8 kg。

弹速：2.5 Ma。

图 2 - 3 - 6 MK10 导弹发射装置

3.5 "宙斯盾" MK41 导弹发射装置

MK41 由美国马丁·玛丽埃塔宇航公司于 1973 年开始研制，1976 年进行了首次试验，1986 年开始装舰。首装舰为"提康德罗加"级巡洋舰的"邦克山"号。

MK41 垂直发射系统由发射模块、导弹发射箱、状态控制板、发射控制单元、遥控发射控制板等组成。

3.5.1 发射模块

MK41 采用模块化设计，垂直热发射。每一个模块都有 8 个隔舱，而每一个隔舱都装一枚箱弹。每一个模块都是一个独立的发射单元。每个模块都可以发射多种导弹，如"标准2"（SM - 2）舰空导弹、"战斧"巡航导弹、"阿斯洛克"反潜导弹、"海麻雀"舰空导弹等，即多种导弹共架。MK41 代表了国外海军导弹发射技术的最高水平。

MK41 发射模块主要由舱口盖系统、燃气排导系统、支撑结构、安全系统、发射程序器、配电系统等组成，如图 2 - 3 - 7 所示。燃气排导系统如图 2 - 3 - 8 所示。

舱口盖系统由舱口盖、甲板、舱口盖传动机构等组成。

舱口盖平时被用于密封舱室，以保护箱弹和发射装置免遭弹片、海水和燃气流的

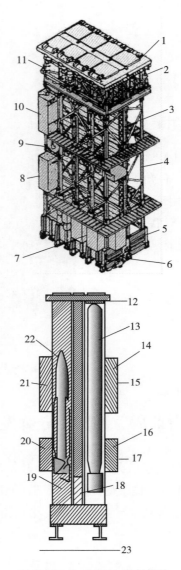

图 2 - 3 - 7   MK41 发射模块

1—甲板和舱盖；2—冲水系统；3—烟道；4—支撑结构；5—排气通风系统；6—排水系统；7—电源；
8—电动机控制板；9—电缆；10—发射程序器；11—舱盖电动机；12—01 甲板；13—"战斧"导弹；
14—30 Hz 配电盘；15—主甲板；16—400 Hz 配电盘；17—第一通道；18—到底部结构和上气道
增加 0.915 m 延长部；19—到增压室增加 0.915 m 延长部；20—电动机控制盘；
21—发射程序装置；22—"标准"导弹；23—第二通道

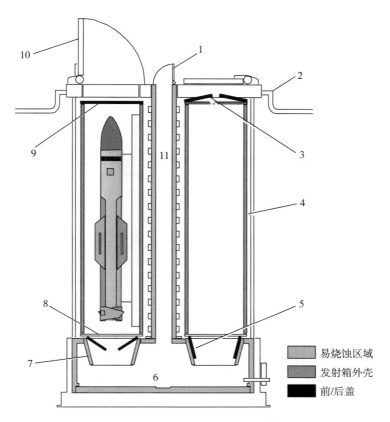

图 2 - 3 - 8　MK41 燃气排导系统

1—中央燃气道盖；2—舰船夹板；3—发射后的贯穿盖；4—发射后的发射箱；5—发射后的闭合器；
6—燃气压室；7—挡板；8—网罩；9—贯穿盖；10—舱口盖；11—中央燃气道

损害。导弹发射时，按发控指令自动打开，并将开盖信息传送到发控系统。舱口盖是装甲水密盖。舱口盖打开功率为 2.57 kW。舱口盖上有防冰加热带，防止舱口盖周围结冰。

甲板由 HY - 80 钢制成。甲板尺寸：长为 2.13 m，宽为 3.04 m，厚为 19 cm。

燃气排导系统由中央燃气道和燃气压室组成。燃气道和燃气压室由 3.175 ~ 6.35 mm 厚的波纹钢板制成，内有隔热层。隔热层可承受 7 次正常发射和一次意外点火燃气的烧蚀。中央燃气道和燃气压室的尺寸为 2.74 m × 0.23 m × 7.62 m。中央燃气道上有燃气盖。燃气盖在导弹发射前打开，而在导弹意外点火时，由导弹燃气冲开。燃气冲开时压力为 0.043 MPa。

在每个发射模块上都装有发射程序器，对该模块中的 8 枚导弹实施发射准备和发射控制，以及舱口盖的打开和关闭、喷淋、注水的控制。其尺寸（长 × 宽 × 高）为 16.5 cm × 19.5 cm × 71 cm。其质量为 181 kg。开盖电机控制盘被用于控制舱口盖驱动。其尺寸（长 × 宽 × 高）为 16.6 cm × 19.5 cm × 52 cm。质量为 218 kg。电源设备为 8 枚导弹发射提供电力。其尺寸（长×宽×高）为 8.5 cm×21.5 cm×28 cm。其质量为 68 kg。配电盘被用于电源分配。其尺寸（长×宽×高）为 16.6 cm×19.5 cm×52.3 cm。质量为 159 kg。垂直发射系统还配有一个发射装置状态控制板，被装在弹库入口附近的通道壁上，用于战位和遥控操纵选择，执行弹库动力控制，进行"能发射"和"能装填"信号显示，进行防冰控制、监视危险等显示，同时与舰注水、喷淋系统对接控制。其尺寸（长×宽×高）为 11.5 cm×23 cm×24 cm。其质量为 68 kg。

安全系统（有喷淋和注水系统）：为防高温和防火，在弹库和导弹出现高温时，启动喷淋系统，以降温；在发动机意外点火时，向发射箱注水，防止导弹爆炸。

3.5.2 发射箱

MK41 有 3 种发射箱：MK13，MK14 和 MK15，如图 2-3-9 所示。MK13 适于装"标准 2"。MK15 适于装"阿斯洛克"反潜导弹。MK14 适于装"战斧"导弹。MK13 和 MK15 发射箱尺寸（长×宽×高）为 5 840 mm×635 mm×635 mm。MK14 发射箱尺寸（长×宽×高）为 6 710 mm×635 mm×635 mm。不同的发射箱横向尺寸都一样，只是长度不同。短的发射箱加装适配器，这样发射箱的外接口都一样，但各发射箱内部结构不相同。每种发射箱的内部结构和对应导弹外接口一致。MK13 的结构如图 2-3-10 所示。

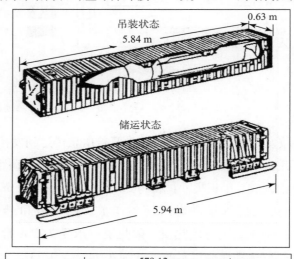

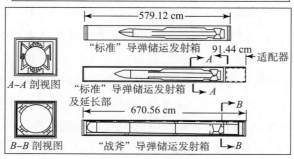

图 2-3-9 导弹储运发射箱

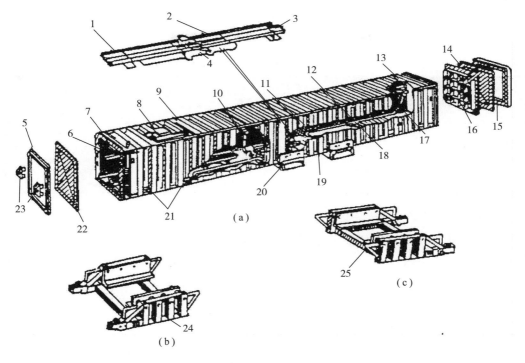

图 2 - 3 - 10　MK13 发射箱

（a）发射箱；（b）前装运保护盖；（c）伸缩式减震垫延伸端

1—前发射导轨；2—S 和 A 输入电量；3—后发射导轨；4—保险解除固弹机构；5—密封圈；6—翼轨；

7—发射导轨；8—干燥剂；9—外形结构；10—喷水嘴；11—发射箱电缆；12—电缆连接器支架；

13—加电连接器支架；14—后"吹掉"盖；15—后环；16—后格栅；17—脐带电缆；18—编码连接器；

19—输入加电插头；20—叉车导槽；21—减震器接杆；22—前"穿通"盖；

23—垂直起吊耳；24—减震器；25—手柄

为了用 MK41 发射"改进型海麻雀"，可将 4 枚"改进型海麻雀"导弹装入一个导弹隔舱中。这样 MK41 的 8 个导弹隔舱的发射模块就可装 32 枚"改进型海麻雀"导弹。

导弹被装在密封的发射箱内。发射箱箱体结构为钢制波纹板。发射箱前盖由浸胶玻璃纤维制成，导弹可以穿通；发射箱后盖为铝质瓣片结构，由燃气射流冲开。箱内涂有隔热层，允许发射 8 次。箱内可承受 0.275 MPa 燃气。发射箱上部装有喷淋嘴，每分钟能喷水 176 L，必要时为导弹降温。

3.5.3　发射模块系列

为适应不同尺寸的导弹，MK41 采用了系列化，开发了 3 种规格的模块：攻击型模块、战术型模块和自卫型模块。攻击型模块主要被用于发射"战斧"导弹。战术型模块主要被用于发射"标准2"舰空导弹和"阿斯洛克"反潜导弹。自卫型模块主要被用于发射近程"海麻雀"舰空导弹。3种模块的尺寸如表2-3-1所示。

表2-3-1 模块尺寸   单位：mm

参数＼类型	攻击型	战术型	自卫型
长度	3 165	3 165	3 165
宽度	2 076	2 076	2 076
高度	7 670	6 756	5 024

3种发射模块的长度、宽度尺寸相同，但高度尺寸不相同。美国在"提康德罗加"级和"斯普鲁斯"级舰上用8个相同的发射模块组成一个垂直发射系统。其中，有7个模块各装8枚箱弹，而另外一个模块装5枚箱弹，还有3个隔舱装一台折叠式液压起重机，如图2-3-11所示。一个垂直发射系统共装61枚箱弹。

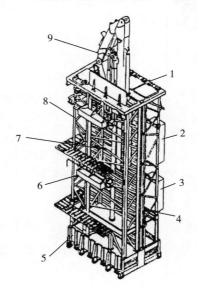

图2-3-11 MK41装填模块

1—甲板和舱盖；2—发射程序器；3—电动机控制板；4—烟道；5—排风通风系统；
6—配电板；7—升降机；8—支撑结构；9—起重臂

在装填导弹时，由液压缸将折叠式液压起重机升到甲板面，起重臂展开，把箱弹垂直吊装到发射模块的隔舱中，如图2-3-12所示。液压起重机开始是由瑞典HIAB-FOCO公司根据其民品改型设计的。其臂长为8.5 m，起吊高度为7.6 m，起吊质量为1 800 kg。在舰艇横摇±2°的低海情下，补给速度为10枚/h；在5级海情时，实测补给速度为4枚/h。

图 2 – 3 – 12 MK41 箱弹装填

3.5.4 发控单元

垂直发射系统设有两个发控单元，且每个发控单元都能控制两个弹库中的所有导弹，但每个发控单元在正常的工作情况下，只负责前弹库或后弹库的导弹。在一个发控单元发生故障时，另一个发控单元能控制其余导弹继续发射而不会中断。每个发控单元都由一台 AN/UYK – 20 型计算机或 AN/UYK – 44 型计算机及其外围设备组成。MK41 发射控制系统如图 2 – 3 – 13 所示。

发射控制系统是一种指令响应系统。它的每一个发控台都能接收舰艇的舰空、舰舰和舰潜武器控制系统指令，从发控台到发射程序器，再到导弹的信号通道。逻辑部分属于发控台的软件。

发控台有 3 种工作状态：

（1）备战状态。

系统全部对接，执行系统的连接。执行正常的机内监测，报告弹库内存弹数量，而导弹选择和发射线路则被断开。

（2）模拟状态。

系统全部对接，对选弹和发射指令做出正常反应，但发射线路被断开。这种方式专门供操作训练用。

（3）战斗状态。

系统全部对接，执行选弹和发射指令。

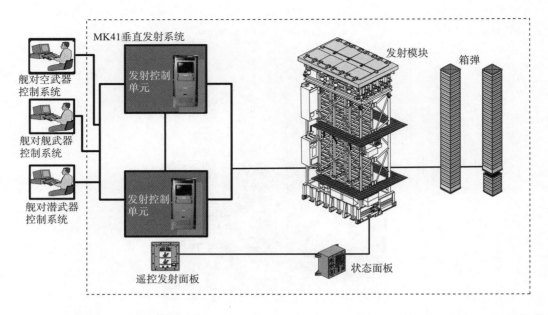

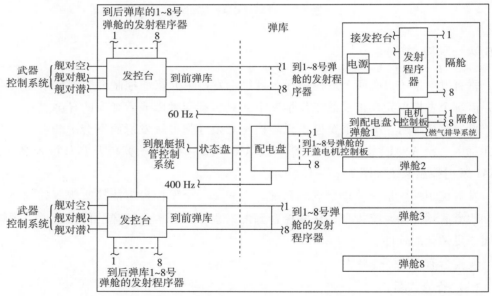

图 2 - 3 - 13　MK41 发控系统方块图

　　MK41 垂直发射装置的备战状态是一种长时间的运行状态。此间所有设备都已通电并由内置式测试设备对它们定期测试。作战时 MK41 从备战状态过渡到战斗状态只需几毫秒。当武控系统决策需要射击时，就向 MK41 垂直发射系统发出"导弹选择"命令。MK41 接到这一命令后，发控系统就选择合适的模块和导弹，给导弹加电，并打开导弹舱口盖和排气道口盖，使发射筒内导弹解锁。发控系统将接到这些机械动作的回告，并在接到武控系统发射导弹命令后，即将武控系统生成的导弹装定参数发送给导弹，完成其余的导弹功能，启动导弹不可逆程序，以实现导弹发射。当导弹开始运动时，通至导弹的电路被断开，导弹冲破发射箱前盖，发动机燃气将发射箱后盖打开，燃气进入压力通风室，通过垂直燃气道排出。为了便于导弹捕获，发控系统向武控系统发出一个"导弹发射"信号。在导弹飞出适当时间后，舱口盖关闭，以完成发射顺序。

在发控单元与 8 个模块之间的连接接口设备为发射装置的发射程序器（LSEQ）。它能传送发控单元和导弹之间的数据，并为模块内部的控制与操作提供基本的计时信号。另外，发射程序器还可实施模块内部的机内测试（BITE）工作。

发控单元通过在每个发射模块上的发射程序器，向模块内的 8 发导弹提供发射控制命令。其顺序是导弹发射准备，向电机控制板提供指令，控制模块安控设备和测试设备。电机控制板给模块配电，控制导弹舱和排气道舱口盖开启，压力通风室泄水阀打开，以及与状态板的接口。

为了保证系统的安全性并排除不慎发射等误操作问题，MK41 发控系统采用一个专门的硬线连接的"使能发射"信号传输方式。该信号通常由全舰的作战系统指控中心的一个开关键控制。它使所有导弹功能与设备联锁，而与计算机程序无关。

3.5.5　MK41 垂直发射系统的特点

MK41 垂直发射系统的特点有：

（1）多种导弹共架。简化了发射装置，实现多种作战任务。

（2）火力强。每个模块都能同时准备和发射两枚导弹。在 8 个发射模块中可以同时准备 16 发导弹的快速发射。

（3）发射率高，反应时间短，达到 1 发/s，而 MK26 的发射率为 2 发/10 s。

（4）导弹量大。在与 MK26 发射装置相同的空间内，MK41 可多装 22 枚导弹。

（5）结构简单，可靠性高。

（6）装舰灵活。可以根据不同作战使命，灵活选择 7～8 种导弹。由于采用模块化结构，故可以装在巡洋舰、驱逐舰和护卫舰上。

（7）成本低。全寿命周期费用少。总成本只有 MK26 的 30%。操作与维修人员是 MK26 的一半。

（8）快速选择武器的能力。

（9）360°覆盖。

（10）模块化设计。

（11）低的耗电要求。

（12）高的生存能力。

3.6 "海麻雀" MK48 导弹发射装置

"海麻雀"舰空导弹武器系统最早是由美国海军提出发展和装备的,主要被用于近程低空点防御,为航空母舰、驱逐舰提供低空防御能力。"海麻雀"导弹系统有基本型、改进型和垂直发射型 3 种。

20 世纪 80 年代初,为了缩短"海麻雀"导弹武器的作战反应时间和提高导弹的作战能力,对 RIM-7M 导弹进行了改进,即在导弹的尾部增加了燃气舵控制装置,实现了垂直发射。发射装置采用 MK48 垂直发射装置。

MK48 垂直发射装置是美国雷锡恩公司和北约为"海麻雀"防空导弹研制的。MK48 垂直发射装置采用热发射,但不采用 MK41 垂直发射装置的公共燃气排导系统,而是每枚导弹都有独立的燃气排导系统。MK48 垂直发射系统由导弹发射控制器、电气接箱、导弹发射箱、垂直发射装置、支援设备等组成。

3.6.1 垂直发射型"海麻雀"RIM-7M 导弹

垂直发射型"海麻雀"RIM-7M 导弹的参数为:

弹长:3.66 m(含燃气舵时为 3.91 m)。

弹重:226.8 kg。

弹径:204 mm。

翼展:0.54 m。

3.6.2 MK48 发射装置

MK48 Mod1 型发射装置的参数为:

高:4.65 m。

宽:1.73 m。

长:1.32 m。

重:1.04 t。

装 2 个 MK20 型箱弹,质量为 1.66 t。

垂直发射装置燃气排导有两种方式。一种是侧面排导,而另一种是折弯 180°向上排导,如图 2-3-14 所示。

3.6.3 MK20 导弹发射箱

MK20 发射箱,箱长 3.97 m,采用铝合金制成,被固定在铝制框架上。每个发射箱均有自己的燃气排导系统。

图 2 – 3 – 14 MK48 垂直发射装置

3.6.4 MK48 装舰条件

（1）安装基座精度。

安装基座的精度，相对于武器基准平台的垂直度在 30′以内。

（2）冲击条件。

MK48 能承受下列冲击：

水平：15 g。

垂直：30 g。

（3）安装舱臂固有振动频率。

在安装发射装置的情况下，舱臂的固有振动频率应大于 20 Hz。

3.6.5 燃气流对舰的影响

（1）燃气流有害气体对人会产生影响。燃气流的主要成分是 HCl。HCl 的浓度为 5 ppm 以上时，人能因窒息而死亡。因此，弹库发射口应被密封。

（2）燃气流冲击波（0.35×10^5 Pa）对舰甲板结构的影响。发射过程中产生的高压燃气流不及时排放，可能会导致高压燃气进入相邻的发射箱内，腐蚀烧坏导弹结构，引燃助推器或引爆战斗部，导致危及全舰的灾难性连锁反应。

（3）燃气流高温对舰甲板结构的影响。燃气流温度高达 3 000℃，对这种高温、高速燃气流处理不当，会损坏发射装置结构，甚至引起意外点火等故障。

3.6.6　导弹的使用条件

MK48 垂直发射系统发射"海麻雀"导弹时，由于发射箱内储存的导弹基本上不需要维护，所以除了准备发射时段以外，没有必要进入垂直发射系统区域。

另外，在"海麻雀"导弹发生哑弹（DVD）而不能发射时，应按下列步骤进行操作：

（1）从按下发射开关后至少 15 min 内不能接近发射装置。

（2）在 15 min 内，应连续监视不点火的导弹。

（3）在监视中，从烟雾的观察情况预测有危险状态时，应重新开始，在 15 min 内不能接近发射装置。

（4）在导弹齐射时，无论哪一个发生哑弹，系统都会呈降级状态，还有可能发射其他导弹。

3.7　"拉姆"导弹发射装置

"拉姆"（RAM）导弹武器系统是由美国、德国和丹麦联合研制的一种近程舰空导弹武器系统，主要被用于舰船本身的自卫防空。其主要拦截目标为突破编队区域防空的反舰导弹及高速飞机。"拉姆"导弹是一种双模导引体制的防空导弹，可以发射后不管，因此"拉姆"导弹武器系统主要由导弹和发射装置组成。

3.7.1　"拉姆"导弹的主要参数

"拉姆"导弹的主要参数为：

弹长：2.8 m。

弹径：127 mm。

翼展：261.6 mm。

弹重：75 kg。

3.7.2　"拉姆"导弹发射装置

发射装置为多联装倾斜发射，既可单射，也可齐射。

对于不同的配置，发射装置有 3 种类型。

（1）第一种为 21 联装的蜂窝状密集型发射装置。

这种发射装置又被称为 EX - 31 发射装置，如图 2 - 3 - 15 所示。发射装置与舰安装平台加装了钢丝绳减震器。

图 2 - 3 - 15 EX - 31 发射装置

EX - 31 发射装置有 21 个隔舱，且每个隔舱都装 1 枚导弹，共装 21 枚导弹。每枚导弹装填时间约 10 min，共需 3.5 h。

EX - 31 发射装置可实现 360°回转。俯仰角为 -25° ~80°。回转半径为 3.27 m。反应时间小于 2 s。

EX - 31 发射装置能同时控制多枚导弹加电和控制导弹以较高的速率齐射。

EX - 31 发射装置装弹后，甲板上部分质量为 5.8 t，而甲板下部分，包括发射架伺服控制单元、武器控制面板及发射控制接口单元，共重 955 kg。

（2）第二种为"海麻雀" MK29 导弹发射装置。

MK29 导弹发射装置为 8 联装箱式倾斜发射方式，如图 2 - 3 - 16 所示。

图 2 - 3 - 16 MK29 发射装置

MK29 发射装置可实现 360°回转，方位回转角速度为 40°/s；俯仰角为 −5°～+85°，俯仰回转角速度为 65°/s。发射间隔为 2 s。待将 8 枚导弹发射完后，借助辅助机械人工装填。

（3）第三种为 10 联装轻型发射装置。

10 联装轻型发射装置为小型舰艇使用，由丹麦研制。

10 联装轻型发射装置的主要参数为：

长：3.02 m。

宽：2.13 m。

高：2.7 m。

回转半径：3.7 m。

质量：甲板上部分质量 3.05 t，而甲板下部分，包括伺服控制单元、武器控制面板以及发射控制接口单元，共重 766 kg。

3.8 同心筒导弹发射装置

同心筒发射装置（Concentric Canister Launcher）是由美国海军为下一代水面舰艇（DD−21）开发研制的一种全新概念的导弹垂直发射装置。

促进美国开发研制同心筒发射装置的原因，主要是 MK41 垂直发射装置存在一些不足，不能完全适应新的导弹发射和作战要求，具体如下：

（1）使用维护费用高，且操作使用人员多。

（2）结构尺寸大，笨重。

（3）由于往导弹发动机新型燃料中加入了大量铝粉，主要燃烧产物为三氧化二铝（Al_2O_3）和氯化氢（HCl），燃气流速为 1 200～1 500 m/s，温度为 2 800 ℃，对燃气排导系统造成严重的烧蚀，难以满足多次垂直发射和一次意外点火的要求。

（4）一次发射模块只能同时发射两发导弹，影响火力强度。

（5）由于采用公共燃气排导系统，容易引发相邻导弹点火，对导弹造成不安全。

（6）设置了导弹意外点火时的安全设施，使得结构复杂。

3.8.1 同心筒发射装置的组成与功能

同心筒发射装置主要由发射架、同心发射筒和发射控制系统组成。

（1）发射架。

发射架被用于支撑筒弹，使筒弹处于垂直状态，满足导弹海上运输和发射的要求。发射架有两种。一种是单独模块型，而另一种是舰艇一体化模块。

单独模块型是一种标准模块，具有互换性，如图 2−3−17 所示；舰艇一体化模块是装载舰的全承力部件，如图 2 - 3 - 18 所示。

图 2 - 3 - 17　单独模块型

图 2 - 3 - 18　舰艇一体化模块

（2）同心发射筒。

同心发射筒由前盖、内筒、外筒、内筒支撑梁、半球形端盖、导弹锁定机构、导轨和电气系统等组成。有的同心发射筒为了增加推力，还增加了带孔的底板，如图 2 - 3 - 19 所示。

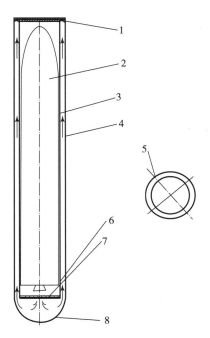

图 2 - 3 - 19　同心筒组成

1—前盖；2—导弹；3—内筒；4—外筒；5—内筒支撑梁；6—适配器；7—底板；8—半球形端盖

①前盖。前盖被用于密封发射筒。在导弹发射时，由燃气吹破。

②内筒。内筒被用于支撑导弹，安装导轨或适配器。内筒和外筒之间的环形空间是燃气排导通道。内筒尺寸由导弹外形尺寸决定。

③外筒。外筒与内筒共同构成燃气排导通道。外筒与内筒之间的间隙根据导弹发动机燃气流量决定。

④内筒支撑梁。它被用于连接内筒和外筒，并增加发射筒的结构刚度。

⑤半球形端盖。半球形端盖是发射筒的后盖，被用于密封发射筒，同时还被用于导弹燃气流的导流，使燃气流折转180°，通过内、外筒之间的环形通道排导到大气中。

⑥导弹锁定机构。导弹锁定机构被用于导弹在发射筒的纵向锁定，以保证导弹在运输、航行过程中受到各种振动、冲击时，导弹在发射筒内的位置不发生变化。

（3）发射控制系统。

发射控制系统（CCL）采用一种开放式电子结构和局域网络（LAN），实现导弹和导弹控制系统之间的通信。每一个 CCL 都是发射控制网络上的一个节点，通过局域网（LAN）进行内部数据通信，各种武器控制系统向 CCL 的 LAN 发出发射请求信号，而这些请求由 CCL 接收并进行处理，导弹完成发射控制功能如图 2 - 3 - 20 所示。

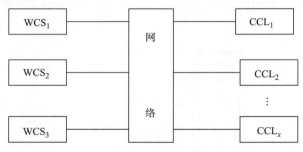

图 2 - 3 - 20 CCL 控制框图

CCL 有另外一种控制方案，电子插件装在标准 VME 底板上（27.94 cm × 15.24 cm × 22.86 cm），而电子插件是现有商品（COTS）。每个 CCL 有两组插件，即"热端插件"和"冷端插件"。"热端插件"连续运行，从而确保 LAN 和工作状态（环境监测和故障检测）的连通性。不管导弹属何种类型，该组插件都通用于所有 CCL。只有软件才因导弹类型不同而不同。附加功能（如发射隔舱口盖的开闭和除冰）可由热电子设备进行控制。"冷端插件"只有在准备发射导弹时，才进入工作状态。这些电路插件可控制导弹的工作电源、作战数据装入、惯性制导装置的统调，以及导弹发动机点火控制等。

导弹工作电源由多个直流变换器组成。这些变换器把舰上提供的电源（270 VDC）变换为导弹所需的 28 ~ 30 VDC 标准值电源。

3.8.2 CCL 试验研究

CCL 的研制计划已从缩比试验过渡到全尺寸研制。其中的重大试验将采用实战导弹在国家靶场进行。

CCL 的基本原理于 1991 年 10 月首次提出。其研究是从计算机仿真开始的。

CCL 设计方法是采用计算流体动力学（CFD）和 FEM 结构分析法。CFD 法采用了商业专利软件、开发软件和由 NSWCDD 开发的 FORTRAN 程序。CCL 的导弹燃气流含有 Al_2O_3 和非定常可压缩流。从简单的一维到复杂的二维和三维，CFD 模型有多种。CFD 法的目的是为 CCL 的机械设计提供燃气压力数据，并为 CCL 热计算提供热通量。一维模型可被用于预测内、外筒间的燃气压力和传递到 CCL 壁上的热量。一维模型可在 PC 机上快速运算。二维和三维可用于预测半球形端盖上的燃气流场。二维和三维模型在计算机上的运算时间很长。

有限元结构模拟被用于 CCL 的结构设计，把从试验和 CFD 仿真得到的压力数据用做输入数据，计算 CCL 的位移、应变和应力，进行结构优化设计。如果已知温度分布，则进行热应力计算；对冲击、振动载荷，以确定结构缓冲和寿命，有限元结构分析程序可采用市场上销售的 NASTRAN 等程序。

为了验证仿真所用的计算机程序和 CCL 的设计原理，已经进行了缩比试验。

1994 年进行了第一次缩比试验。表 2 - 3 - 2 列出了 9 次试验的基本数据。这次试验采用直径 5.025 in① 的火箭发动机，正好是"战斧"导弹和"标准"SM - 2 BLOCK Ⅳ 导弹原型的 1/4，ATACMS 导弹的 1/5，以及 ESSM 导弹的 1/2。试验发动机的质量流量可代表舰射导弹的全部可能流量。

表 2 - 3 - 2　9 次试验的基本数据

发射筒外径/in	质量流量/（pt② · s⁻¹）		
7.0	2.0	7.5	13
8.0	2.0	7.5	13
9.0	2.0	7.5	13

注：（1）2.0 pt/s 质量流量为"战斧"导弹的 1/4 缩比模拟。导弹发射总质量为 56.7 pt。

（2）13 pt/s 质量流量为"标准"SM - 2 BLOCKⅣ 导弹的 1/4 缩比模拟。导弹发射总质量为 312 pt。

（3）导弹发动机燃烧室压力在 2 200 ~ 2 000 pt/in²。

（4）每种导弹发动机燃气铝含量都为 16% ~ 18%。

1995 年进行了第二次限制性发射试验，每个发射筒都进行 3 次试验。7 in 发射筒模拟 ESSM 导弹发动机质量流量。8 in 发射筒模拟"标准"SM - 2 BLOCK Ⅳ 导弹发动机质量流量。9 in 发射筒模拟"战斧"导弹发动机质量流量。试验时测量了 CCL

---

① 1 in = 2.54 cm。

② pt（分），国际通用的宝石质量单位，1 pt = 0.2 mg。

的压力和温度，为 CCL 的设计提供了试验数据。限制性发射试验条件如表 2 - 3 - 3 所示。

表 2 - 3 - 3　限制性试验条件

CCL 外径/in	质量流量/（pt·s⁻¹）	持续时间/s		
7	8.0	0.5	1.0	1.5
8	13.5	0.5	1.0	1.5
9	2.0	0.5	1.0	1.5

限制性试验采用相同的 CCL，但是每次试验都采用新的半球形端盖。

1997 年进行了第一次全尺寸 ATACMS 导弹发射试验。ATACMS 导弹的直径为 24 in，长度为 13 ft[①]。其结构特点是：

①发射筒为 Ti - 6Al - 4V 钛合金结构。

②采用自动焊接法。

③具有"可靠投掷"结构，即导弹不能进行限制性发射（导弹一旦点火，被动系统即可保证导弹飞离舰艇）。

④装有液压弹簧减震系统。

⑤装有造价低廉的不锈钢半球形端盖。

发射筒结构质量比 MK41 VLS 发射筒质量小得多，并且采用自动制造工艺，极易生产。

CCL 的减震要求：

在舰载导弹发射装置的研制中，近距离水下爆炸冲击的减震设计是一个重大问题。如果发射筒的电子设备采用了 COTS 电子设备，则要求冲击载荷低于 15 g。

CCL 要求减震器能把水下爆炸所产生的冲击载荷 40 g（20 Hz）减到 15 g。

CCL 是美国政府和工业界大规模合作的产物。CCL 将可为任何舰载导弹提供独立的发射系统。独立的燃气排导系统使以新的方式自由地在舰艇上部署导弹成为可能。开放式电子系统结构可使各个独立的武器系统组成网络。这样灵活性更大，成本更低，并能在不影响舰上其他系统的情况下安装新武器。

3.9　单隔舱导弹发射装置

现有 MK41 垂直发射装置的最大不足是体积庞大，质量大，结构复杂，限制了其在

---

①　1 ft = 30.48 cm。

小型舰艇上的使用。为弥补这一不足，洛克希德·马丁公司和美国国防部共同开发了新型模块式单隔舱发射装置（SCL），如图 2-3-21 所示。该发射装置的最大特点是使用灵活，易于布置在任何尺寸和空间有限的舰船上，能够满足小型舰船对轻型、灵活的发射装置的安装要求。

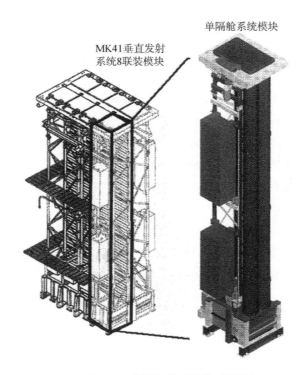

图 2-3-21　单隔舱发射装置（SCL）

　　SCL 的设计强调继承性，充分利用了现有的经过实践检验的 MK41 垂直发射系统的结构、软件，开放式体系结构及火控系统，以及 MK25 型 4 联装储运发射箱，只在结构上采用了新型单隔舱发射装置结构。该发射装置与现有 MK41 垂直发射装置大约有 90% 的共用性，只对燃气排导系统进行了重新设计，还综合采用了 MK41 最新采用的软件、计算机和电子装置，因而它与现有舰船系统和设备有很好的兼容性，可以极大地降低系统的全寿命周期费用，提供更高的可靠性、适应性和维护性。由于采用 MK25 储运发射箱，故可以用一个单隔舱发射装置装 4 枚"改进型海麻雀"导弹，为舰队提供火力强大的对空防御能力。SCL 的服役期限可长达 25 年。

3.10　MK57 先进垂直发射系统（MK57AVLS）

　　MK57 先进垂直发射系统（也称 PVLS 舷侧垂直发射系统）是由美国雷神公司主导的为美国海军下一代新锐"朱姆沃尔特"级驱逐舰设计的海军舰载舷侧垂直发射系统。

　　MK57 先进垂直发射系统是 DDG－1000 的主要导弹发射装置，是从联合防卫公司先前开发的 Cocoon 垂直发射系统演变而来的。Cocoon 最初是安装于甲板表层，无须贯穿舰体的轻型 VLS，PVLS 之后演变成设置于舰体内部的重型 VLS，质量足足增加了60％。MK57 以 4 管为一个单元的结构。每个单元重 15.24 t，长 4.33 m，宽 2.29 m，高 7.925 m。单一导弹窖宽度为 71 cm，深度为 7.19 m。AVLS 主要被用于装填各式对地攻击导弹、"海麻雀"发展型（ESSM）近程防空导弹以及"标准"系列防空导弹。其模块化程度与可维修性较现有的 MK41 VLS 更高，安全设计也更好，具有阻挡爆振冲击，被击中时保护舰艇内部的功能。AVLS 采用先进开放式软硬体架构与模块化延伸电子元件（Canister Electronic Unit，CEU），并通过模块化控制单元（Module Controller Unit，MCU）与舰上 TSCE 共同运算环境相容，能更经济而迅速地整合各种现有或新开发的导弹。只需要更换新的导弹控制与软件界面，而不需更换发射器本身的软硬体。这是 MK41 所办不到的。发射器的导弹控制系通过 CEU 电子模组与舰上战斗系统连接，所以导弹只需采用与 CEU 相容的界面即可。

　　AVLS 另一个组件就是舱盖控制总成（Hatch Control Assembly，HCA），包含舱盖控制单元（Hatch Control Unit，HCU）与舱盖驱动单元（Hatch Drive Unit，HDU），负责控制导弹发射器与排气道的舱盖。AVLS 也拥有新的排烟系统，能让导弹发动后的废气顺畅地排出，能容纳火箭推力比现役弹种增加 45％ 的新导弹。此外，AVLS 的发射管内径比 MK41 大得多，所以能装填 MK41 塞不下的武器，例如某些弹道导弹猎杀载具等。当然，长程防空与反弹道导弹，原本并不在 DDG－1000 的设计范围内，但随着计划逐渐演变与数量删减，美国海军已经在 2010 年对 DDG－1000 原有的雷达架构进行了重大变更，因此未来 DDG－1000 很可能逐渐演变成具备长程防空与反弹道导弹能力，例如引进"标准"SM－2 区域防空导弹与 SM－3 反弹道导弹等。

　　外围垂直发射系统 4 个隔舱采用公共燃气排导。公共燃气排导由 2 个压力室和 2 个排气道组成。每个压力室分担 2 个隔舱导弹发射时产生的燃气排导任务。2 个压力室位于隔舱的正下方。2 个排气道分别位于 4 个隔舱的两侧，如图 2－3－22 所示。

外围垂直发射舱在DDG-1000
舰上的设计方案

图 2 – 3 – 22　外围垂直发射系统

第4章 俄罗斯地空导弹发射装置

4.1 俄罗斯地空导弹发射装置概述

苏联于20世纪40年代至50年代研制出了SA-1，SA-2，SA-4，SA-5多种防空导弹。这时的导弹都属于中程、中高空防空导弹，主要是反高空飞机。除SA-4外，发射阵地都是固定式或半固定式，载车是牵引式拖车，机动性差。

苏联于20世纪60年代到70年代初研制出了SA-3，SA-6，SA-8，SA-9近程、中低空防空导弹。这时的SA-4，SA-6，SA-8，SA-9发射装置为自行式，载车为履带车或轮式车，多联装，倾斜热发射。

苏联/俄罗斯70年代开始研制C-300（SA-10）中高空、中远程防空导弹。C-300防空导弹发射车为垂直冷弹射4联装。载车为MAZ-543M（8×8）独立悬挂。轮胎有中央自动充放气系统。其越野机动性好。C-300防空导弹发射装置的主要特点是垂直冷弹射。垂直发射的主要优点为：

（1）反应时间短，发射速率高。

（2）全方位无盲区，能拦截不同方位的目标。

（3）发射阵地小，隐蔽性好。

（4）发射装置结构简单，质量轻，可靠性高。

冷弹射的主要优点为：

（1）导弹发动机是在导弹被弹射出筒后才点火，增加了导弹的作战空域。

（2）由于导弹直到飞离发射筒20~30 m后，发动机才点火，因而可以免除垂直热发射带来的极为复杂的燃气排导问题。

冷弹射也有缺点，最主要的是导弹弹射出发射筒后，如果在空中不点火，则会严重影响发射阵地和设备的安全。因此，对导弹发动机空中点火的可靠度要求比较高，一般有2~3种空中点火冗余设计，确保空中点火。另外，冷弹射技术比较复杂，要求发射筒弹射装置在导弹纵向过载允许的范围内，保证导弹离筒速度为20~35 m/s。

C-300为基本型，又发展了C-300ПМУ1，C-300ПМУ2等地空导弹。C-300导弹发射车能满足C-300系列导弹发射。

俄罗斯 C-400 导弹发射车，也沿用了 C-300 导弹发射车。

4.2 SA-1 地空导弹发射装置

SA-1 是苏联最早研制的中程、中高空防空导弹。它是在德国"瀑布"地空导弹的基础上发展起来的，1948 年开始研制，1954 年装备部队。这时的导弹、发射装置都笨重，需要构筑固定阵地。导弹采取垂直发射，每个发射架上装一发导弹。导弹的参数为：

弹长：12 m。

弹径：0.7 m。

弹重：3 000 kg。

4.3 SA-2 地空导弹发射装置

SA-2 是苏联 20 世纪 40 年代末开始研制的，50 年代中期装备部队，属于中程、中高空防空导弹。导弹的参数为：

弹长：11 m。

弹径：0.654 m。

弹重：2 375 kg。

SA-2 发射装置的载车是一个全拖车，由履带车或轮式车牵引。发射装置由行驶部分、纵梁、底盘座体、瞄准机、托架、发射臂、燃气挡板、机电随动系统等组成，如图 2-4-1 所示。

行驶部分与纵梁构成一辆全挂车。

底盘座体主要包括底座和回转轴承，被用来支承托架以上的回转部分。

瞄准机主要包括高低机和方向机，由随动系统带动，实现发射装置高低和方位回转。

托架被固定在底座上，用于支承发射臂和安装发控、随动系统和瞄准机，可 360°回转。

发射臂上有导轨，以保证导弹离轨时具有一定的初始高低角和初始速度。SA-2 发射装置的发射臂由固定臂和折动臂组成。在折动臂的前部有导弹锁定机构和插头脱落机构，而后部有折动机构。导弹锁定机构锁定导弹前支脚，防止导弹在大射角调转制动时脱出导轨。折动机构使折动臂在导弹离轨瞬间相对固定臂折动一特定角度。它是由导弹后滚轮压动折动机构的折动模块，使折动臂自动向下折动一定角度，以让开导弹由于重力而引起的下沉，否则导弹尾部会与起落臂相撞。

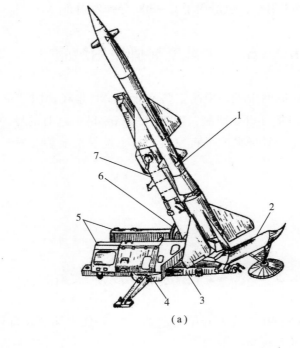

(a)

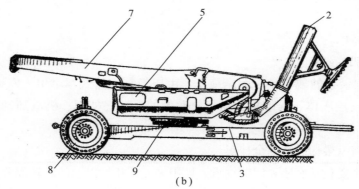

(b)

图 2 - 4 - 1 SA - 2 导弹发射装置

（a）发射装置待发状态；（b）发射装置行军状态

1—导弹；2—燃气挡板；3—纵梁；4—座梁；5—托架；

6—高低齿弧；7—发射臂；8—行驶部分；9—底盘座体

　　燃气挡板被用于排导导弹发动机燃气流，以保护阵地和设备。

　　机电随动系统由高低角和方位角分系统组成，有定位传信仪组合、控制组合、电流限制组合、配电箱、回转接触装置、受信仪组合、放大电机、执行电机、电磁铁和高低角限制器等，它被用于控制发射装置在高低和方位上的转动，使之与制导雷达天线同步瞄准目标。

　　SA - 2 的一个火力单元为一个营。一个营拥有 6 辆发射车、6 辆运输装填车。全营有大、小装备 80 多套。其中，自行式车辆就有 40 多辆。

发射装置为单联装上托式。每个发射装置装一发导弹，在发射阵地装填导弹。发射装置不能带弹行军。

发射装置为变角倾斜发射，进行方位、俯仰回转。发射装置的主要参数如下：

外形尺寸（长×宽×高）：10 m×2.64 m×3.75 m。

行军时质量：12 500 kg。

最大行军速度：公路：35 km/h；

土路：25 km/h；

无路：10 km/h。

展开时间：6 h。

撤收时间：3 h。

反应时间：360 s。

高低角调转速度：3°/s；调转加速度：10°/s²。

高低角跟踪速度：2.3°/s；跟踪加速度：0.2°/s²。

方位角调转速度：9°/s；调转加速度：30°/s²。

方位角跟踪速度：7°/s；跟踪加速度：1.5°/s²。

高低发射角：10°~65°。

方位发射角：0°~360°。

4.4　SA-3 地空导弹发射装置

苏联的 SA-3 于 20 世纪 50 年代初开始研制，60 年代初装备部队，属于近程、中低空防空导弹。导弹的参数为：

弹长：5.948 m。

弹径：0.552 m（一级）；0.375 m（二级）。

弹重：952.7 kg。

发射装置开始为双联装，后改为 4 联装，如图 2-4-2 所示。作战时它被固定在阵地上，采取倾斜热发射。行军时导弹被装在拖车上，由牵引车牵引。双联装发射架的主要参数为：

发射架水平规正范围：±3°。

滑轨长度：1 m。

俯仰转动范围：3°~64°30′（自动）；

0°~64°30′（手动）。

方位转动范围：360°。

方位最大回转速度：13°/s（自动）；

0.7°/s（手动）。

俯仰最大速度：5°/s（自动）；

0.14°/s（手动）。

发射架质量：9 700 kg（战斗状态）；

12 716 kg（行军状态）。

拖车行军时外形尺寸：9 m×2.62 m×3.3 m。

拖车最小离地高：0.43 m。

前轮转弯角：±40°。

轴距：5.4 m。

轮距：2.2 m。

最大行驶速度：35 km/h（公路）；

25 km/h（土路）；

10 km/h（无路）。

图 2-4-2　SA-3 导弹 4 联装发射车

4.5　SA-4 地空导弹发射装置

苏联的 SA-4 于 1954 年开始研制，60 年代初装备部队，属于中程、中高空防空导弹，它主要被用于野战防空，也被用于要地和国土防空。导弹的主要参数为：

弹长：8.8 m。

弹径：0.9 m。

弹重：2 500 kg。

发射车底盘为履带装甲车。在发射车的车体中部有一个液压操纵的转塔，塔上安装双联装导弹发射架，如图2-4-3所示。发射架方位可旋转360°，最大仰角45°，带弹行军。履带车发动机采用一台520马力的水冷柴油机。其行驶部分采用扭力悬挂装置，每侧有7个挂胶负重轮。该车具有一定的"三防"能力。其主要性能如下：

发射车质量：30 000 kg。

外形尺寸：9.46 m×3.20 m×4.47 m。

最小离地高：0.44 m。

履带中心距：2.66 m。

履带宽：0.54 m。

履带着地长度：5 m。

最大行驶速度：45 km/h（公路）；

30 km/h（土路）。

储油量：850 L。

最大行程：450 km。

爬坡度：31°。

越壕宽：3.2 m。

涉水深：1 m。

装甲厚度：最厚15 cm。

图2-4-3 SA-4发射车

4.6 SA-5地空导弹发射装置

SA-5是苏联于20世纪50年代研制的远程、高空防空导弹，主要被用于攻击高空高速飞机，并具有一定的反战术弹道导弹和飞航式空地导弹的能力。导弹的主要参数为：

弹长：16.5 m。

弹径：1.07 m。

弹重：10 000 kg。

SA-5被安装在固定的混凝土阵地上，可进行方位和俯仰回转。其发射方式为单联装倾斜发射。

4.7　SA-6 地空导弹发射装置

苏联的 SA-6 于 20 世纪 50 年代末开始研制，60 年代中期装备部队，属于近程、中低空防空导弹，主要被用于野战防空，为机械化部队提供中、低空防御，攻击亚声速和跨声速飞机。导弹的主要参数为：

弹长：5.85 m。

弹径：0.34 m。

弹重：604 kg。

（1）载车。

发射架被装在履带车底盘上，如图 2-4-4 所示，越野性能好，适于野战防空。履带车底盘是在 PT-76 型轻型坦克底盘的基础上改装的，采用扭杆悬挂装置，每侧有 6 个挂胶负重轮。底盘上安装一台 280 马力的 6 缸水冷式柴油发动机。载车的主要性能为：

图 2-4-4　SA-6 导弹发射车

履带中心距：2.54 m。

履带宽：0.36 m。

履带着地长度：3.985 m。

最大行驶速度：50 km/h（公路）；

　　　　　　　25~30 km/h（土路）；

　　　　　　　10 km/h（无路）。

储油量：250 L。

最大行程：300 km。

爬坡度：30°。

侧倾度：20°。

越障高：1 m。

越壕宽：>1 m。

涉水深：1 m。

（2）发射架。

发射架为 3 联装倾斜发射架，由 3 条相同的发射臂、前后固定梁和转台组成，能与跟踪照射雷达天线随动。每条发射臂上都有 2 个导轨。后导轨高于前导轨 0.12 m。导轨长 0.8 m。各发射臂之间距离为 0.925 m。发射架可旋转 360°，俯仰角旋转为 0° ~ 48°。方位角调转 180°，调转时间 14 s；方位角跟踪速度 10°/s，方位角跟踪加速度 3°/s^2；高低角调转 35°，调转时间 10 s；高低角跟踪速度 5°/s，高低角跟踪加速度 1°/s^2。

SA-6 有专用的导弹运输装填车向发射架上装填导弹。3 发导弹的装填时间不超过 9 min。

（3）整车。

整车的性能如下：

底盘：履带车。

车上装载导弹数：3 枚。

满载时质量（含 3 枚导弹）：不大于 20 t。

不带导弹时质量：不大于 18 t。

履带单位面积压力：0.62 kg/cm^2。

行军时外形尺寸：6 965 mm×3 112 mm×3 183 mm。

导弹发射间隔时间：6 s。

4.8 SA-8 地空导弹发射装置

苏联的 SA-8 于 20 世纪 60 年代初研制，70 年代初装备部队，属于机动式近程、低空防空导弹，用于野战防空。整个武器系统包括搜索雷达、跟踪制导雷达、光学设备和 4 联装发射架，都被装在一辆 3 轴 6 轮的自行车上，成为弹、站、架三位一体的武器系统。一辆车就是一个完整的火力单位，能独立作战。车胎压力是可调的，能在各种路面行驶，并能泅水。还可用安-22 运输机或米-12 直升机进行整体空运，机动性高。每辆车可携带 12 枚导弹——4 枚待发导弹、8 枚备份弹（车内两侧各 4 枚）。导弹的主要参数为：

弹长：3.2 m。

弹径：0.21 m。

弹重：180～200 kg。

SA-8发射架起初为4联装，后又进行了改进，由4联装改为6联装，如图2-4-5所示，并且导弹开始被装在发射箱内，提高了导弹的可靠性，减少了导弹维护。

图2-4-5　SA-8 6联装武器系统

载车是在ZIL-167E轮式底盘的基础上改装而成的。其行驶部分采用扭杆悬挂装置，前后轮可转向。车体中部装有转塔，其上安装雷达和发射架。车尾装有两个喷水推进装置，使载车能在水中浮渡。载车的主要性能为：

乘员：3～4人。

战斗全重：<20 t。

车辆尺寸：9 m×2.9 m×4.14 m（搜索天线放下时）。

最大行驶速度：60～65 km/h。

4.9　C-300地空导弹发射装置

C-300是苏联于20世纪70年代研制，80年代初装备部队的中高空、中远程防空导弹，属于第三代防空导弹，发展了系列地空导弹武器系统，有C-300П，C-300ПМУ，C-300ПМУ1，C-300ПМУ2等。武器系统的主要特点为：全空域，多通道（可同时拦截6个目标），系统反应快，机动性好，具有一定的反战术弹道导弹的能力。发射方式为垂直冷弹射。

C-300导弹武器系统主要由照射制导雷达车、发射车、筒弹、地形连测车、导弹运输车、导弹装填车、外部供电系统以及支援、保障设备等组成。

С-300ПМУ 杀伤空域高界 27 km，低界 25 m；近界 5 km，远界 75 km（对慢速目标可达 90 km）。

С-300ПМУ1 采用改型导弹 48Н6E，增加了发动机装药，增大了射程，远界扩大到 150 km，最小拦截高度降低到 10 m，最小拦截距离 3 km。具有一定拦截战术弹道导弹的能力，其拦截距离达 40 km。

С-300ПМУ2 能更好地对付巡航导弹、战术及战区弹道导弹，以及预警机和电子干扰飞机，采用新的导弹 48Н6E2，最大杀伤空域达 200 km。

4.9.1　С-300ПМУ 发射装置

1. С-300ПМУ 导弹的主要参数

С-300ПМУ 导弹的主要参数为：

弹长：7.25 m。

弹径：0.508 m。

弹重：1 664 kg。

发射筒长：7.825 m。

发射筒直径：1 m。

发射筒质量：678 kg。

2. 发射车

发射车是车载自行式，自带电源，装 4 发筒弹，在发射阵地将 4 发筒弹起竖至垂直状态，以有线或无线两种方式接收照射制导雷达车的控制指令，相互传递信息，并完成导弹发射准备时的初始参数装定和导弹发射。

发射车的主要性能为：

（1）可携带 1~4 发筒弹机动。

（2）垂直冷弹射（导弹出筒速度为 25~35 m/s）。

（3）外形尺寸（长×宽×高）：13.2 m×3.15 m×3.85 m。

（4）质量：43 240 kg。

（5）机动速度：60 km/h。

（6）行军状态转战斗状态时间不大于 30 min。

（7）战斗状态转行军状态时间不大于 30 min。

（8）应急行军状态转战斗状态时间不大于 5 min。

（9）接收照射制导雷达车的控制指令。

（10）再装 4 发筒弹的时间为 2 h。

（11）发射阵地坡度小于 4°。

（12）轴荷： Ⅰ轴：9 550 kg；

Ⅱ轴：10 145 kg；

Ⅲ轴：10 865 kg；

Ⅳ轴：11 440 kg。

发射车主要由载车、控制舱、机械液压系统等组成，如图 2 - 4 - 6 所示。

图 2 - 4 - 6　C - 300ⅡMУ 导弹发射车

1）载车

C - 300 照射制导雷达车和发射车的载车都采用白俄罗斯明斯克汽车厂生产的 MAZ - 543M 超重型越野汽车底盘。该汽车底盘的主要性能参数为：

驱动型式：8 × 8。

装载质量：22.2 t。

装备质量：21.2 t。

最大总质量：43.4 t。

最高车速：63 km/h。

最小转弯直径：27 m。

最小离地间隙：0.4 m。

接近角：28°。

离去角：35°。

外形尺寸（长×宽×高）：11 490 mm×3 050 mm×2 900 mm。

续驶里程：850 km。

轴距：2 200 mm+3 300 mm+2 200 mm。

轮距：2 375 mm。

耗油量：80 L/100 km。

制动距离：13 m。

最大涉水深：1.1 m。

最大越沟宽度：2.5 m。

垂直越障高度：0.37 m。

最大爬坡度：30°。

最大行驶侧坡度（25 km/h）：30°。

纵向通过半径：4.335 m。

轮胎额定压力：0.38 MPa。

发动机功率：386 kW。

轮胎最小压力：0.15 MPa（自动中央充、放气）。

2）控制舱

控制舱功能包括：控制导弹射前准备，接收照射制导雷达车发射指令，控制导弹发射，控制发射车电源工作。

控制舱的主要参数为：

质量：3 200 kg。

外形尺寸（长×宽×高）：3 050 mm×2 265 mm×2 350 mm。

控制舱的组成为：

（1）遥码通信系统，负责发射车与照射制导雷达车的通信。

（2）信息变换组合。

（3）自动发射控制指令组合。

（4）导弹初始角引入系统，负责导弹初始角装订。

（5）频率和相位微调和重新调整系统。

（6）其他辅助设备。

3）机械液压系统

（1）功能。

①被用于筒弹固定和支撑。

②放下和收起发射车上的千斤顶，减轻轮胎压力。

③把筒弹从水平转入垂直状态和行军固定器解锁。

④把起竖好的筒弹放到地面上。由 4 个液压缸推动筒弹放到地面上，或收回到原状态。

（2）主要性能。

①发射架起竖功率为 23 kW。

②筒弹从水平状态转到垂直状态的起竖时间不大于 90 s。

③发射车上的千斤顶采用机械锁定。

4.9.2　С–300ПМУ1 地空导弹发射装置

С–300ПМУ1 是 С–300ПМУ 的改进型，其战术技术性能有进一步的提高。

1. 导弹储运发射筒

1）筒弹参数

筒弹的参数为：

导弹长：7.57 m。

导弹直径：0.515 m。

导弹质量：1 885 kg。

发射筒长：7.825 m。

发射筒直径：1 m。

发射筒质量：675 kg。

发射筒重复使用次数：2 次（在更换弹射设备时）。

发射筒充气类型：干燥空气。

发射筒密封性能在装配时用 0.6 atm① 的过压进行检查。

2）功用

储运发射筒是用来储存、运输和发射导弹的装置。平时，作为储存和运输发射筒的容器；在作战时，被用于发射导弹，将导弹弹射出筒，并使导弹获得 25 m/s 以上的离筒速度。

3）组成

储运发射筒主要由筒体、前盖、金属保护盖、后盖、后支座、弹射装置、电插头收起机构、副燃气发生器、电缆网等组成，如图 2–4–7 所示。

---

①　标准大气压，1 atm ＝ 0.101 325 MPa。

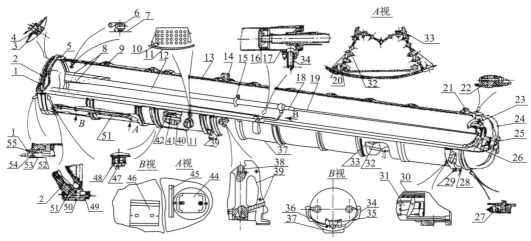

图 2 - 4 - 7　储运发射筒结构图

1—金属保护盖；2—泡沫前盖；3、7—充气口；4、6、47—螺塞；5、9、22—框架；8、15、20、31、35—支架；
10—接线盒；11、37—舱盖；12—弹射装置；13—筒体；14—扇形吊耳；16—活塞；17—作动筒；18—制动锥；
19—活塞杆；21—吊耳；23—后支座；24—底座；25、36—燃气发生器；26—弹射装置后梁；27—接地螺栓；
28—销柱；29—运输耳；30—杠杆；32—后梁；33、42—导轨；34—导管；38—支柱；39—扇形运输耳；
40—电插头收起装置；44—电插头盖；45—挡板；46—固定板；48—接地栓；49—螺栓；
50—法兰盘；51—耦合装置；52—接合销；53—拉紧螺栓；54—弹簧；55—橡胶圈

筒体由 4 节壁厚为 2.5 mm 的圆筒焊接而成。其材料为铝镁合金。各节圆筒用加强框连接。

前盖是 4 cm 厚的泡沫盖，泡沫盖表面涂有铝镁防护层，导弹发射时，由燃气发生器的燃气冲破。

保护盖由铝镁合金制成，在导弹储存、运输状态保护发射筒前盖。

后盖为铝合金铸件，除被用于发射筒密封外，在发射筒竖起后盖接触地面时，还起支撑作用。

后支座由托盘和导弹固定机构组成，如图 2 - 4 - 8 所示。

当导弹发射时，镁带被燃气发生器摧毁，导弹解锁。

弹射装置被用于将导弹从发射筒内弹射出去。弹射装置由 2 个作动筒，1 个后梁，1 个主燃气发生器，2 个活塞杆和燃气导管组成。主燃气发生器为弹射提供动力。

副燃气发生器被用于导弹解锁、前盖冲破和压力传感器接通工作。

电插头收起机构，在导弹发射时，被用于将发射筒的脱落插头从弹体上取下。

2. 发射车

发射车是 C - 300ПМУ1 地空导弹武器系统的重要组成部分。一个导弹营最多可以配置 12 辆发射车，每辆发射车装载 4 枚导弹。

1）功用

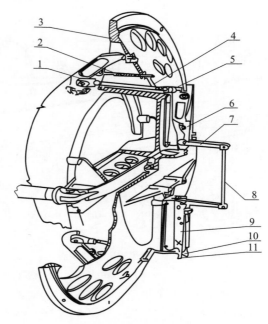

图 2 - 4 - 8　储运发射筒后支座

1，6，7—挂钩；2，10—弹簧；3—托盘；4—拉杆；5—钩环；8—镁带；9—支架；11—制动片

（1）储存和运输筒弹。

（2）战斗中，接收照射制导雷达的控制指令，准备和发射导弹。

（3）对导弹进行频率重调。

2）组成

发射车由牵引车、半拖车、发射控制设备、导弹固定升降机构、自主电源和遥码通信天线等组成，如图 2 - 4 - 9 所示。

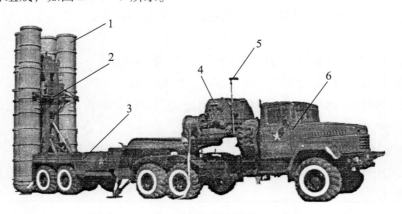

图 2 - 4 - 9　C - 300 半拖车发射车

1—筒弹；2—导弹固定、升降机构；3—发射控制设备；4—自主电源；

5—与 РПН 遥码通信天线；6—汽车底盘

（1）牵引车。

牵引车被用于牵引半拖车，为 KPAZ - 260B 型。牵引车上还装有汽车功率发电机、夜视仪、电台及通话装置、放射和化学侦察仪、空气过滤器和驾驶室控制面板，如图 2 - 4 - 10 所示。

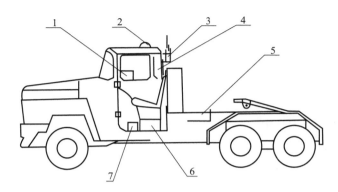

图 2 - 4 - 10　C - 300 牵引车

1—驾驶室；2—空气过滤器进气装置；3—电台天线；4—放射和化学侦察仪；

5—汽车功率发电机；6—空气过滤器；7—夜视仪

（2）半拖车。

半拖车为 MAZ - 938Б 型，被用于装载发射控制设备、导弹固定和升降机构、自主电源和遥码通信天线等。

（3）发射控制设备。

在接收照射制导雷达车或本控状态下，对导弹固定、升降机构及自主电源进行控制，并对发射车上的各发导弹进行通电检查和发射控制。

（4）导弹固定升降机构。

在运输或储存状态被用于导弹水平固定，在战斗状态将导弹垂直竖起并固定。导弹固定升降机构主要由起竖臂和液压系统等组成。

（5）自主电源。

自主电源为一台 75 kW 的燃气涡轮发电机组。

（6）遥码通信天线。

遥码通信天线被用于照射制导雷达车和发射车之间的无线信息交换。

3）主要战术技术性能

装载导弹数量：1 ~ 4 枚。

展开时间：不大于 30 min。

撤收时间：不大于 30 min。

发射车质量（含 4 枚筒弹）：35.6 t。

半拖车质量（含 4 枚筒弹）：24 t。

发射车外形尺寸（长×宽×高）：14.4 m×3.1 m×3.8 m（行军状态）。

发射车外形尺寸（长×宽×高）：16 m×3.8 m×7.8 m（展开状态）。

发射车到照射制导雷达车距离：50～120 m。

发射车与发射车之间距离：不小于 3 m。

发射阵地坡度：小于 4°。

发射阵地下陷深度：小于 10 cm。

发射车从水平转到垂直状态起竖时间：不大于 90 s。

发射车平均无故障工作时间：不小于 90 h。

发射车平均修复时间：0.5～1 h。

发射车持续工作时间：24 h，休息 1 h。

4 个空发射筒卸出时间：<30 min。

4.9.3 C-300ПМУ2 和 C-400 地空导弹发射装置

C-300ПМУ2 和 C-400 地空导弹发射车与 C-300ПМУ1 发射车基本相同，有自行式和牵引式。自行式载车仍采用 MAZ-543M（8×8）型；对于牵引式，牵引车为 KPAZ-260。

4.10 C-400 地空导弹发射装置

C-400"凯旋"防空导弹武器系统是由俄罗斯原金刚石中央设计局牵头设计，在 C-300 基础上以全新的设计思路研制的。它充分利用了俄罗斯在电子、雷达、精密制造、计算机等技术领域的最先进研究成果，在射程、速度、精度、抗干扰、覆盖空域等方面均优于美国的"爱国者"地空导弹系统，是当今世界上性能最好的防空导弹系统。

C-400 战术技术性能的主要参数如下：目标探测距离 600 km，同时跟踪目标数量 300 个；针对空气动力目标的雷达探测范围为 360×14°，针对弹道目标的雷达探测范围为 60×75°；针对空气动力目标的毁伤范围为 2～240 km，针对弹道目标的毁伤范围为 7～60 km；毁伤目标最大高度为 30 000 m，毁伤目标最小高度为 10 m，毁伤目标最大速度 4 800 m/s（15 Ma/倍声速），能够同时攻击 36 个目标；同时引导导弹瞄准 72 个目标；行进中展开时间为 5～10 min，系统设备从展开状态进入战备状态的反应时间为 3 min；大修之前系统设备工作寿命为 10 000 h，陆基设备服役寿命至少为 20 年，地空导弹服役寿命至少为 15 年。

C-400 系统保留了 C-300 的大部分结构。它由一个指挥控制系统和几个不同类型的导弹火力单元组成。指挥控制系统是在 C-300 系统的 83M6E2 基础上改进设计的，仍包括 1 部搜索指示雷达和 1 部指挥控制车。每个导弹火力单元通常都包括 1 部相控阵制导雷达和 3~4 部导弹发射车以及相应的运输装填车。

与 C－300 系列相比，发射车的最大差别在于能远距离部署，即远离制导雷达站部署。发射车上装有很高的通信天线，被用以与指挥控制中心进行通信。它们与公用的指挥所、信息系统、通信联络系统连成一个整体。（导弹发射车抛弃了传统 4 联装储运发射装置，将 3 具大型发射筒和 4 具小型发射筒捆绑在一起构成 7 联装储运发射装置。其中，大型的储运发射筒可以装备枚型远程防空导弹或枚型防空导弹，而小型发射筒则可以装备枚型中、近程防空导弹，配置极为灵活，如图 2－4－11 所示。）

图 2－4－11　C－400 导弹发射车

4.11　SA－15（TOP）地空导弹发射装置

SA－15"道尔"（TOP）是苏联于 20 世纪 80 年代研制的一种全天候机动式低空、超低空近程地空导弹武器系统。设计定型后，经改进出现了"道尔－M1"导弹武器系统。它主要被用于掩护摩托化步兵师和坦克师行军，对付飞机、直升机、无人驾驶飞行器、巡航导弹、空地导弹、反辐射导弹、精确制导炸弹等目标。

系统作战装备主要包括发射模块（8 枚 9M331 导弹和 2 个发射箱）、发射转塔、搜索雷达、跟踪雷达、电视瞄准跟踪设备等。这些设备都被安装在一辆 ГМ－5955 履带车底盘上，即弹、站、架三位一体，构成一个功能齐全的独立火力单元，具有很强的越野机动能力，如图 2－4－12 所示。

导弹模块在发射井中，随转塔一起运动；而搜索雷达和跟踪制导雷达都被装在转塔上，因此，目标搜索、识别、威胁判断、拦截可能性计算、导弹发射准备、火力分配等作战环节同步进行，即边行进，边搜索，使垂直发射的导弹随时处于待发状态，而当发现目标后，可立即停车并发射导弹。

图 2 - 4 - 12   TOP 发射车

该系统的作战准备时间不大于 3 min。系统反应时间为 5 ~ 10 s,战车行进时为 7 ~ 13 s。其中,导弹的准备时间占用 5 s。

系统技术支援设备包括 9T244 运输装填车、9T245 运输车、9B887 技术维修车、9Φ399 导弹自动测试车、全套备件车、电子训练车等。技术支援设备均采用轮式底盘。

发射装置为回转式,上装有 2 个密封的 4 联装导弹发射模块,如图 2 - 4 - 13 所示。发射箱结构如图 2 - 4 - 14 所示。发射箱内充有干燥空气,采用冲破式易碎盖密封。1 个发射井可同时装填 2 个导弹模块,共 8 发导弹,能进行单射或连射。导弹发射间隔为 4 s。既可以 1 发或 2 发攻击 1 个目标,也可以 2 发导弹攻击 2 个目标。

TOP 箱弹的主要参数为:

弹长:2 895 mm。

弹径:235 mm。

弹重:167 kg。

翼展:610 mm。

发射箱长:1.22 m。

发射箱宽:0.44 m。

发射箱高:2.98 m。

发射箱重:238 kg。

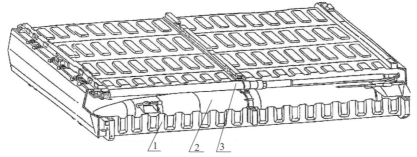

图 2 − 4 − 13　发射模块

1—运输发射筒；2—9M331 防空导弹；3—弹射装置

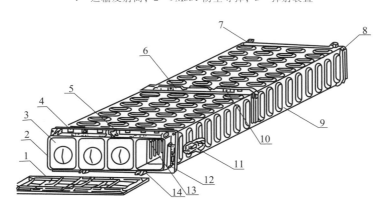

图 2 − 4 − 14　发射箱结构

1—前部可卸盖板；2—前隔框；3—可击穿防护盖；4—支撑板；5—用于卡住运输装填车的固定基座；

6—中隔框；7—后隔框；8—后部可卸盖板；9—运输发射筒壳体；10—起吊挂点；

11—电气接合机构；12—弹上电接头；13—导向装置；14—停放基座

箱弹总质量：937 kg。

TOP 导弹发射采用垂直冷弹射。

TOP 载车可向系统提供 220 V，400 Hz 交流电。

发射车配有三防设施，车体尺寸（雷达起竖时）为 8.668 m×3.260 m×5.225 m。其最大行驶速度为 65 km/h。

导弹装填时采用 9T224 轮式运输装填车，其上装有折叠式起重机，被用于卸下用过的导弹发射箱和装上带弹的发射箱。每箱装 4 枚导弹。整个操作过程需要 8 min。

载车的主要性能为：

自重：26 t。

承载：11 t。

外形尺寸（长×宽×高）：8 668 m×3 260 m×3 607 m（行军状态）。

最大爬坡度：35°。

越壕沟宽：2 m。

涉水深：1 m。

行驶速度：越野：15 km/h；

土路：30 km/h；

公路：65 km/h。

4.12　SA-9 地空导弹发射装置

SA-9 是苏联于 20 世纪 60 年代研制的一种自行式全天候低空近程地空导弹武器系统，主要被用于野战防空，对付低空亚声速飞行器。

导弹的参数为：

弹长：1 803 mm。

弹径：120 mm。

翼展：360 mm。

弹重：30 kg。

系统由导弹、发射架和光学瞄准具等组成。所有设备都被装在一辆 BRDM-2 型水陆两用车上，如图 2-4-15 所示。一辆车就是一个火力单元。装在车右侧的惯性导航装置被用于发射车定向定位，即使夜间也能作战。发射塔位于车体中部。塔顶是 4 联装发射架，装 4 枚待发导弹和 4 枚备份导弹。

发射装置为 4 联装，倾斜箱式发射。发射转塔可 360°旋转，转速为 22.5°/s。俯仰角为 -5°~ +80°。载车为 BRDM-2 水陆两用轮式装甲车。载车的主要性能为：

战斗全重：7 000 kg。

图 2 – 4 – 15　SA – 9 导弹发射车

车体尺寸（长×宽×高）：5.75 m×2.35 m×2.31 m（行军状态）。

轮距：1.84 m。

轴距：3.10 m。

车底离地高：0.43 m。

最大速度：100 km/h（公路）；

　　　　　10 km/h（水中）。

最大行程：750 km。

爬坡度：31°。

越墙高：0.40 m。

越壕宽：1.25 m。

装甲厚度：14 mm（车体）。

　　　　　7 mm（发射转塔）。

4.13　SA – 11 地空导弹发射装置

SA – 11 是苏联于 20 世纪 70 年代研制的一种全天候履带式中低空地空导弹武器系统，被用于取代 SA – 4 导弹，填补"道尔"和 C – 300 之间的火力空白，主要被用于要地防空和野战防空。

导弹的参数为：

弹长：5.55 m。

弹径：0.4 m。

翼展：0.86 m。

弹重：690 kg。

系统由导弹、发射车（含照射制导雷达）、搜索雷达、指挥控制车、装填/发射车等部分组成。所有车辆均采用 TM－569 标准履带式底盘，具有一定的三防能力。

发射车采用自行式 4 联装，如图 2－4－16 所示，倾斜随动发射。发射车后部装发射架，而前部装跟踪照射雷达、电视跟踪装置、计算机、导弹制导通道和备用光电瞄准系统。发射车可在扫描与指示区内搜索，识别目标并发射导弹。一辆发射车对付一个目标。

图 2－4－16　SA－11 导弹发射车

发射车的主要参数为：

行军状态尺寸（长×宽×高）：9.3 m×3.25 m×3.8 m。

战斗状态尺寸（长×宽×高）：9.3 m×9.03 m×7.72 m。

公路行驶最大速度：65 km/h。

越野行驶最大速度：45 km/h。

发射车质量：32 340 kg。

进入战斗状态时间：20 s。

装填/发射车为发射车装填导弹，车上未装跟踪照射雷达，但在装跟踪照射雷达的位置装上一部液压起重机。车上装 8 枚导弹——4 枚待发导弹、4 枚备份弹。自装填时间为 15 min，为发射车装填导弹的时间为 13 min。一旦需要或发射车出现故障，装填/发射车就可以在发射车提供目标信息和目标照射的情况下直接发射导弹。

装填/发射车的主要参数为：

行军状态尺寸（长×宽×高）：9.96 m×3.316 m×3.8 m。

战斗状态尺寸（长×宽×高）：9.96 m×3.316 m×7.72 m。

公路行驶最大速度：65 km/h。

越野行驶最大速度：45 km/h。

装填/发射质量：35 000 kg。

最大行驶里程：500 km。

4.14　C－300B/"安泰－2500"地空导弹发射装置

C－300B 是一种机动式多通道中远程地空导弹武器系统，具有反战术弹道导弹的能力。整个系统配 9M83 和 9M82 两种导弹，分别于 1986 年和 1992 年装备部队。该系统主要被用于陆军集团军的野战防空，对付电子侦察机、巡航导弹和战术弹道导弹，保卫机动式战略导弹阵地。

导弹武器系统由导弹、发射车、装填/发射车、制导站等组成。系统所有装备都被装在机动性很高的标准履带式底盘上。

导弹的参数为：

弹长：7 000 mm（9M83）；8 500 mm（9M82）。

弹径：800 mm（9M83）；800 mm（9M82）。

弹重：2 400 kg（9M83）；5 800 kg（9M82）。

发射筒长度：8 580 mm（9M83）；1 050 mm（9M82）。

发射筒直径：1 000 mm（9M83）；1 300 mm（9M82）。

9M83 与 9M82 导弹分别采用 9A83 和 9A82 发射车，两种发射车都采用履带式底盘。

9A83 发射车装有 4 枚 9M83 筒弹，如图 2－4－17 所示。车内有 3 名操作人员，发射车进入阵地后，由操作人员在驾驶室内进行操作，完成发射点定位和筒弹起竖，实施垂直发射，能在 3s 内发射 2 枚导弹。发射状态和行军状态的相互转换需 5 min。

图 2－4－17　C－300B 导弹发射车

发射车上装有一部照射制导雷达，由制导站遥控，进行目标照射，为导弹发送修正数据，引导和制导导弹。

9A82 发射车上装 2 枚 8M82 筒弹。

装填/发射车 9A85 和 9A94 均采用与发射车相同的履带式底盘，但没有装雷达，而由一台装载吊具所取代。装填/发射车的主要任务是为发射车装填导弹，同时还具有运输、起竖和发射导弹的能力。当发射车上的导弹消耗完而又没有足够的时间把导弹装填到发射车上时，它可利用邻近的装填/发射车发射导弹，与发射车进行有线通信联络。9A85 装填/发射车为 9A83 发射车装载 4 枚 9M83 导弹，9A84 装填/发射车为 9A82 发射车装填 2 枚 9M82 导弹，装填时间为 5 min。

在 C-300B 的基础上研制了"安泰-2500"防空系统，它是一种导弹防御和对空防御系统，能对付从 2 500 km 外发射的弹道导弹。它采用了新的 9M83 和 9M82 导弹，在外形、质量、尺寸、制导系统及战斗部上与 C-300B 基本相同，但具有较远的射程和较高的杀伤率。9M83 导弹被用于拦截战术弹道导弹以及空气动力目标。9M82 导弹被用于拦截中程弹道导弹以及 200 km 以外的空气动力目标。

"安泰-2500"发射车与 C-300B 相同。

4.15　SA-13 地空导弹发射装置

SA-13 是苏联于 20 世纪 70 年代初开始研制，1975 年开始装备部队，属于一种机动式全天候低空、近程地空导弹武器系统。该系统由导弹、发射装置、光学瞄准具、测距雷达和被动射频探测器等组成。全部设备都被装在一辆 MT-ЛБ 水陆两用履带式载车上，如图 2-4-18 所示。一辆车就是一个火力单元，可独立作战。

导弹的主要参数为：

弹长：2 190 mm。

弹径：120 mm。

翼展：400 mm。

弹重：39.2 kg。

发射装置为 4 联装，筒式倾斜发射。发射架位于发射转塔上部，发射架底座直径 1.5 m。发射转塔可 360°旋转，旋转速为 0.3°/s~100°/s；俯仰 -5°~+80°旋转，旋转速为 0.3°/s~50°/s。

武器系统的载车采用 MT-ЛБ 型履带式多用途装甲车。该车采用模块化设计，越野性能好，可通过沼泽地、河地、雪地等，对地面压力小，具有一定的三防能力。

载车的主要性能参数为：

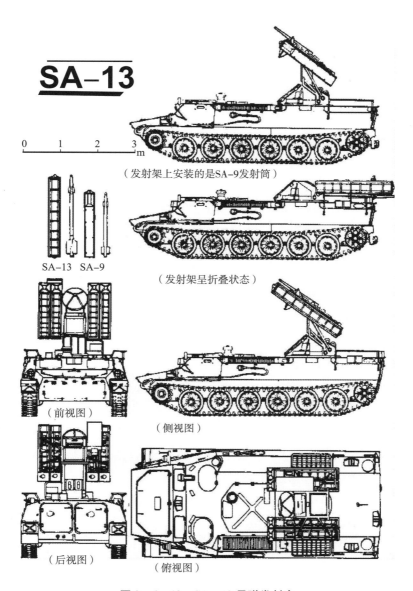

（发射架上安装的是SA-9发射筒）

SA-13　SA-9

（发射架呈折叠状态）

（前视图）

（侧视图）

（后视图）　（俯视图）

图 2 - 4 - 18　SA - 13 导弹发射车

车体尺寸（长×宽×高）：6.6 m×2.9 m×2.3 m（行军状态）；

6.93 m×2.85 m×3.965 m（作战状态）。

最大时速：55 km/h（公路）；

5～6 km/h（水中）。

最大行程：500 km。

载弹量：12～16 枚。

装甲厚度：7～14 mm。

履带宽度：0.35 m。

履带着地长度：3.8 m。

爬坡度：31°。

侧倾度：17°。

越壕宽：2.7 m。

越墙高：0.7 m。

战斗全质量：12 500 kg。

4.16　SA-17 地空导弹发射装置

　　SA-17 导弹发射装置是苏联于 20 世纪 80 年代初开始研制，1995 年装备部队，被用于对付战略和战术飞机、战术弹道导弹、巡航导弹、直升机及无人驾驶飞行器等的中高空、中程地空导弹武器系统。

　　导弹的参数为：

　　弹长：5 500 mm。

　　弹径：400 mm。

　　弹重：720 kg。

　　系统由导弹、目标搜索雷达、制导雷达、发射车、装填/发射车等组成。

　　发射车为 4 联装导轨倾斜随动发射设备，导弹为裸弹，如图 2-4-19 所示。载车采用 ГМ-569 系列履带式装甲车底盘或选择 8×8 重型卡车底盘，便于在公路上行驶。每辆发射车并排装 4 枚导弹。轮式发射车行军状态下的外形尺寸：8 m×3 m×3.8 m。履带式发射车行军状态下的外形尺寸：8 m×3.3 m×3.8 m。轮式发射车的质量：35 000 kg。履带式发射车的质量：38 000 kg。

图 2-4-19　SA-17 导弹发射车

装填/发射车与发射车基本相似，但没有装雷达，而在该位置安装了装填装置。装填/发射车被用于储存、运输和向发射车装填导弹，必要时也可发射导弹。车上装8枚导弹（4枚待发弹和4枚备份弹）。当装填/发射车发射导弹时，由照射制导雷达或发射车上的雷达为其照射目标并提供弹道修正指令。自装填时间为15 min，为发射车装填时间为13 min。轮式装填/发射车行军状态下的外形尺寸：8 m×3 m×3.8 m。履带式装填/发射车行军状态下的外形尺寸：8 m×3.3 m×3.8 m。轮式装填/发射车的质量：35 000 kg。履带式装填/发射车的质量：38 000 kg。

4.17　"通古斯卡"地空导弹发射装置

"通古斯卡"是苏联弹炮合一的防空系统，1979年开始研制，1986年服役。该系统将低空防空导弹和小口径炮安装在同一辆发射车上，以充分发挥防空导弹射程较远、射高较大、命中精度高，以及小口径高射炮射速高，射弹密度大的突出优点，从而扩大作战空域范围，对目标进行两次拦截，进一步提高武器作战性能。

"通古斯卡"弹炮合一防空系统集导弹、高射炮、搜索与跟踪雷达于一车，采用MT-T履带式底盘，构成了一个机动能力强，火力猛，精度高，组织协同便利的重型防低空武器系统。这种防空系统的载车采用液压悬挂系统，装有先进的稳定控制装置，运动中具有很高的平稳性，保证了行进间的射击精度。它的新式瞄准具具有昼夜跟踪能力。8枚SA-19地空导弹分别被置于两侧高射炮的下方，有效射程为10 km。两门双管自动炮的口径为30 mm，采用双向供弹装置，射速5 000发/min，最大射程5 000 m，反飞机的有效射程为3 000 m。图2-4-20所示为"通古斯卡"弹炮合一防空系统。

图2-4-20　"通古斯卡"弹炮合一防空系统

筒弹参数为：

弹长：2 652 mm。

弹径：152 mm。

弹重：42 kg。

发射筒长：2 680 mm。

发射筒直径：170 mm。

筒弹质量：60 kg。

系统由作战装备和支援装置组成。作战装备包括 8 枚 9M311 导弹，2 门 2A38 式 30 mm 双管自动高炮，以及发射装置、火控设备、导航和通信设备等。这些设备都被装在一辆履带车底盘上。支援设备包括导弹运输装填车（每辆车都装有 8 枚筒弹和 32 箱炮弹）、测试车、技术维护修理车、机械修理车等，均被装在轮式底盘上。

发射装置为 2 部 4 联装，4 发筒弹为一组，成双排配置，能独立进行俯仰运动，共有 8 枚待发导弹。发射装置外侧有甲板防护。选择导弹时，一排发射装置自动随动于高炮，瞄准速度降到 10°/s。在连续发射过程中，系统必须保持稳定，以防止导弹在离开发射装置时受到损坏。

主要性能参数为：

乘员：4 人。

车长：7.93 m。

最大行程：500 km。

发动机功率：440 kW。

火炮口径：30 mm。

弹药数：1 904 发。

战斗全重：26 t。

车宽：3.236 m。

车高：4.021 m。

最大速度：65 km/h。

系统反应时间：10 s。

发射方式：8 联装倾斜发射。

系统机动性：履带式载车，能在各种道路上机动，能在行进中跟踪目标和发射炮弹。

4.18 "铠甲 - C1" 弹炮合一系统

如何更有效地对付低空小型目标，一直是各国致力解决的问题。俄罗斯研制的

"铠甲－C1"弹炮合一防空系统代表了弹炮合一防空武器的最新成果。图2－4－21所示为"铠甲－C1"弹炮合一系统。

图2－4－21　"铠甲－C1"弹炮合一系统

（1）基本性能。

"铠甲－C1"系统采用57E6E导弹和2A38双管自行高炮，可以在距离18 km和高度10 km的范围内构成一个密集的杀伤带。

57E6E导弹最大飞行速度为1 300 m/s，重为75.7 kg。

2A38双管自行高炮可在距离4 000 m和高度3 000 m的范围内摧毁各种空中和地面目标。

该系统在行进中既可发射炮弹，又可发射导弹，是目前世界上唯一一种可以在行进中实施弹炮射击的防空武器（"通古斯卡"弹炮合一防空系统在行进中只能发射炮弹）。

"铠甲－C1"系统不仅可摧毁固定翼飞机和直升机，也可摧毁和消灭小型导弹（巡航导弹）、地面装甲目标和敌方有生力量。

"铠甲－C1"系统可以自动跟踪20个目标，借助雷达和光学瞄准具可同时从不同的方向对两个目标实施攻击。在雷达跟踪状态下，可使用两枚导弹对一个目标实施齐射攻击。

"铠甲－C1"系统采用模块式结构。不仅可将其安装在轮式或履带式运输车上，而且可以安装在舰艇甲板上或固定平台上。

（2）系统组成。

"铠甲－C1"系统由炮塔、高炮、地空导弹、发射筒以及搜索雷达、跟踪雷达和光电火控系统组成。其全部设备都被装载在KAMAZ－6560卡车底盘上，构成一个火力单元。1个"铠甲－C1"弹炮合一防空连由6辆发射车，3辆弹药装填车及5辆维护修理、技术校验和备件工具车组成。

第5章　俄罗斯舰空导弹发射装置

5.1　俄罗斯舰空导弹发射装置发展概述

20 世纪 60 年代，苏联发展了舰空导弹武器"海浪"（SA – N – 1）、"风暴"（SA – N – 3）和"奥萨"（SA – N – 4），形成了远、中、近，高、中、低 3 个空域，多个层次的舰艇编队舰空导弹武器系统。其中"风暴"导弹最大射程为 55 km，担负中远程防空任务；"海浪"导弹最大射程为 30 km，担负中程区域防空任务；"奥萨"导弹最大射程为 15 km，担负近程点防御任务。这一代导弹尺寸比较大，导弹为裸弹，发射装置为倾斜热发射，双联装下挂式随动发射架。

20 世纪 70 年代以后，苏联发展了"利夫"（SA – N – 6）、"施基利"（SA – N – 7）、"克里诺克"（SA – N – 9）等防空导弹武器，组成远、中、近，高、中、低多层次的舰空导弹武器。"利夫"导弹最大射程为 90 km，被用于远程区域防空；"施基利"导弹最大射程为 25 km，被用于中程区域防空；"克里诺克"导弹最大射程为 12 km，被用于近程点防御。"卡什坦"弹炮结合最大射程为 8 km，被用于末端反导系统。

苏联第三代舰空导弹武器发射装置的一个重要特点是采用垂直弹射。该发射方式不设复杂的燃气排导系统，导弹空中点火。为了避免导弹空中不点火砸向舰艇，导弹发射装置向两弦倾斜 3°。

俄罗斯在 20 世纪 90 年代以后开展 SA – N – 24 多种防空导弹通用垂直发射装置研究。发射装置多隔舱，将不同长度的筒弹吊挂在隔舱舱口。

5.2　"海浪"（SA – N – 1）舰空导弹发射装置

"海浪"是苏联 20 世纪 60 年代研制的全天候中程区域防空导弹武器系统，主要被用于编队中程防空，以对付中低空亚声速和超声速的各种飞机。它是由陆用的 SA – 3 地空导弹移植而来的，所采用的导弹与陆用型基本相同，而制导雷达和发射架与陆用型不同。导弹的主要参数如下：

弹长：5.948 m。

弹径：0.552 m（一级）；

0.375 m（二级）。

翼展：1.192 m（弹翼）；

2.208 m（尾翼）。

导弹质量：952.7 kg。

最大弹速：3.5 Ma。

战斗部质量：84 kg。

"海浪"发射装置采用横摇稳定的标准式双联装发射架。导弹被装在发射架支臂的下面（即下挂式），如图 2 - 5 - 1 所示。发射架被安装在弹舱顶部。弹舱内装有 16 ~ 22 枚导弹。装填导弹时需使发射架垂直竖起，通过弹舱口垂直装填。然后发射架转为倾斜状态。发射架可方位、俯仰回转。作战时，发射架调转至目标方向。导弹采用倾斜热发射。

图 2 - 5 - 1 "海浪"系统发射架

5.3 "风暴"（SA - N - 3）舰空导弹发射装置

"风暴"是苏联研制的一种全天候中远程区域防空导弹武器系统，主要被用于对付高速飞机，也具有一定的反舰能力，1967 年开始服役，采用 B - 611 导弹。

导弹的主要参数为：

弹长：6.1 m。

弹径：600 mm。

翼展：1.4 m。

弹重：845 kg。

弹速：2.5 Ma。

"风暴"发射装置为双联装倾斜下挂热发射,如图 2-5-2 所示。作战时,发射架可高低、方位回转。发射架对准目标后,导弹发射。它除了能发射 B-611 舰空导弹外,还能发射 SS-N-14 反潜导弹。

图 2-5-2 发射架处于装弹状态

由于发射架采用倾斜发射,故装填导弹时必须使发射架起竖成垂直状态。导弹通过甲板上的舱口,由弹舱推向发射架,然后发射架再转向倾斜状态。每个双联装发射架都各配一个弹库。弹库为圆柱形。圆柱上挂有 12~18 枚导弹。装完导弹后,圆柱回转一个角度,使下一发导弹对准导弹装填舱口。

5.4 "奥萨"(SA-N-4)舰空导弹发射装置

"奥萨"是苏联研制的一种全天候舰载低空近程防空导弹武器系统,主要被用于舰艇的点防御作战任务。这是苏联第一次先发展舰用型,再向陆上移植(SA-8)。导弹 9M33 陆、海通用。海上导弹在向陆上移植技术上没有太多困难,而由陆上导弹在向海上移植技术上相对复杂,困难比较多。"奥萨"(SA-N-4)从 70 年代初开始装备,止于 80 年代中期。

导弹的主要参数为:

弹长:3.116 m。

弹径:0.208 m。

翼展:0.60 m。

弹重:128 kg。

弹速:2.0 Ma。

机动过载：20 g。

发射装置为双联装倾斜发射，如图 2 - 5 - 3 所示。导弹采用下挂式。下挂式发射架起竖臂简单，可以不涉及发射时由于导弹下沉而引起的结构变化。

图 2 - 5 - 3　"奥萨"导弹武器系统

发射架平时收缩到甲板下的弹舱内，弹舱上方有装甲保护盖。舱盖为 2 个半圆形的金属盖。弹舱直径为 4.2 m，高为 5 m。作战时，舱盖分别向外滑开。发射架借助升降机升起。导弹发射后的再装填需要将发射架双臂起竖成垂直状态，然后将发射架降至弹舱内。弹舱内的导弹被装在 4 个水平的机械环上。每个机械环各挂有 5 枚导弹，如图 2 - 5 - 4 所示。

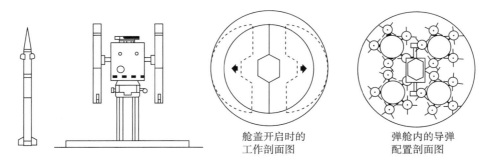

舱盖开启时的
工作剖面图

弹舱内的导弹
配置剖面图

图 2 - 5 - 4　"奥萨"发射装置示意图

"奥萨"采用可升降式的发射架，提高了其抗海上腐蚀和抗战斗损伤的能力；同时也带来了装填复杂，系统反应时间长的缺点。

"奥萨"导弹武器系统反应时间长，反导能力弱，对付多目标能力差。因此，该系统正被俄罗斯先进的"克里诺克"导弹武器系统替代。

5.5 "利夫"（SA-N-6）舰空导弹发射装置

"利夫"舰空导弹武器系统是苏联于 20 世纪 70 年代研制的远程舰空导弹武器系统，是地空导弹 C-300 的舰载型。导弹海陆通用。

"利夫"舰空导弹武器系统可配备 5B55 和 48H6E 两型导弹。5B55 为陆上 C-300ПМУ 导弹武器系统的导弹。48H6E 为 C-300ПМУ-1 导弹武器系统的海、陆通用导弹。

5B55 导弹的参数为：

弹长：7.25 m。

弹径：0.508 m。

舵展：1.134 m。

弹重：1 664 kg。

最大飞行速度：1 800 m/s。

导弹最大过载：22~24 g。

储运发射筒长：7.825 m。

储运发射筒直径：1.0 m。

储运发射筒重：678 kg。

48H6E 导弹的参数为：

弹长：7.5 m。

弹径：0.508 m。

舵展：1.134 m。

弹重：1 800 kg。

最大飞行速度：2 000~2 200 m/s。

储运发射筒长：8 m。

"利夫"导弹发射系统由储运发射筒、发射装置和弹库等组成。

（1）储运发射筒。

储运发射筒被用于导弹的储存、运输和发射，由前盖、筒体、固弹机构、弹射器、燃气发生器等组成。

前盖为易碎盖，背面刻有沟槽，在 3 个大气压下破碎。

筒体为圆柱形，筒外有加强框，内有导轨。

固弹机构设在发射筒底部，保证导弹在各种使用状况下不产生轴向移动。

弹射器为两个活塞筒和两个活塞杆，设在发射筒内筒两侧。

燃气发生器有两个。一个燃气发生器被用于解锁导弹、冲破前盖并接通另一个燃气发生器点火线路；而另一个燃气发生器则被用于弹射导弹。燃气发生器产生的高温高压燃气流入弹射器活塞筒内，产生大的推力，通过活塞杆将导弹弹射到 25 m 左右高处。导弹离筒速度为 30~40 m/s。

在导弹发射后，储运发射筒经过一定修复，如更换前盖等，可重复使用 3~4 次。

（2）发射装置。

发射装置为一个圆筒形转柱。转柱下部为方位回转机构。转柱圆周挂有 8 枚筒弹，如图 2-5-5 所示。发射筒底盖被固定在发射装置底座上。转柱上有发射筒滑动的导轨。挂弹后转柱直径约为 3.8 m。待发射导弹转至发射舱口，这枚导弹被加电，并装定参数。其他导弹可进行射前检测。

图 2-5-5 "利夫"发射装置

（3）弹库。

弹库是一个大通舱，由 4 个、6 个或 8 个发射装置组成，高约 9 m，四周有装甲保护。在舰左、右舷各设一个装填口。考虑到发射安全，发射装置向所在弦外侧倾斜 3°，以避免导弹被弹射出去后发动机不点火，导弹下落砸舰的危险。每个发射装置之间都由轨道连接，便于装卸筒弹。每个筒弹都被挂在转柱上。转柱上、下各有 2 个筒弹固定机构。在筒弹上装上发射装置后，发控连接器就和筒弹上的连接器接通，可对导弹进行检查。只有当将弹射筒转到发射舱口时，才能给导弹加电并装定参数。

每个发射装置都有 8 个圆形舱口盖。每个舱口盖上都有 3 个小的圆形易破盖，以利于导弹意外点火后导弹冲破而飞离舰甲板。8 个舱口有一个发射舱口，配备了开启装置，使导弹发射时能够打开发射舱口。发射导弹后，圆柱形发射架旋转，使下一枚待发导弹对准发射舱口。

"利夫"武器系统反应时间为 20 s，系统准备时间为 3 min，发射方式为垂直弹射，发射间隔为 3 s。

5.6 "施基利"（SA – N – 7）舰空导弹发射装置

"施基利"导弹武器系统是苏联于 20 世纪 80 年代研制的中程舰对空导弹武器系统。导弹与地空 SA – 11 共用，担负舰艇和编队的防空作战任务，主要是拦截各种飞机和各类反舰导弹。导弹的主要参数为：

弹长：5.55 m。

弹径：0.34 m（前）；0.4 m（后）。

弹重：690 kg。

发射装置主要由发射架、弹库和发控装置组成。

（1）发射架。

"施基利"导弹发射架为单臂倾斜发射架，如图 2 – 5 – 6 所示。发射架方位回转范围为 ±360°，高低角为 0°～70°，调转角速度为 90°/s～100°/s。

图 2 – 5 – 6 "施基利"导弹发射架

（2）弹库。

弹库被置于发射架正下方，储存 24 枚导弹，如图 2 - 5 - 7 所示。其总重为 30 t
（不含弹），体积为 5.2 m×5.2 m×7.42 m，内部空调温度为 18℃±（3~5）℃。

图 2 - 5 - 7 弹库中导弹布置

在弹库内，导弹被悬挂于导轨上，弹尾端不着弹库底板。导弹上有一个 92 芯的脱
落插头。只有当导弹处于提升链上时（从弹库上提时），才接通脱落插头，并给导弹加
电。弹库内其他未提升的导弹不加电。

导弹弹库内配备了安全系统。它包括抑制系统和喷注系统。前者对弹库中的火灾
起阻燃作用，而后者被用于对弹库进行水灭火。注水强度为 0.2~0.6 L/s，采用自动
和遥控方式。

（3）发控装置。

发控装置被用来对导弹进行射前检查、执行发射程序、控制发射架调转，以及飞
行参数装定和导弹装填等。系统有 2 套发射装置。

"施基利"系统被装备于"现代"级（956）驱逐舰。该系统采用了模块化设计。

该系统的主要技术指标有：

系统反应时间：16~19 s。

系统准备时间：<3 min（从冷态转为作战状态）。

导弹齐射间隔：14 s（单座发射架）；

　　　　　　　 7 s（双座发射架）。

"施基利"正在被改进，以进一步增大射程，提高拦截掠海反舰导弹的能力。改进
型导弹采用陆用 SA - 17 的 9M38M2 导弹，海用型被称为 SA - N - 12。

由于"施基利"发射间隔时间长，俄罗斯在 20 世纪 90 年代末开始了"施基利"
系统垂直发射技术的研究。除了发射装置和防空导弹外，其他如雷达、火控、作战指
挥等与原系统基本相同，以保证系统之间的最大继承性。导弹为 9M317ME 舰空导弹，

反导能力有很大提高，占用空间小，导弹发射间隔时间短，对大规模来袭目标具有更强的打击能力。

5.7 "克里诺克"（SA-N-9）舰空导弹发射装置

"克里诺克"武器系统是苏联于20世纪80年代后期研制的。它和陆用型"道尔"（SA-15）导弹通用。随着20世纪80年代掠海反舰导弹目标的出现和空中目标饱和攻击的大量使用，SA-N-4舰空导弹武器已满足不了作战要求，而SA-N-9正是在这种背景下开始被研制的。该武器系统被用于舰艇的自身防御，以拦截低空飞行的反舰导弹（典型目标为"鱼叉"和"飞鱼"），低空或中空飞机，以及舰艇的密集攻击。导弹的参数如下：

导弹总长：2 860 mm。

发射筒长：3 100 mm。

导弹直径：235 mm。

发射筒直径：300 mm。

翼展：650 mm。

导弹质量：168 kg。

发射装置由发射井和储运发射筒组成。

（1）发射井。

发射井被用于8枚筒弹的储存和发射。发射井盖可以50°/s ~ 55°/s的角速度旋转。井盖上有一个发射口盖，发射前打开，并调转到待发射导弹的位置，而导弹在井内的位置固定。图2-5-8所示为发射井盖图。

图2-5-8 发射井盖图

（2）储运发射筒。

储运发射筒被用于导弹的弹射、储存和运输。筒内充有干燥空气。筒内设有导轨和弹射装置的固定支座、导弹纵向锁定机构、冲破式前盖和后盖，以及脱落插头机构。

导弹纵向锁定机构原理：发射前导弹的吊挂通过两个剪切螺钉与弹射装置作动筒上的支座固定，从而实现导弹的纵向锁定；导弹发射，当弹射力达 1 500 kg 时，两个剪切螺钉被剪断，解除导弹的纵向约束。

弹射装置主要包括点火器、燃气发生器、作动筒、活塞杆、提弹钩、缓冲器、支座等，如图 2 - 5 - 9 所示。

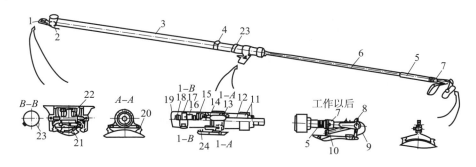

图 2 - 5 - 9　导弹弹射装置

1—滑环；2，8—支撑；3—作动筒；4—卡箍；5—制动管；6—导杆；7，10，21—拉杆；
9，12—弹簧；11—前腔；13—活塞；14—装药；15—套管；16—电爆管；17—垫圈；
18—电接头；19—电源；20—切割螺栓；22—支架；23—带支撑的卡箍；24—拉杆

燃气发生器就是高压室。它的作用是使主装药按预定的规律燃烧，产生高温高压燃气，并按一定的规律喷出，进入作动筒与燃气发生器之间的低压室中，为弹射导弹提供能量。

点火器的作用是可靠点燃燃气发生器内的主装药。点火器通常由电发火管、电保险机构、点火药盒、整流罩等组成。

作动筒也称燃气缸。它的作用是使进入缸内的气体产生低压，形成低压室，推动活塞、活塞杆、提弹钩和导弹按预定的规律在筒内运动。作动筒顶部有排气孔。

缓冲器是与作动筒底部相连的薄壁钢管。当活塞杆运动到行程末端时，活塞杆冲击缓冲器，使其压缩变形，吸收活塞杆动能，减少弹射结束时活塞杆对作动筒的冲击力。

弹射装置的主要技术指标为：

弹射行程：990 mm。

导弹弹射速度：21.7 ~ 27 m/s。

最大轴向过载：25 ~ 50 g。

弹射行程时间：0.085 ~ 0.12 s。

5.8 "卡什坦"（SA－N－11）舰空导弹发射装置

"卡什坦"是苏联于1975年开始研制的弹炮结合末端反导武器系统。"卡什坦"的陆用型为"通古斯卡"。

"卡什坦"采用导弹、火炮合一的形式，在1.5～8 km首先发射防空导弹拦截来袭目标。这样可以发挥防空导弹在较远距离上精度高和命中/毁伤概率高的特点。小口径速射火炮为防空反导的最后一道防线，必须保证能够在短时间内向来袭的导弹发射足够多的弹丸，以形成一道密集的弹幕。为此，火炮必须有足够高的射速。10 000发/min的火炮射速是满足这一需要的理想指标。

"卡什坦"的导弹为9M311－1。导弹的参数为：

弹长：2 633 mm。

弹径：170 mm。

弹重：60 kg。

发射装置为倾斜随动发射装置。转塔两侧面各有4枚筒弹。筒弹下面有两门6管300 mm火炮。转塔完成方位、俯仰运动，由瞄准传动控制机柜控制。图2－5－10所示为"卡什坦"弹炮结合武器系统。

图2－5－10　"卡什坦"弹炮结合武器系统

转塔的主要参数为：

瞄准角：方位：±160°。

　　　　高低：－17°～＋90°。

最大瞄准速度：方位：40°/s；

　　　　　　　高低：40°/s。

最大瞄准加速度：方位：$50°/s^2$；

高低：$50°/s^2$。

质量：$<3\ 800$ kg。

外形尺寸（长×宽×高）：$3\ 750$ mm$×3\ 040$ mm$×2\ 100$ mm。

随动系统体制：交流数字脉宽调速。

执行电动功率：$27\sim30$ kW。

导弹储存和再装填系统被安装在转塔下的舱室内，主要由两个转鼓、滑架和转弹、扬弹装置等组成。其功能是储存 32 枚导弹，并自动将其提升至转塔的发射装置上。其主要性能参数为：

储弹量：$2×16$ 枚。

滑架最大提升速度：<0.7 m/s。

提升所需功率：<25 kW。

再装填 4 枚导弹的时间：<1.5 min。

发射装置采用数字交流调速随动系统，具有体积小，质量轻，可靠性好，寿命高，调速范围宽，跟踪性能好等特点。

"卡什坦"采用弹炮合一的结构形式，充分发挥了防空导弹和小口径速射炮在不同距离上拦截导弹的特长。防空导弹对来袭反舰导弹目标的毁伤概率为 $0.8\sim0.9$，而两门 6 管 30 mm 火炮在 $2\ 000$ m 的距离内对导弹目标的毁伤概率可达 0.5。这样整个弹炮结合系统对来袭导弹目标的毁伤概率在 0.95 以上，反导性能非常优异。

该系统的性能指标有：

（1）对付目标种类，主要指各类反舰导弹。

（2）作战空域：远界：$6\sim8$ km；

高界：3.5 km；

低界：5 m；

近界：导弹 1.5 km，火炮 0.5 km。

（3）系统反应时间：$6.5\sim7$ s。

（4）系统 1 min 内可拦截目标数：6 个。

（5）系统 MTBF：约 100 h。

（6）系统全重：$19\ 414$ kg。

（7）系统所占面积：65 m^2。

5.9　SA－N－24 舰空导弹发射装置

SA－N－24 防空导弹武器系统与 SA－N－6 系列舰空导弹共架发射，实现了不同射程导弹共架。图 2 – 5 – 11 所示为 SA – N – 24 共架垂直发射装置。不同长度筒弹被吊挂在发射装置上。其主要有 4 种导弹，具体参数如下。

图 2 – 5 – 11　SA – N – 24 共架垂直发射装置

9M96E：

导弹长：4.3 m。

弹径：270 mm。

弹重：330 kg。

射程：1 ~ 40 km。

射高：5 ~ 2 000 m。

速度：4.5 Ma。

9M96E2：

导弹长：5.2 m。

弹径：270 mm。

弹重：420 kg。

射程：1 ~ 120 km。

射高：5 ~ 3 000 m。

速度：4.5 Ma。

9M96E3：

导弹长：5.6 m（含助推器 7.4 m）。

弹径：0.5 m。

弹重：750 kg。

射程：1～250 km。

射高：10～38 000 m。

9M96E4：

弹重：1 450 kg。

射程：400 km。

第6章 其他国家地空导弹发射装置

6.1 法国地空导弹发射装置

6.1.1 "响尾蛇"地空导弹发射装置

"响尾蛇"地空导弹是法国于 20 世纪 60 年代开始研制的，70 年代装备部队，属于近程、低空防空导弹，被用于对付低空和超低空飞机，以保卫机场、仓库、桥梁等重要目标；也可以用于野战防空，以保卫装甲部队和摩托化步兵等。

法国汤姆逊 – CSF 公司负责研制该武器系统的总体。马特拉公司负责研制导弹，霍奇基斯 – 布兰特公司负责载车研制。

该武器系统的全部作战设备被分装在两辆相同的电动轮式车上：一辆为搜索雷达车，而另一辆为发射制导车。该系统地面机动性较高，具有一定的越野能力，并且可用 C – 130 或 C – 160 运输机进行整体空运。作战时，一辆搜索雷达车可以控制 3 辆发射制导车。搜索雷达车与发射制导车之间采用有线或无线通信。

筒弹的参数为：

弹长：2.936 m。

弹径：0.156 m。

弹重：86.5 kg。

发射筒长：3.021 m。

发射筒直径：0.476 m。

发射筒重：36 kg。

"响尾蛇"地空导弹采用筒式发射。发射筒主要由前盖、筒体、导轨、后盖、电缆网等组成。前盖、筒体为铝合金，而后盖为硬塑料。前盖在导弹发射前被抛出，而后盖由导弹发动机燃气吹碎。导弹为下挂式。发射时，导弹支脚同时离轨，以提高导弹发射精度。导弹总装后，被装入发射筒。发射筒充干燥 N_2，并定期检查发射筒的湿度和气压。在湿度和气压不满足要求时，应补充干燥 N_2。

发射制导车主要由载车、发射架、跟踪制导雷达、红外测角仪、电视跟踪系统等组成。

　　载车为四轮电动轮式车，在车体后部安装一台170马力的6缸4冲程水冷式汽油发动机或200马力的柴油发动机，由它驱动一台135 kW的交流发电机，为载车本身和车上各种电子设备供电。4个车轮靠4个电力牵引发动机驱动，采用油气悬挂装置。每个车轮上装一个油气缸，起悬挂减震和校平作用。车内设有空调设备，并具有一定的三防能力，为乘员提供了较安全和舒适的环境。载车的主要性能如下：

乘员：2～3人。

战斗全重：14.95 t。

行军状态外形尺寸（长×宽×高）：6.22 m×2.72 m×3.19 m。

车底离地高：0.2～0.68 m（可调）。

轴距：3.6 m。

轮距：2.21 m。

最大行驶速度：80 km/h。

储油量：370 L。

最大行程：600 km。

爬坡度：40%（混凝土地面）；10%（沙地面）。

倾斜度：30%。

越墙高：0.3 m。

越壕宽：0.9 m。

涉水深：1.2 m。

装甲厚度：3～5 mm。

　　发射架为4联装，倾斜热发射，如图2－6－1所示。起落架左、右各装两发筒弹。发射架被安装在发射制导车的转塔上，由液压随动系统驱动，在方位上与雷达天线相互依赖旋转，使相对目标偏差不超过±5°；但是在俯仰上既可与天线同步转动，也可独立转动。

图2－6－1　"响尾蛇"发射制导车

发射架的主要性能为：

方位角：360°。

俯仰角：−5°～+45°。

方位调转速度：86°/s。

方位调转加速度：172°/s²。

方位跟踪速度：68°/s。

方位跟踪加速度：47.5°/s²。

俯仰调转速度：40°/s。

俯仰调转加速度：143°/s²。

俯仰跟踪速度：32.6°/s。

俯仰跟踪加速度：36.5°/s²。

"响尾蛇"武器系统以连为最小作战单位。每连装备1辆搜索雷达车，3辆发射制导车，1辆导弹装填车，1辆导弹运输车，1辆电子维修车，1辆机械维修车，1辆备件车，以及2辆电源拖车。

导弹装填车上有一个随车起重机，由随车起重机将筒弹吊装到发射制导车发射架上。装填4枚筒弹不超过1 min。

法国于20世纪80年代又研制了新一代"响尾蛇"。其与"响尾蛇"基本型的区别在于所有搜索、跟踪、发射和计算机等设备都被装于一辆车上。一辆车就是一个火力单元，可独立作战。发射架为8联装，载车被改为履带车。图2−6−2所示为新一代"响尾蛇"导弹发射车。

图2−6−2　新一代"响尾蛇"导弹发射车

6.1.2　"猎鹰"地空导弹发射装置

"猎鹰"又称"沙伊那"地空导弹，由法国汤姆逊/马特拉公司根据沙特阿拉伯的要求于 1975 年开始研制，是在"响尾蛇"系统的基础上改进而成的，作战性能有很大提高，属近程、低空防空导弹，适于野战防空，也可作为要地防空。

"猎鹰"系统也是由搜索雷达车、导弹发射制导车组成，如图 2-6-3 所示。导弹发射制导车较"响尾蛇"导弹发射制导车有 3 处改进：由电动轮式车改为履带车；发射架由 4 联装改为 6 联装；发射筒加长，前盖由圆锥头改成了圆头。

导弹的主要参数为：

弹长：3.13 m。

弹径：0.156 m。

弹重：105 kg。

发射筒长：3.20 m。

发射筒重：50 kg。

图 2-6-3　"猎鹰"导弹发射制导车

发射装置由发射架、随动系统、控制台和导弹顺序器等组成。发射架被安装在转塔上，可 360°旋转，导弹采用筒式倾斜发射。

导弹发射车与雷达车均采用 AMX30C 型履带车。它是在 AMX30 主战坦克底盘的基础上改装的。在车体后部安装一台 720 马力的 12 缸水冷式柴油发动机，采用扭杆悬挂装置。其上装有弹性制动器。车体两侧各有 5 个双轮挂胶负重轮和 5 个托带轮，前、后还各有 1 个诱导轮和 1 个主动轮。载车的主要性能如下：

乘员：3 人。

战斗全重：20 t。

发射车作战状态外形尺寸（长×宽×高）：6.65 m×3.10 m×3.60 m。

车最小离地高：0.45 m。

履带宽：0.57 m。

履带着地长度：4.12 m。

公路最大时速：60 km/h。

储油量：970 L。

最大行程：450 km。

爬坡度：31°。

倾斜度：15°。

越壕宽：2.5 m。

越墙高：0.9 m。

涉水深：1.5 m。

"猎鹰"以连为最小作战单位。每连都有1辆搜索雷达车和4辆导弹发射制导车，并配有导弹运输装填车。

6.1.3 "西卡"地空导弹发射装置

"西卡"地空导弹是"猎鹰"地空导弹的变型。其任务、组成、主要性能和编制部署均与"猎鹰"基本相同。它们二者之间的主要区别在于"西卡"的基本组成模块化，即把搜索单元和发射单元改装成了模块结构。这样可使其安装在任何车辆上，包括履带车和轮式载车。轮式载车分为自行式和牵引式，如图2-6-4和图2-6-5所示。

图2-6-4 "西卡"自行式6联装导弹发射车

6.1.4 "罗兰特"地空导弹发射装置

"罗兰特"是法国和德国于20世纪60—70年代联合研制的近程、低空地空导弹，

图 2 - 6 - 5　"西卡"牵引式 6 联装导弹发射车

对付低空来袭的飞机，被用于野战和要地防空，系统反应时间为 6 s。一辆车就是一个火力单元，行进间能探测目标，必要时还可在行进中发射导弹。每辆车可携带 2 枚待发导弹和 8 枚备用导弹，如图 2 - 6 - 6 所示。

图 2 - 6 - 6　"罗兰特"导弹发射车

导弹的参数为：

弹长：2.40 m。

弹径：0.163 m。

翼展：0.5 m。

弹重：75 kg。

发射筒长：2.6 m。

发射筒直径：0.28 m。

发射筒重：10 kg。

筒弹重：63 kg。

发射车的载车为 AMX30 坦克底盘，但不限于履带式底盘，也可用轮式载车。AMX30 坦克底盘的主要性能参数为：

车长：6.65 m。

车宽：3.10 m。

车高（含天线折叠时）：3.02 m。

战斗全重：32 t。

车底离地高：0.45 m。

履带中心距：2.53 m。

履带宽：0.57 m。

履带着地长度：4.12 m。

发动机功率：720 Hp。

最大速度：60 km/h。

最大行程：450 km。

爬坡度：31°。

侧倾度：16°。

越壕宽：2.5 m。

越墙高：0.9 m。

涉水深：1.5 m。

发射架由水平同轴安装的两个发射架组成，被分别安装在跟踪雷达天线两侧，通过传动机构与跟踪雷达天线和光学瞄准具一起转动。其方位和俯仰转动范围与跟踪雷达天线相同。此外，发射架还能上下垂直移动，以便装填导弹。装填导弹时发射架先成水平状态，抛掉空筒后下降，从弹库中装填导弹，然后升回到原位。整个过程都是自动进行的，约需 10 s。

6.1.5 "米卡"地空导弹发射装置

"米卡"是法国最新研制的能同时对付多目标的近程防空导弹，导弹重112 kg。

发射车的载车为 6×6 轮式卡车，载重 5 t。发射模块为 4 联装的发射箱，行军时为水平放置；发射时，由液压起竖系统起竖到垂直状态。

"米卡"地空导弹由空空导弹移植而来。"米卡"地空导弹射高为 9 km，射程为

$10 \sim 12$ km，可在 12 s 内发射 8 枚导弹，正常发射的平均发射间隔为 2 s。图 2 - 6 - 7 所示为"米卡"导弹发射车。

图 2 - 6 - 7　"米卡"导弹发射车

6. 1. 6　"紫菀" 15/30 地空导弹发射装置

"紫菀"（"阿斯特"） 15/30 地空导弹是法国于 20 世纪 90 年代初开始研制的。"紫菀" 15 为点防御导弹系统，弹长 4. 2 m，弹径 0. 36 m，弹重 300 kg；"紫菀" 30 为区域防空导弹，弹长 4. 8 m，弹径 0. 54 m，弹重 445 kg。其发射方式采用垂直发射，发射车载车为 6×6 轮式车。它被用于筒弹运输—起竖—发射，每辆车可装 8 枚箱弹。图 2 - 6 - 8 所示为"紫菀" 30 导弹发射车。

图 2 - 6 - 8　"紫菀" 30 导弹发射车

6.2 英国地空导弹发射装置

6.2.1 "警犬"地空导弹发射装置

"警犬"是英国早期研制的中高空、中远程地空导弹，固定式发射，被用于本土防空，对付高空、高速飞机，属于第一代地空导弹。

"警犬"有两个型号。"警犬 MK1"于 1949 年开始研制，1958 年装备空军；"警犬 MK2"在"警犬 MK1"基础上改进，于 1958 年开始研制，1964 年装备部队。"警犬 MK2"导弹的参数为：

弹长：8.46 m。

弹径：0.55 m。

弹重：2 000 kg。

发射装置由发射架、转台、底座、液压伺服系统和电子设备等组成。底座用螺栓固定在混凝土地面上。底座上装着转台。转台由液压伺服系统驱动。发射架被装在转台上，可 360°方位旋转。其上装一枚导弹。导弹为水平装填，然后由千斤顶将导弹起竖到 45°，定角倾斜固定零长发射。图 2 - 6 - 9 所示为"警犬 MK2"导弹发射装置。

图 2 - 6 - 9 "警犬 MK2"导弹发射装置

6.2.2 "雷鸟"地空导弹发射装置

"雷鸟"是英国较早研制的中程、中高空防空导弹。"雷鸟"有 1 型和 2 型两种。"雷鸟 1"型于 1950 年开始研制，1957 年装备部队。"雷鸟 2"型于 1956 年在"雷鸟 1"型的基础上开始研制，1965 年装备部队。

"雷鸟 2"型导弹的参数为：

弹长：6.35 m。

弹径：0.53 m。

弹重：1 800 kg。

发射装置由发射架、转台、底座、液压千斤顶和拖车等组成。行军时，发射装置被装在一辆 4 轮全拖车上，由牵引车牵引，如图 2 - 6 - 10 所示。进入阵地后，发射架直接被固定在地面上，用 4 个千斤顶调平底座。作战时，发射架可由发控台遥控，也可根据目标跟踪照射雷达送来的信息自动指向目标。发射架既由液压千斤顶驱动俯仰。俯仰角为 0° ~ 90°，但是发射时通常以 55°固定仰角发射导弹。

图 2 - 6 - 10　"雷鸟"导弹发射架

6.2.3 "山猫"地空导弹发射装置

"山猫"是英国于 20 世纪 60 年代研制的一种机动式近程、低空防空导弹，适于点防御，为前沿阵地、机场、桥梁等防空。"山猫"是由"海猫"舰空导弹改装而成的。导弹的参数为：

弹长：1.4 m。

弹径：0.19 m。

弹重：62.4 kg。

发射装置由发射架、底座、转台、拖车等组成，如图2-6-11所示。

图2-6-11 "山猫"导弹发射装置

发射架为3联装，被装在转台上。转台被装在底座上，而底座被装在拖车上。作战时，拆下发射架拖车的车轮，由3个千斤顶调平。发射装置与指挥车之间用一根电缆连接。发射架接收指挥车传来的同步信号，做俯仰和方位转动，以瞄准目标。

6.2.4 "长剑"地空导弹发射装置

"长剑"是英国于20世纪60年代研制的一种机动式近程、低空/超低空防空导弹，主要适于点防御和野战防空。导弹的参数为：

弹长：2.23 m。

弹径：0.13 m。

弹重：42.6 kg。

发射装置有两种。一种是牵引式，而另一种是自行式。

牵引式发射装置在两轮的拖车上。阵地展开时，拆掉两个轮子和挡泥板，发射装置通过拖车上的4个千斤顶调平。发射装置两侧安装有4个发射导轨，每侧各两个。每个导轨上都装一枚导弹，如图2-6-12所示。发射导轨可在方位上旋转360°，方位旋转速度为90°/s。俯仰角回转范围为-5°～+60°。

图 2 – 6 – 12　牵引式"长剑"发射装置

　　自行式发射装置被装在履带装甲车上。牵引式发射装置的 4 根导轨被改为两个发射箱。每个发射箱都可装 4 枚导弹。发射箱可方位回转 360°，方位回转速度为 90°/s，如图 2 – 6 – 13 所示。

图 2 – 6 – 13　自行式"长剑"导弹发射车

　　自行式"长剑"导弹发射车 8 发导弹的装填时间为 5 min。

　　1991 年研制成功"长剑 2000"地空导弹。发射装置由发射转塔和 4 联装发射架组成。发射转塔可 360°旋转，两侧各装两个发射架，如图 2 – 6 – 14 所示。

图 2 - 6 - 14　"长剑 2000" 发射架

6.3　意大利地空导弹发射装置

6.3.1　"斯帕达" 地空导弹发射装置

意大利的 "斯帕达"（"阿斯派德"）地空导弹于 20 世纪 60 年代开始研制，80 年代初装备部队，属于近程、低空防空导弹，适于对付低空跨声速飞机和巡航导弹，担负要地防空，如保卫机场、港口、桥梁、仓库等重要目标，可以单发或两发齐射攻击一个目标。

整个系统由搜索雷达、跟踪照射雷达、指挥控制中心和 6 联装导弹发射车等组成。新的 "斯帕达" 导弹发射车被改成 8 联装。载车可以采用 M548 履带车、M69 卡车或载重 5 t 以上的各种军用车。

导弹的主要参数为：

弹长：3.70 m。

弹径：0.203 m。

弹重：220 kg。

发射箱尺寸（长×宽×高）：3 700 mm×600 mm×710 mm。

发射装置由载车和发射架组成。载车可以采用拖车、履带车和载重车。

发射架可以采用 4 联装、6 联装或 8 联装。导弹被装在发射箱里。图 2 - 6 - 15 所示为 6 联装发射架。

图 2 - 6 - 15　6 联装发射架

发射架采用液压驱动。作战时，发射架与跟踪照射雷达天线同步旋转，可旋转360°，旋转速率为 50°/s，以 30°俯仰角发射导弹。采用吊车进行导弹再装填。装填时间为 5 ~ 15 min。

导弹发射箱长 3.70 m，宽 0.64 m，高 0.71 m。导弹发射时，前盖自动打开，而后盖则被发动机燃气吹破。

6.3.2　"靛青"地空导弹发射装置

"靛青"地空导弹是意大利于 1962 年开始研制，1971 年装备部队的，属于近程、低空机动防空导弹，主要适于对付跨声速飞机，担负要地和野战防空，可以单发或两发齐射攻击一个目标。

整个系统全部设备被分装在两辆 M548 履带车上。一辆车装 6 联装导弹发射装置，称为发射车；另一辆车装 1 部搜索雷达，1 部跟踪雷达和光学瞄准跟踪设备等，称为火控车。1 辆火控车能遥控 2 辆导弹发射车。作战时它们之间通过 50 m 的电缆传递信息。

导弹的主要参数为：

弹长：3.3 m。

弹径：0.195 m。

弹重：120 kg。

发射装置由载车和发射架组成。

（1）载车。

载车有拖车和 M548 履带车。M548 履带车属于 M113 装甲运输车系列，西方国家使用较广，如英国"长剑"地空导弹、美国"小懈树"地空导弹均采用此履带车。该车没有重型装甲，车体较轻，车身低，能水陆两用，并具有一定的三防能力。载车的主要性能如下：

车体尺寸（长×宽×高）：6.14 m×2.65 m×2.80 m。

战斗全重：12 t。

车底离地高：0.41 m。

履带中心距：2.159 m。

履带着地长度：2.819 m。

发动机功率：215 马力。

储油量：398 L。

最大时速：61.2 km（公路）；

  5.6 km（水中）。

最大行程：483 km。

爬坡度：31°。

侧倾度：17°。

越壕宽：1.676 m。

越墙高：0.61 m。

（2）发射架。

发射架为 6 联装。6 个箱弹按 3 个一组分上下两层前后错开排列，如图 2 - 6 - 16 所示。发射架可方位、俯仰旋转。作战时车上无人操纵，而由火控车通过电缆遥控，可单发或两发齐射。

发射装置由导弹运输装填车装填导弹。装填 6 发导弹约需 5 min。

图 2 - 6 - 16 "靛青"地空导弹发射装置

6.4 瑞士地空导弹发射装置

6.4.1 "奥利康"地空导弹发射装置

"奥利康"地空导弹是瑞士于 1946 年开始研制，20 世纪 50 年代后期装备部队的，属于中程、中高空防空导弹，主要适于要地防空，也可被用于野战防空。

　　全套武器系统主要由指挥控制设备、目标跟踪雷达、导弹制导雷达，以及6部双联装发射架和4台柴油发电机等组成。"奥利康"发射装置如图2－6－17所示。载车是半拖车或者是卡车。由于技术落后，设备复杂陈旧，"奥利康"地空导弹于20世纪60年代后期逐步由"米康"地空导弹取代。

图2－6－17　"奥利康"发射装置

6.4.2　"米康"地空导弹发射装置

　　"米康"地空导弹是瑞士于20世纪50年代开始研制，60年代后期装备部队的，逐步取代了"奥利康"地空导弹，属于中近程、中高空防空导弹，主要适于要地防空。

　　导弹的主要参数为：

　　弹长：5.4 m。

　　弹径：0.42 m。

　　弹重：800 kg。

　　发射装置为双联装，且导弹为下挂式，如图2－6－18所示。载车为拖车或自行卡车。

图 2 - 6 - 18　"米康"导弹发射装置

6.4.3　"阿达茨"导弹发射装置

瑞士研制了一种防空反坦克两用武器——"阿达茨"（ADATS）。该武器的首要任务是打击低空快速飞行的飞机，如战斗机、武装直升机和遥控飞行器等，同时具有反坦克能力。

导弹的参数为：

弹长：2.05 m。

弹径：0.152 m。

弹重：51 kg。

筒长：2.18 m。

筒径：0.24 m。

筒弹重：64 kg。

发射车选用 M113A2 装甲输送车的底盘。该导弹发射车全重 14.7 t。发射装置全重 4.5 t。

"阿达茨"防空反坦克两用导弹发射车上装有一个 8 联装发射转塔。发射转塔由液压驱动。其方向旋转范围为 360°，高低俯仰角为 -9° ~ +85°。

在发射转塔的两侧各装有一个发射架。每个发射架都可装 4 个发射筒。每个发射筒内都装有 1 枚导弹。发射筒同时也是导弹的运输和储存筒。导弹被整体封闭在发射筒内，保存期可达 15 年。图 2 - 6 - 19 所示为"阿达茨"导弹发射装置。

图 2 - 6 - 19　"阿达茨"导弹发射装置

6.5　日本地空导弹发射装置

6.5.1　TAN - SAM 地空导弹发射装置

TAN - SAM 地空导弹是日本于 1966 年开始研制，1981 年装备部队的，属于近程低空防空导弹，适于要地防空，也可作为野战防空，主要对付低空高速飞机目标，可同时攻击两个目标。武器系统由导弹发射车和火控车组成。

导弹的参数为：

弹长：2.7 m。

弹径：0.16 m。

弹重：100 kg。

发射车由载车、发射架等组成。

（1）载车。

载车采用 73 型 3.5 t 卡车。卡车上装有 4 联装导弹发射架、控制装置、光学瞄准具和电源等。

（2）发射架。

发射架为 4 联装，由两个同轴俯仰的矩形架组成。每个矩形架的上、下各有一条导轨，而每一条导轨上装有 1 枚导弹。矩形架的前端各有两个红外导弹头护罩。发射架被装在可旋转 360°的平台上，位于导弹发射车的后部，如图 2 - 6 - 20 所示。

发射架借助车体两侧的液压装弹机进行装弹。装弹时，先由人工把导弹放在装弹机上，然后启动液压装弹机，将导弹装填到位。装填 4 枚导弹需要 3 min（含打开导

图 2 - 6 - 20　导弹发射架

包装箱的时间）。作战时，发射架与跟踪雷达同步。采用光学瞄准具跟踪目标时，发射架与光学瞄准具随动。

　　当 TAN - SAM 地空导弹武器系统的车辆进入发射阵地后，首先用液压千斤顶将车调平，然后再连接火控车与导弹发射车之间的电缆。准备工作结束后，使雷达开机，进行 360° 全方位搜索或扇形搜索。发现目标后，首先识别敌我，判断威胁程度；同时，向导弹发射车发出准备指令。发射架开始做启动导弹陀螺仪和红外导引头的准备工作，待陀螺仪的旋转速度稳定后，开始对传感器进行冷却。连长选定目标后，操纵员将游标移到目标编号上，按下选择按钮，使雷达进行概略跟踪。连长从跟踪的 6 个目标中再选择两个优先射击的目标进行精确跟踪。计算机计算遭遇点、发射方向和发射角，根据计算结果确定出导引头的锁定点，即求出导引头的引导跟踪角。当目标进入导弹的有效射程（7 km）以内时，火控车内控制台上的指示灯点亮，这时即可按下发射按钮，发射导弹。

　　导弹首先靠自动驾驶仪控制，飞向预计的遭遇点；与此同时，导引头也开始探测目标的红外源，而一旦发现目标红外源，便立即将其锁定，然后靠红外导引头引导导弹飞向目标。在最佳情况下导弹可直接命中目标。即使导弹未直接命中目标，还可由近炸引信起爆战斗部，以摧毁目标。

6.5.2　Chu - SAM 地空导弹发射装置

　　日本的 Chu - SAM 地空导弹于 1989 年开始研制，属于反导型地空导弹。它既可对付战术弹道导弹，又可拦截巡航导弹、空地导弹和作战飞机。Chu - SAM 采用垂直发射方式。垂直发射车如图 2 - 6 - 21 所示。由图 2 - 6 - 21 可以看到，发射车为 6 联装，垂直发射，导弹被装在发射箱里。发射车底盘为 8×8 越野汽车。在发射阵地，发射车由液压缸调平。单油缸箱弹垂直起竖的同时，燃气挡板被放在地面上。燃气挡板向车后方向有一个小的倾斜角度，便于燃气流向车后方向导流，使燃气不会烧到汽车底盘，尤其是汽车轮胎。导弹发射后，燃气挡板与发射箱一起被收回，放平。

图 2 - 6 - 21　Chu - SAM 导弹发射车

系统还配有导弹运输装填车。

导弹的参数为：

弹长：4 900 mm。

弹径：300 mm。

弹重：580 kg。

6.6　德国地空导弹发射装置

TVLS 是德国于 20 世纪 80 年代开始研制的一种中程地空导弹，主要适于反飞机和战术弹道导弹。

该系统由导弹发射装置、多功能旋转相控阵雷达和火控中心等组成。

导弹的参数为：

弹长：4 600 mm。

弹径：250 mm。

弹重：300 kg。

发射车采用 6×6 越野卡车。它由 1 个能与车体分离的底座和 3 个发射箱（共 9 枚导弹）组成。发射车由 4 个千斤顶支撑在地面上。发射架通过 2 个千斤顶起竖到垂直位置。9 枚导弹发射时产生的燃气由共同的导流器导流。发射车自带电源。图 2 - 6 - 22 所示为 TVLS 导弹发射车。

图 2 - 6 - 22　TVLS 导弹发射车

6.7　以色列地空导弹发射装置

6.7.1　ADAMS 地空导弹发射装置

ADAMS 是以色列于 20 世纪 80 年代研制的自行式近程低空地空导弹武器系统，主要适于点防御，对付巡航导弹、防区外发射武器、飞机和直升机，并具有一定的反导能力。

该系统主要由导弹、垂直发射系统和制导系统等组成。

导弹的参数为：

弹长：2 175 mm。

弹径：170 mm。

弹重：88 kg。

发射箱尺寸：300 mm×350 mm×2 500 mm。

发射系统采用 12 联装箱式垂直发射，被安装在载车的后部。导弹被储存在发射箱内，弹翼和舵面折叠，平时不需要维护。也可将发射架设置在地面上，随意组合，结构简单。发射箱的个数可根据需要增减（8，12，16 或更多）。采用垂直发射，能节省空间，反应时间短，可全方位攻击。图 2 - 6 - 23 所示为 ADAMS 导弹发射车。

图 2 - 6 - 23　ADAMS 导弹发射车

6.7.2　"箭"地空导弹发射装置

"箭"是以色列和美国共同研制的机动式区域反战术弹道导弹武器系统，主要用于保卫人口密集地区和军事基地，不仅可以拦截中近程弹道导弹，而且可以拦截巡航导弹和飞机。有"箭 - 1""箭 - 2"和"箭 - 3"3 种型号，1988 年开始研制，"箭 - 1"和"箭 - 2"已装备部队。

该系统主要由导弹、发射系统、早期预警和火控系统组成。

"箭 - 2"导弹的参数为：

弹长：7 000 mm。

弹径：800 mm。

弹重：1 300 kg。

"箭 - 2"导弹发射装置采用全方位垂直发射模式。导弹位于 6 联装密封发射储存筒状箱体内，在阵地部署时采用液压支臂竖起。发射装置被安装在一辆拖车上来实现机动部署和转移，如图 2 - 6 - 24 所示。"箭 - 3"沿袭了"箭 - 2"的发射方式，也采用 6 联装发射装置。

图 2 - 6 - 24   "箭"导弹发射装置

6.8   印度地空导弹发射装置

6.8.1   "特里舒尔"地空导弹发射装置

"特里舒尔"（Trishul）地空导弹是印度于 1983 年开始研制，1993 年装备部队的机动式低空近程地空导弹，主要适于对付低空、超低空飞行的战斗机和直升机。

该系统由导弹、双联装发射架、火控雷达和车载指挥系统等组成。

导弹的参数为：

弹长：6 200 mm。

弹径：335 mm。

弹重：550 kg。

发射架有双联装和 6 联装两种。双联装发射架为陆军型号，被装在加长型 BMP - 2 战车底盘上。空军采用 6 联装发射架，被装在国产 8×8 卡车底盘上。

6.8.2   "阿卡什"地空导弹发射装置

印度的"阿卡什"（Akash）地空导弹于 1974 年开始研制，1996 年装备部队。

　　该系统由导弹、三联装发射架、三坐标相控阵雷达、发射指挥中心、电源车及导弹装填车等组成。

　　导弹的参数为：

　　弹长：6 500 mm。

　　弹径：401 mm。

　　弹重：600 kg。

　　发射架为 3 联装倾斜发射。发射架被安装在 BMP－2 战车底盘上，机动性好，具有行进中发射导弹的能力，如图 2－6－25 所示。

图 2－6－25　"阿卡什"发射架

6.9　挪威地空导弹发射装置

　　挪威先进地空导弹系统是美国和挪威联合研制的一种中程地空导弹武器系统，1989 年开始研制，1994 年服役。

　　该系统由导弹、三坐标搜索/跟踪雷达、发射装置和发射控制中心等组成。

　　导弹的参数为：

　　弹长：3 655 mm。

　　弹径：178 mm。

　　弹重：156 kg。

　　发射装置为 6 联装箱式倾斜热发射，如图 2－6－26 所示。发射箱为 2 层，每层都有 3 个发射箱。发射架被安装在一个平台上，可 360°方位旋转，方位角速度为 30°/s。发射装置可被配置在雷达和发射控制中心前面最远达 25 km 的地方。其发射架上的导航系统可给导弹惯性部件提供初始位置参数。在发射箱内可装 6 枚待发导弹，每隔 2 s

发射 1 枚导弹，可以分别攻击 6 个单独的目标或目标群。

图 2 - 6 - 26   挪威先进地空导弹系统发射装置

6. 10   国际合作地空导弹发射装置

6. 10. 1   MEADS 系统简介

MEADS 中程增程型防空武器系统是一种防空/导弹防御系统。其研制目的在于逐渐替换美国的洛克希德·马丁公司/雷锡恩公司研制的 MIM - 104 "爱国者"（Patriot）防空导弹系统，德国的 "霍克"（HAWK）防空导弹，以及意大利的 "奈基"（NIKE）防空导弹。目前的装备包括 360°多功能火控雷达，网络化分布式作战管理单元，便于运输的发射装置，以及命中杀伤力大的 PAC - 3 MSE 导弹，结合具有更强机动性的良好的战场防御能力，该系统可有效保护部队和关键设施，对抗战术弹道导弹、巡航导弹以及无人飞行系统的威胁。

MEADS 系统由美国、德国与意大利 3 个国家合作研制。位于美国奥兰多市的 MEADS 国际合资公司是 MEADS 系统的主承包商；位于美国亨茨维尔市的北约 MEADS 管理局，负责公司的日常事务；位于德国施洛本豪森市的 MBDA 德国公司是 MEADS 系统的主要德国合同商。除 MBDA 德国公司外，项目的分承包商还包括美国洛马公司和 MBDA 意大利公司。

与其他系统比较，MEADS 系统具有独一无二的防御性能：

（1）360°全方位覆盖能力。MEADS 系统使用的多功能火控雷达（MFCR）是一种 X 波段、固态、主动电子扫描矩阵雷达，可以提供精确跟踪和多频率识别/分辨能力。

为实现快速部署，在将可用的监视雷达纳入网络前，MEADS MFCR 可同时提供监视和火控两种能力。其中，技术先进的敌我识别分系统提高了被动威胁识别的等级。

（2）利用外接系统对作战过程进行远程控制的能力。

（3）即插即用能力。根据威胁情况，快速识别、连接、控制、解除系统单元（包括雷达、指挥所和发射装置）的能力。

（4）先进的网络化指挥控制能力。可将与指挥中心没有物理连接的系统单元纳入网络，为指挥中心服务。

6.10.2　发射装置简介

发射装置的特点有可 360°作战，载重汽车装配，具有高机动性，电子设备先进，具有向后发射箱自动控制装置，并运用了网络化技术。

图 2-6-27 所示为 MEADS 发射车。

图 2-6-27　MEADS 发射车

第7章 其他国家舰空导弹发射装置

7.1 法国舰空导弹发射装置

7.1.1 "马舒卡"舰空导弹发射装置

"马舒卡"是法国于20世纪60年代研制的一种中、高空舰空导弹武器系统，主要适于对付中、高空飞机。该系统包括1部双联装发射架，2部跟踪制导雷达，1部三坐标搜索雷达，以及控制台和2个弹舱等。

双联装发射架为导弹下挂倾斜发射。发射架可进行方位、俯仰回转，如图2-7-1所示。

7.1.2 "海响尾蛇"舰空导弹发射装置

"海响尾蛇"是法国汤姆逊-CSF和马特拉公司联合研制的近程舰对空导弹，是在陆用型的基础上发展而来的，制导单元不变，利用舰上目标探测指示系统，增加弹库装填装置，适应装舰的要求。1974年签订合同，1977年底交付第一套发射装置并装舰试验，1979年完成性能试验，1980年正式服役。

为对付超低空目标的攻击，1980年法国开始研制反导型"海响尾蛇"，1986年完成第一套装备并交付。

"海响尾蛇"发射装置有8联装和4联装两种，适合不同吨位舰艇装载。

导弹的主要性能参数为：

弹长：2.94 m。

弹径：156 mm。

翼展：540 mm。

弹重：87 kg。

筒弹全重：150 kg。

（1）储运发射筒。

"海响尾蛇"导弹储运发射筒由筒体、前锥型帽和后盖组成，如图2-7-2所示。

图 2 - 7 - 1　"马舒卡"双联装发射架

筒体由铝合金制成，内有铝合金导轨。前锥形帽在导弹起飞前由电爆管弹开，而后盖在导弹起飞时被固体发动机燃气流吹破。弹筒是密封的，内部充有干燥空气或 N_2。不打开发射筒就可对导弹进行基本功能测试和发射准备。发射筒的主要参数为：

发射筒长：3 m。

发射筒直径：0.476 m。

发射筒质量：63 kg。

图 2 - 7 - 2　"海响尾蛇"发射筒

（2）发射架。

发射架有两种：8S 集中式发射架，如图 2 - 7 - 3 所示；8MS 型分开式发射架和指向器，如图 2 - 7 - 4 所示。两种发射架都是 8 联装，倾斜发射。

图 2 - 7 - 3　8S 集中式发射架

图 2 - 7 - 4　8MS 型分开式发射架

发射架的主要功能是实施筒弹支撑和发射，并承载红外引入器、导弹定序器等有关设备。

发射架的主要性能为：

方位回转：不限。

俯仰：−15° ~ +85°。

方位和俯仰最大转速：≥1.5 rad/s。

（3）弹库。

弹库的主要功能是保证发射架上筒弹使用后的再装填，也可对发射架上筒弹轮换储存。筒弹装填方式有两种类型：手动和半自动。半自动装 8 枚筒弹的时间为 1 min。手动装 8 发筒弹的时间为 6 ~ 8 min。弹库有 18 个弹位，但考虑发射架上筒弹的轮换，一般储筒弹 8 ~ 12 枚。

使用环境如下：

温度：舰桥上外部设备：$-25\ ℃ < T < +55\ ℃$ + 太阳辐射；

　　　无空调舱室设备：$+5\ ℃ < T < +55\ ℃$；

　　　有空调舱室设备：$+5\ ℃ < T < +40\ ℃$。

湿度：受保护设备：$+40℃$时，相对湿度 $<80\%$；

　　　暴露设备：$+40℃$时，相对湿度 $<93\%$。

风：相对风速 30 m/s，设备性能不下降；

　　相对风速 35 m/s，作战性能少许下降。

舰船运动参数如表 2 - 7 - 1 所示。

表 2 - 7 - 1　舰船运动参数

	幅度	周期
横摇	$< \pm 15°$	>6 s
纵摇	$< \pm 5°$	>4.5 s
偏航	$< \pm 5°$	>6 s
升沉	$< \pm 1.7$ m	>3 s

法国于 1991 年又研制了新一代"响尾蛇"，被命名为 CN2 型。CN2 系统采用 VT1 导弹，主要拦截低空、超低空高速飞行的飞机、直升机，特别是机动性很高的掠海或大俯冲角飞行的反舰导弹。该系统能取代整体式和模块式"海响尾蛇"系统。

VT1 导弹弹长 2.35 m，弹径 0.17 m，弹重 76 kg。该导弹由俄罗斯"火炬"导弹设计局改进为垂直冷发射。

发射架为 8 联装，一边装 4 枚导弹，如图 2 - 7 - 5 所示。

图 2 - 7 - 5　新一代"海响尾蛇" CN2 发射装置

7.1.3 "西北风"舰空导弹发射装置

"西北风"是法国于 20 世纪 80 年代研制的舰载末端防御导弹武器系统。导弹的参数为：

导弹长：1.86 m。

发射筒长：1.98 m。

弹径：90 mm。

筒径：99 mm。

弹重：18.4 kg。

筒弹重：23.3 kg。

导弹最大速度：2.5 Ma。

发射架为 SADRAL 6 联装发射架，如图 2 - 7 - 6 所示。发射架为倾斜筒式发射，可 360°方位回转，俯仰角为 - 15°~ + 85°，俯仰和方位角加速度为 1.5 rad/s^2。发射架转塔重 950 kg，配有稳定系统，不受舰摆的影响。

图 2 - 7 - 6 SADRAL 发射架

7.1.4 "紫菀"舰空导弹发射装置——"席尔瓦"（SYLVER）

"紫菀"15 和"紫菀"30 防空导弹，要求将垂直发射技术推向一个新的高度。这种发射方式，改变了目前法国海军每型导弹均有自己专用的发射架这种状态。设计一种多功能垂直发射系统或共架发射系统，可以同时适用于多种型号导弹的发射。为此，海军计划部向海军造船局提出要求，让其于 2000 年年底在源头研究计划框架上论证多用途驱逐舰采用这种多功能发射系统的可行性。

不管采用什么样的技术手段，多功能垂直发射系统必须通过以下方式实现：

（1）采用一种理想的垂直发射装置，即一种发射装置可以发射各型导弹。

（2）采用一个多种发射装置和集合体，即每一发射装置可以发射一型或多型导弹。

（3）采用导弹—发射装置一体。舰艇根据不同任务按导弹—发射装置模块装舰。

这一阶段最大的挑战是，如何使所有型号质量和尺寸各不相同的战术导弹使用同一个发射装置。

法国军舰吨位一般比美国要小，因此"席尔瓦"设计要比 MK41 尺寸紧凑，质量要轻。"席尔瓦"燃气排导烟道采用复合材料。

"席尔瓦"垂直发射系统主要由 3 部分组成：下部结构、中部结构和上部结构，如图 2 - 7 - 7 所示。

图 2 - 7 - 7　"席尔瓦"垂直发射装置

下部结构为燃气室和排气烟道，并同时作为连接舰平台和支撑中部结构。

中部结构作为连接燃气室和上部结构。

上部结构为舱口盖、排烟口盖和甲板。

"席尔瓦"发展了 A43 型、A50 型、A70 型垂直发射装置。1994 年发展的 A43 型，用"紫菀"15 导弹发射。导弹最长 4.3 m。1998 年发展了 A50 型垂直发射系统，高度增加，适于在一个储运发射箱中装 2 枚"紫菀"15 或"紫菀"30 导弹。在这一发射装置中，因为"紫菀"15 导弹比"紫菀"30 导弹要短，所以下部接了一段延长部分，称为"适配器"。

最新型的"席尔瓦"A70 型垂直发射系统，发射多型号导弹的性能得到了更大的拓展，可以发射长达 7 m 的巡航导弹。

美国 M41 垂直发射系统质量重，价格高，故"席尔瓦"系列就成了 MK41 的有力竞争者。"席尔瓦"技术完善，利于更新，便于生产。作为一个标准化、通用的垂直发射系统，可以发射更多的海军武器，如导弹、鱼雷和无人驾驶航行器。

"席尔瓦"垂直发射装置与 MK41 垂直发射装置非常相似。一个模块有 8 个隔舱，可以适应不同长度的导弹；和 MK41 垂直发射装置一样，有垂直燃气排导系统。不同的是"席尔瓦"垂直发射装置采用了圆形烟道，而 MK41 垂直发射装置采用的是矩形烟道。矩形烟道有可能在烟道的拐角处积累燃气中的腐蚀性成分，而圆形烟道则不存在这一弊端。

"席尔瓦"可以发射"紫菀"15 和"紫菀"30 导弹，还可与现役的和最新的导弹相配。

"紫菀"15 导弹的参数为：

弹长：4.2 m。

弹径：0.36 m。

质量：300 kg。

"紫菀"30 导弹的参数为：

弹长：4.8 m。

弹径：0.54 m。

质量：445 kg。

7.2　英国舰空导弹发射装置

7.2.1　"海猫"舰空导弹发射装置

"海猫"是英国 20 世纪 50—60 年代研制的一种近程舰对空导弹武器系统。导弹主要参数如下：

弹长：1.48 m。

弹径：190 mm。

翼展：650 mm。

弹重：68 kg。

"海猫"导弹采用4联装或3联装倾斜发射架，如图2-7-8所示。4联装发射架的中间前部装有指令天线，由天线罩保护。导弹吊挂在发射导轨上，总重约4 700 kg。3联装发射架与4联装发射架基本相同，只是少了一个发射导轨。它是由陆用的"山猫"导弹发射架改装的，总重约2 007 kg，通常适于小型舰艇。两种发射架均由火控系统遥控发射架方位和俯仰运动。导弹由人工装填。重新装填4枚导弹的时间不超过3 min。

图2-7-8　"海猫"4联装发射架

7.2.2　"海标枪"舰空导弹发射装置

"海标枪"是英国研制的第二代舰载中、高空区域防空导弹武器系统。该系统能拦截各种类型的飞机、武装直升机及部分反舰导弹，并具有反舰能力。"海标枪"相继发展了重型"海标枪"GWS30（基本型）和轻型"海标枪"。重型"海标枪"被装载于大、中型水面舰艇，而轻型"海标枪"适于小型舰艇。"海标枪"导弹的主要参数为：

弹长：4.42 m。

弹径：0.42 mm。

弹重：541 kg。

翼展：0.81 m。

发射装置主要由发射架、扬弹机、弹库、远距离动力控制系统、辅助舱室、导弹补给装填设备、应急投掷设备、弹库安全防护措施等组成。

（1）发射架。

发射架为双联装，倾斜热发射，被用于导弹发射和装卸。发射架由固定部分和回转部分组成。通过固定部分将其固定在舰艇甲板上，如图2-7-9所示。

图 2 - 7 - 9 "海标枪" 双联装发射架

发射架的主要性能为:

方位角: 338°。

俯仰角: -10° ~ +95°。

方位回转最大角速度：28°/s。

俯仰最大角速度：20°/s。

发射架质量：13.45 t。

（2）扬弹机。

扬弹机的功能是把导弹从弹库中升起来，装到发射架上，或把导弹从发射架上卸下。扬弹机有两套独立的系统。右扬弹机还有一个供导弹补给装填用的附加设备。扬弹机的工作分两个阶段。第一阶段是把导弹从弹库升到中间扬弹位置。导弹在这个位置完全由上、下盖密封在圆体内。导弹可被长期存放在中间扬弹位置，以备急用。因而，该过渡舱需要装防爆、喷淋系统。扬弹的第二阶段是发射架俯仰角转到垂直位置，对准后将导弹输送到发射架上。图 2 - 7 - 10 所示为双联装发射架装弹。

图 2 - 7 - 10　双联装发射架装弹

（3）弹库。

弹库被用于储存导弹（可储弹 20 枚，不含过渡舱的两枚）。导弹在弹库内是垂直放置的。弹库被置于舰甲板下方。弹库基座为格框式结构。基座上有 3 组导轨。导轨上有 20 个小车，被用于 20 枚导弹的承载运送。小车的运动由液压驱动。弹库左右导轨延伸到升降机端部，可与装填机对准。中间导轨上的输弹小车是通过转换器转换到外导轨上去的。

（4）远距离动力控制系统。

它被用于远距离控制发射架方位和俯仰运动。它主要由发射架控制柜、发射架变压器装置、发射架测试柜以及“海标枪”控制室的控制台（该控制台内装有远距离动力控制系统战位操作用的控制开关和同步装置）组成。

（5）辅助舱室。

辅助舱室共有 4 个舱室，分别是：

①“海标枪”控制室。装有与其有关的电气控制设备。

②喷淋舱。两个喷淋舱位于弹库两侧。喷淋舱内装有加压水箱，为弹库、发射架基座舱和过渡舱喷淋提供淡水。有 2 个储存 5t 淡水的压力箱，用完淡水后可以接海水。

③发射架基座舱。舱内装有扬弹机驱动装置及起动机等。

④通用液压动力舱。它被用于为导弹装卸提供动力。

（6）导弹补给装填设备。

它被用于将导弹从包装箱里经右扬弹机装入弹库内。

（7）应急投掷设备。

固定在发射架旁的两个火箭发动机，被用于抛射哑弹。

（8）弹库安全防护措施。

①弹库防爆板。它被用来应付弹库内部爆炸事故。

②排气道。发生意外爆炸时，将气浪引向甲板。

③应急断电按钮。它被用来切断电源。

④顺序联锁。通过顺序联锁可确保任一项操作都依赖上一项操作的成功完成。

⑤防误操作程序。

⑥扬弹机应急停止降弹装置。

⑦自动火警探测器。弹库、过渡舱和基座舱共设有 44 个喷头和 6 个火警探测器。

当温度达到 68℃时，就能在弹库和扬弹机内喷出淡水。喷淋可延续 1 min。当淡水被用完后，自动转换到海水喷淋。

系统发射性能为：

系统反应时间：18～20 s。

系统连射间隔：3 s。

装填时间：码头补给 20 枚导弹的时间为 2 h，而海上补给 8 枚导弹的时间为 2 h。

7.2.3 "海狼"舰空导弹发射装置

"海狼"是英国研制的一种舰载低空、近程点防御导弹系统，主要适于防低空、超低空超声速飞机和反舰导弹。该系统发展了重型、轻型和垂直发射型 3 种。重型为 GWS25 系统，可被装备在排水量 3 000 t 以上的舰船上；轻型 VM40 系统，可被装备在较小吨位的舰船上；垂直发射型为 GWS26 系统，可被装备于各种舰船上。

1. GWS25 发射装置

GWS25 发射装置如图 2-7-11 所示。GWS25 发射装置为 6 联装，倾斜箱式发射，6 个发射箱被安装在旋转发射架的两侧。每个发射箱的前后都装有双层门，以防潮气进入。导弹发射时，双层门自动打开。发射架最大仰角为 45°。装弹时后部双层门开启。由人工进行装弹。两人用滑轨式装弹装置将导弹装进发射箱，如图 2-7-12 所示。发射架重 5.0 t，具有很高的回转速度和瞄准精度。

图 2 – 7 – 11　GWS25 型 6 联装发射装置后视图

图 2 – 7 – 12　"海狼"导弹装填

2. VM40 发射装置

为减轻质量，提高装弹自动化程度，缩短装填时间，对"海狼"导弹发射装置进行了较大改进。改进后的发射装置有以下两种：

（1）双联装发射架。这种发射架采用了自动再装填系统。该系统能自动快速地从甲板下输弹给发射架，以保证系统连续作战。装弹时间为 17 s。发射架重 2.5 t。图 2 – 7 – 13 所示为轻型"海狼"装弹示意图。

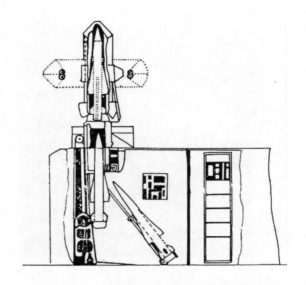

图 2 - 7 - 13 轻型"海狼"装弹示意图

（2）箱式发射架，导弹包装箱就是发射箱，作战时可很快装填并发射。

3. GWS26 垂直发射装置

"海狼"基本型导弹的参数为：

弹长：2 m。

弹径：0.19 m。

翼展：0.56 m。

弹重：80 kg。

垂直发射的"海狼"导弹，在基本型基础上，增加了一个长约 1 m 的助推器，导弹长增加到 3 m，质量增加到 140 kg。

"海狼"垂直发射采用垂直发射筒。筒顶部有一个易碎的密封盖。筒内有一个整体垂直排气管道，被用以把导弹助推器发动机燃气向上翻转 180°排出，如图 2 - 7 - 14 所示。可以将单个发射筒安装在舰上，也可集束式组装，安放在甲板上或甲板下，也能安装在竖井内。英国 23 型护卫舰每一艘都装备一座配有 32 个垂直发射筒的"海狼"发射系统。图 2 - 7 - 15 所示为"海狼"导弹垂直发射。

发射筒重 70 kg，"海狼"垂直发射装置体积小，质量轻，易于在舰上布置。

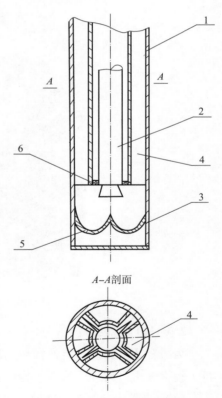

A—A剖面

图 2 - 7 - 14 "海狼"发射筒

1—发射箱；2—导弹；3—导流器；
4—上气道；5—减压孔；6—密封圈

图 2 - 7 - 15　"海狼"导弹垂直发射

7.2.4　"海光"舰空导弹发射装置

　　"海光"舰空导弹武器是陆军"星光"近程
高速地空导弹武器的舰用型号，主要适于拦截
高速飞机、装甲直升机和掠海飞行的反舰导弹
等多种低空目标。这是一种舰用型末端防御导
弹武器系统。导弹的参数为：

　　弹长：1.4 m。

　　弹径：0.13 m。

　　翼展：0.275 m。

　　弹重：16 kg。

　　导弹在生产厂被装入密封的发射筒内，在
使用前无须对其进行检测。

　　"海光"发射转塔上装有一部 K 波段搜索雷
达，光电和毫米波跟踪仪以及一个 24 联装的导
弹发射装置，如图 2 - 7 - 16 所示。发射装置两
侧各有一个起落架，起落架上装有 12 个筒弹。
发射转塔可进行方位和俯仰回转，导弹瞄准目
标后发射。

图 2 - 7 - 16　"海光"导弹武器系统

7.3 以色列舰空导弹发射装置

7.3.1 "巴拉克－1"舰空导弹武器系统

"巴拉克－1"舰空导弹武器系统是以色列于 20 世纪 80 年代初开始研制,1992 年正式装备以色列海军的。该系统是近程点防御系统。拦截目标主要是掠海反舰导弹、作战飞机(包括直升机、无人机等)、空舰导弹、制导炸弹,以及战区外发射的战术导弹等各类威胁目标,也可对水面目标进行攻击。

"巴拉克－1"导弹武器系统采用垂直热发射、模块化设计,适装性好,可被装载于 480 t 以上各型水面舰艇。导弹的参数为:

弹长:2.175 m。

弹径:0.17 m。

翼展:0.68 m。

弹重:98 kg。

导弹被装在密封的发射箱内,以供发射、储存和运输,在 2 年内无须开箱进行检测。

"巴拉克－1"垂直发射系统主要包括垂直发射单元(可装 8 枚箱弹)、导弹选择装置(每个发射单元有 2 个,各控制 4 枚导弹,且互为备份)、发控装置等。

发射单元有 8 个隔舱,装 8 枚箱弹。发射单元主要由框架,意外点火排烟道,上、下盖,以及上甲板、意外点火排烟舱、电缆等组成。

图 2－7－17 所示为"巴拉克"垂直发射单元。

发射单元的主要性能为:

外形尺寸(长×宽×高):1.17 m×1.81 m×2.91 m。

质量:2.5 t(含 8 枚箱弹)。

发射率:齐射间隔 1.5 s;对不同目标,发射率为 1 发/0.5 s。

发控装置主要功能有:控制选择并发射导弹;对导弹实施机内检测(BIT),射前数据装定,发射前向导弹供电,以及发射时序控制。

"巴拉克－1"发射单元结构紧凑,安装灵活方便,既可将其埋入甲板下,也可将其"挂在"或置于甲板上。

导弹正常发射时,发射装置不设专门燃气排导设施。当导弹意外点火时,下盖开启,引导燃气进入意外点火排烟舱,并通过意外点火排烟道排到大气中。

"巴拉克－1"系统反应时间(从接到目标指示到导弹发射)为 3~4 s。

"巴拉克－1"维修体制采用 3 级维修:0 级、Ⅰ级和 D 级。0 级和Ⅰ级在舰上进

图 2 - 7 - 17　"巴拉克"垂直发射单元

行，而 D 级在基地进行。

　　0 级由舰上操作人员进行，主要是预防性维护、保养和清洁。

　　I 级由舰上技师进行，一般 6 个月进行 1 次，主要是预防性维护、故障隔离和 LRU（最小可更换单元）更换。在舰上 6 个月检测 1 次导弹，如有故障即更换。

　　D 级是基地级维护，对更换下的部件进行检测、维修，对导弹故障定位，一般由制造商协助完成。

7.3.2　"巴拉克 - 8"舰空导弹武器系统

　　"巴拉克 - 8"导弹由以色列航空航天工业公司和印度国防研究与发展实验室（Defense Research and Development Laboratory，DRDL）共同研制。其研制协议于 2006 年 1 月签署，研制经费由双方共同承担。在以色列服役的导弹被冠名为"巴拉克 - 8"，而印度使用的导弹则被称为"巴拉克 - 2"。"巴拉克 - 8"导弹是一种先进的远程垂直发射舰空导弹系统。导弹的外形与拉斐尔公司的"德比（Derby）"空空导弹相似，头部装有雷达天线罩，前部装有较小的"＋"形鸭式控制面，而尾部装有"＋"形弹翼。鸭式控制面和尾翼均为截尖翼，并且采用折叠翼设计，以减少在发射装置中所占的空间。"巴拉克－8"舰空导弹全重 275 kg，弹头重 60 kg，弹长 4.5 m，弹径约 0.2 m，射程 70 km。弹头自身安装了导引头，可以克服大多数反制措施而发现目标。采用双脉冲固体火箭发动机和主动雷达导引头，末段具有高机动攻击能力。图 2－7－18 所示为"巴拉克－8"导弹。

图 2－7－18 "巴拉克－8"导弹

发射装置采用低特征垂直发射技术，战舰能够 360° 全向覆盖。导弹被安装在重 3 t 的 8 联装存储发射箱内（几乎不需要维护）。它的紧凑型发射控制模块质量不到 2 t，便于安装在军舰上。

7.4 意大利舰空导弹发射装置

"信天翁"是意大利研制的舰空近程点防御系统，既能对付低空飞机和掠海反舰导弹，也可攻击水面舰艇，还能与舰上火炮结合起来构成弹炮结合的武器系统。导弹的性能参数为：

弹长：3.70 m。

弹径：203 mm。

翼展：0.80 m（弹翼）；0.64 m（尾翼）。

弹重：220 kg。

发射箱由玻璃钢制成。可在箱内长期存放导弹。箱内前后均有密封盖，导弹发射时，易被导弹穿破，每个箱内都有导轨。

"信天翁"系统发射方式为箱式倾斜发射。发射装置有两种不同类型。一种是 8 联装,而另一种是 4 联装。8 联装的发射装置是一个独立的整体,由 8 个方形箱组成,且每 4 个一组,被安装在旋转轴架左、右两侧。图 2 - 7 - 19 所示为导弹发射箱。

图 2 - 7 - 19   导弹发射箱

发射装置由电动传动机构驱动。发射架方位旋转范围为 360°,俯仰角为 - 5° ~ + 65°,方位旋转速度为 45°/s,俯仰旋转速度为 25°/s,方位、俯仰旋转加速度为 30°/s²。8 联装发射架重 8.5 t,长和宽均为 3.82 m,高 2.98 m,伺服系统重 370 kg。4 联装发射装置由 4 个独立的发射箱组成。其外形结构与 8 联装相似,方位回转范围为 360°,俯仰角为 0° ~ 50°。4 联装发射装置重 3.85 t,长 3.78 m,宽 2.63 m,高 2.08 m,伺服系统重 162 kg。

导弹装填方式为自动或人工装填。自动装填 8 枚导弹需要 1.5 min。按导弹携弹量,装填装置有 3 种,即 8 枚、12 枚和 16 枚导弹装填装置。16 枚导弹的装填装置长 5.40 m、宽 3.9 m、高 2.50 m,图 2 - 7 - 20 所示为"信天翁"导弹装填设备。

图 2 - 7 - 20   "信天翁"导弹装填设备

导弹作战使用环境为：

温度： $-10\ ℃ \sim +70\ ℃$ （甲板上）；

 $0\ ℃ \sim +50\ ℃$ （甲板下）。

湿度：$50\ ℃$ 时为95%。

舰船运动：横摇： $±15°$ ；

纵摇： $±5°$ ；

艏摇： $±4°$ 。

第三篇　巡航导弹发射装置

第1章 概　　述

1.1　巡航导弹发射装置发展历程

巡航（飞航）导弹是依靠喷气发动机推力和弹翼的气动升力在大气层内飞行的导弹。

巡航导弹经历了4个重要发展阶段，同时巡航导弹发射装置也有相应发展。本章所提巡航导弹主要指反舰导弹。

1.1.1　第一代反舰导弹

第二次世界大战后，尤其是20世纪50—60年代，世界进入了第一代反舰导弹发展时期。第一代反舰导弹代表型号有瑞典的"罗伯特315"（舰对舰），苏联的SS－N－1"扫帚"（舰对舰）、SS－N－2"冥河"（舰对舰）等型号。这一代导弹典型特征是沿用了V－1导弹的"一"字飞机式的气动布局，采用脉冲喷气发动机或涡喷发动机。导弹几何尺寸大，笨重，飞行速度低，射程近。这时的发射装置采用倾斜导轨发射，高低角、方位角均为定角，多为单联装，如图3－1－1所示。

图3－1－1　德国V－1导弹发射导轨

1.1.2　第二代反舰导弹

20 世纪 60 年代末至 70 年代初，反舰导弹进入了一个大发展时期。比较有影响的型号有法国的"飞鱼"、以色列的"迦伯列"、挪威的"企鹅"、瑞典的 R608A、苏联的 SS－N－9 "海妖"等导弹。第二代导弹的气动布局摆脱了第一代导弹的气动布局，采用固体火箭发动机，减少了导弹几何尺寸和质量，实现小型化。第二代反舰导弹多是高亚声速掠海飞行，射程较近，多为 20~40 km，后来改型也在 80 km 之内。

这时的导弹发射装置仍采用倾斜发射，高低角为定角，方位角为变角，实现扇面发射，发射装置小型化，并且采用了箱式发射技术，如法国的"飞鱼"、以色列的"迦伯列"等。

1.1.3　第三代反舰导弹

20 世纪 70 年代初，第三代反舰导弹进入技术比较成熟的发展时期。这一代导弹的典型技术特征是采用高效能的涡喷或涡扇发动机，使反舰导弹射程超过 100 km。这一代反舰导弹的典型代表有法、意合作研制的"奥托马特 2/3"，瑞典的 RBS－15，美国的"捕鲸叉""战斧"，苏联的 SS－N－12 "沙箱"等。这类导弹多以 0.7~0.9 Ma 经济速度飞行，射程可达上千千米。

第三代反舰导弹发射技术有了新的突破，主要有：

（1）普遍采用了储运发射箱发射技术。

（2）广泛采用了机动式发射装置，发射装置机动性得到了提高。

（3）采用了定角发射方式。

（4）采用通用化、系列化、模块化，即"三化"。

（5）一架多用。

（6）车载发射装置多功能，除携带导弹外，还可自带电站、发控、无线通信等。

（7）垂直发射，如"战斧"导弹。

1.1.4　第四代反舰导弹

20 世纪 70—80 年代，苏联采用整体式冲压发动机的反舰导弹，如 SS－N－19 "花岗岩"、SS－N－26 "宝石"反舰导弹，都以 2.0~3.0 Ma 超声速飞行。这时的导弹发射装置以大攻角或垂直发射。

1.2　巡航导弹发射装置发展趋势

导弹技术的发展，促进了发射装置的发展。发射装置的发展趋势是提高巡航导弹的作战使用能力并提高导弹发射的可靠性，主要体现在以下几个方面：

（1）发射装置的通用化。

通过导弹通用化、系列化、模块化的发展，实现多种导弹发射装置的通用化。首先实现导弹与发射装置接口的通用化，如电插头、发控系统和储运发射箱等。

（2）采用储运发射箱发射。

储运发射箱为导弹提供了良好的环境，提高导弹的可靠性和寿命；弹箱间隙缩小，减少发射装置外形尺寸；箱弹免维护周期加长；发射箱机构动作时间缩短，减少系统反应时间。

（3）多联装发射。

一个发射装置内装多枚导弹（箱弹），提高了发射装置的作战能力。

（4）垂直发射。

垂直发射装置结构简单，可靠性高，占用空间小，生产成本低，尤其在舰上垂直发射比倾斜发射有更大的优势。

（5）提高发射装置机动性。

机动性是现代战争中导弹武器系统作战性能的重要指标，其主要表现在实现发射装置的小型化，提高载车的越野性能。

（6）提高发射装置机械化和自动化水平。

为了缩短操作时间，减少操作人员，提高快速反应能力，解决数字无线通信、自动调平、自动定位、定向等技术问题。

（7）快速装填。

提高武器系统连续作战能力。通过多发箱弹整体吊装和发射装置自带吊车等实现快速装填箱弹。

1.3 巡航导弹发射装置基本组成

巡航导弹发射装置按照发射平台可以分为舰载发射装置、车载发射装置、机载发射装置、潜射发射装置等。

1.3.1 舰载发射装置

舰载发射装置主要由发射箱、发射架、电气控制系统、导流装置等组成。

发射箱内装导弹，既能实现导弹储存，又可在运输时为导弹提供保护；而在导弹发射时，还可直接发射导弹。

发射架支撑发射箱，与舰面连接，也具有减震功能，多为固定角发射，不具有方位和高低角随动功能。

电气控制系统被用于导弹和发射箱发射控制。

导流装置可将导弹发射时的燃气流导向安全空间,以保护舰上设备。有些发射装置不设导流装置,而有些排导装置则和舰船融为一体。典型舰载发射装置参见美国的"捕鲸叉"舰载发射装置。

1.3.2 车载发射装置

车载发射装置主要由发射箱、起竖装置、底盘和发控室等组成。

起竖装置平时呈水平状态,便于运输和隐蔽;发射时,起竖至固定角度。起竖多通过液压油缸实现。早期车载发射装置多具有方位随动功能,随着导弹扇面攻击能力的增强逐步简化为固定角。

发控室装有导弹发控设备、通信设备等。底盘为发射装置的载体。在底盘进行选型时,要考虑通用性和环境适应性。典型车载发射装置参见法国的"飞鱼"MM40 车载发射装置。

1.3.3 潜射发射装置

潜射发射装置多通过鱼雷管水平发射,少数采用专用垂直或准垂直发射装置。潜射发射装置主要是采用运载器,也有的采用裸弹发射,水下点火。运载器内装导弹,作为导弹和发射管之间的适配器,平时对导弹起保护作用。发射时,运载器被弹射入水,完成上浮和安全分离导弹的动作。典型的潜射发射装置参见美国的"捕鲸叉"潜射发射装置。

1.3.4 机载发射装置

机载发射装置主要是导弹挂架。挂架有导轨式挂架和弹射式挂架。导轨式挂架被用于质量较轻的导弹。挂架的结构与发射箱结构类似,由发射导轨、挡弹机构、插头分离机构、减震机构等组成。弹射式挂架被用于质量较大的导弹,通过火药作动筒将导弹以一定的速度弹离飞机,到一定安全距离后导弹点火,防止在气流的影响下导弹与飞机碰撞和导弹的燃气流影响飞机。对于隐形飞机,采用了内埋式挂架,有折叠式挂架、旋转式挂架等。折叠式挂架展开后即可凸出机身,以发射导弹;旋转式挂架通过旋转将不同导弹置于最下方,然后分别弹出舱门。对于小型导弹一般通过人工直接将导弹挂接到飞机上;而对于大型导弹,则通过专用的挂接设备。典型的机载发射装置参见美国的"战斧"机载发射装置。

1.3.5 储运发射箱(筒)

发射箱为各种发射装置的重要组成部分。发射箱主要由箱体、箱盖、定向器、挡弹机构、插头分离机构、电缆网等组成。有的发射箱还有喷淋装置、温度调节装置、减震器等。冷弹射发射箱还有燃气发生器、弹射缸等。

箱体构成发射箱的外形。有的发射箱箱体较厚，有保温功能。

箱盖位于箱体两端，被用于发射箱的密封，发射前既可通过机构或电爆方式打开，也可以利用发射时的燃气或弹头冲开。

定向器被用于支撑导弹及发射时导向。导轨式定向器可以位于导弹的上方（下挂式）、下方（上托式）及两侧。减震垫式定向器由多圈减震垫支撑导弹，起到支撑、导向、燃气密封、减震等作用。导轨和减震垫的组合也是定向器的一种形式。

挡弹机构被用于导弹在箱内纵向锁定，在导弹点火前或点火后释放。

插头分离机构被用于弹箱间的电气连接，在导弹点火前或点火后分离。

典型的发射箱参见"战斧"垂直发射用的 MK14 发射箱。

第 2 章 美国巡航导弹发射装置

2.1 美国巡航导弹发射装置概述

第二次世界大战后,美国并不重视巡航导弹的研制,只认为它是近程防御武器。直到 1967 年第三次中东战争中埃及用苏制"冥河"巡航反舰导弹击沉以色列"艾拉特"驱逐舰,才从梦中惊醒,开始研制巡航导弹。

美国从一开始就成功地走出了一条系列化、模块化的发展道路。发展的型号不多,但继承性很强,是清一色的亚声速飞行。几十年的发展中形成了近、中、远程系列。

近程:"捕鲸叉"多用途导弹(空射、舰射和潜射型)。

中程:以空射"捕鲸叉"AGM – 84A 为基础,发展成了防区外发射对陆攻击导弹 SLAM – ER。

远程:"战斧"巡航导弹 BGM – 109 系列;

空射巡航导弹 AGM – 86 系列;

先进巡航导弹 AGM – 129 系列。

美国是以研制"捕鲸叉"反舰导弹起步而发展巡航导弹的。"捕鲸叉"导弹是 1971 年由麦道公司研制,1978 年服役的。20 世纪 70 年代开始研制"战斧"巡航导弹,80 年代服役。舰艇发射有"战斧"BGM – 109A/B/C/D 等。巡航导弹的发射方式有两种。一种是箱式倾斜发射,而另一种是采用 MK41 通用垂直发射装置垂直发射。

美国多年坚持发展亚声速巡航导弹,认为超声速巡航导弹有以下缺点:

(1)射程明显降低。由于飞行阻力增加,使携带相同质量燃料的超声速导弹的最大射程只有亚声速导弹的 40% 左右。

(2)隐蔽性差。为了使导弹有尽可能远的射程,超声速导弹通常选择在最易于被敌方预警雷达或预警机最先发现的中高空发射和巡航飞行。

(3)制导系统性能要求高。当用雷达末制导系统时,导弹以 2~3 倍声速飞行,其末制导系统对雷达回波的信号处理时间一般比 0.9 倍声速的导弹短 60%~70%。在飞行这一距离时,亚声速导弹回波信号多,而超声速导弹回波信号少,因此只有研制出灵敏度更高,抗干扰能力更强的导引头和数据能力更大、更快的弹载计算机处理系统,才能保证末制导雷达在恶劣的电子干扰条件下正常工作。

（4）机动过载大，弹体强度要求高。当导弹以机动飞行避开敌方迎头拦击和电子干扰时，导弹若以 2 倍声速的机动速度进行拐弯飞行，其法向过载高达 15.6 g，而以 0.8 倍声速的亚声速机动飞行的导弹，法向过载只有 2.5 g，过载系数增加 5 倍以上，弹体结构必须加强。

（5）运载能力低，战斗部威力小。一般情况下，超声速导弹的有效载荷运载能力只有与其尺寸和射程相当的亚声速导弹的一半左右。

（6）适用范围小，功能比较单一。从射程看，2 ~ 3 倍声速的超声速导弹只在 150 ~ 300 km 的中程巡航导弹上与亚声速导弹有竞争能力，对于近程和远程巡航导弹，超声速导弹在尺寸、质量、有效载荷运载能力方面，均难以与亚声速导弹竞争。

（7）研制条件高，技术难度大。

但是，超声速巡航导弹也有以下优点：

（1）生存能力强。由于巡航导弹采用超声速飞行，在有效的射程内，飞行时间短，减少了防空导弹拦截的次数。

（2）提高命中率。在射程一定的情况下，超声速导弹飞行时间短，目标逃离的距离近，命中率就高。

（3）作战威力高。由于超声速飞行速度高，动能大，在战斗部质量相等的情况下，作战威力会大大提高。

美国在深入分析亚/超声速巡航导弹优劣之后，认为在相当长的时间内，超声速巡航导弹不会占上风，仍然致力于对"战斧"巡航导弹改进。"战斧"导弹仍然是美国重要的反舰、对地武器。

2.2　美国"捕鲸叉"反舰导弹发射装置

"捕鲸叉"是美国于 20 世纪 70 年代研制的反舰导弹，有空对舰型 AGM – 84A、潜射型 UGM – 84A、舰对舰型 RGM – 84A。美国将舰对舰型导弹技术又移植到岸对舰导弹上，成为岸防"捕鲸叉"导弹。"捕鲸叉"发展成多用途、多平台反舰导弹系列。

2.2.1　RGM – 84A"捕鲸叉"舰载发射装置

"捕鲸叉"舰对舰导弹以攻击多种水面舰艇为主要目标，采用 1 台涡喷发动机为主发动机，1 台固体火箭助推器发射，射程为 60 km。后来的改进型射程达到 120 km。导弹的参数为：

弹长：4.64 m。

弹径：0.343 m。

翼展：0.83 m。

弹重：680 kg。

RGM-84A"捕鲸叉"有多种发射方式，有 MK11 和 MK13"鞑靼人"的发射架发射，MK112 和 MK29"阿斯洛克"的发射架和发射箱发射，MK41 垂直发射系统发射，MK140、MK141 储运箱式发射架发射。其中，MK140 为轻型筒式发射架，有 4 个发射筒，质量为 4.8 t，适于快艇和小型护卫舰；MK141 为厚壁筒式发射架，有 4 个发射筒，质量为 5.9 t，适于大型舰艇。

MK112 发射架能装 8 枚导弹（2 枚"捕鲸叉"和 6 枚"阿斯洛克"反潜导弹），采用单枚发射方式，导弹发射间隔时间为 15 s。

MK11 发射架能装 2 枚导弹，重新装填时间为 20 s，采用齐射发射方式，发射间隔时间为 3 s。

MK140 和 MK141 发射架都装 4 枚导弹，采用单射或齐射方式，发射间隔时间为 2 s。

MK140 和 MK141 发射架由发射筒和四腿支架组成。支架用螺栓固定在甲板上。发射筒以 35°的仰角装在支架上。发射架偏离舰的中心线或与舰的中心线成 90°角安装在支架上。图 3-2-1 所示为"捕鲸叉"反舰导弹发射装置。图 3-2-2 所示为中国台湾"基德"级战舰装备的 RGM-84"捕鲸叉"反舰导弹发射装置。

MK140 发射架的发射筒和支架是用铝材制造的，而 MK141 发射架有厚壁保护罩，能防止弹片损伤。

MK141 发射架为框架式结构，由方形金属管焊接而成，有 4 个支腿，被固定在舰艇甲板上，仰角 35°。架上固定 4 个密封圆形发射筒。发射架的夹紧框架和发射筒之间

图 3-2-1 "捕鲸叉"反舰导弹发射装置

图 3 - 2 - 2　中国台湾"基德"级战舰装备的 RGM - 84"捕鲸叉"反舰导弹发射装置

安装有减震垫。减震垫由金属和合成橡胶压制而成，具有发射筒的曲面形状。发射筒和发射架之间通过锥销定位，用活结螺栓锁紧。发射筒使用前、后薄膜盖，发射时会被燃气冲开，发射筒两侧安装有发射导轨。导弹两侧有 3 组滑块（当使用 MK112 或 MK26 发射装置时，使用弹体上方的两组滑块）。发射筒尾部安装有导弹限位用爆炸螺栓和意外点火释放爆炸螺栓。发射筒的对外电气接口被布置在筒体后下方，靠近安装在发射架上的电缆转接箱。

2.2.2　岸防"捕鲸叉"导弹发射装置

　　岸防"捕鲸叉"是美国麦道公司在其舰射型"捕鲸叉"导弹的基础上发展的一种海岸防御导弹系统。岸防"捕鲸叉"导弹武器系统采用与舰射型"捕鲸叉"系统相同的导弹及指令和发射系统。

　　岸防"捕鲸叉"导弹武器系统由发射车、控制车和导弹补充车组成。1 个岸防"捕鲸叉"导弹连包括 1 辆控制车、2 辆发射车，以及 1 辆导弹补充车。

　　发射车有 1 个 4 联装发射箱起竖装置、1 个提供导弹航线选择信号的发射装置中继系统、1 个检测发射装置航向和姿态的陀螺机构以及 1 台提供导弹和陀螺机构电源的发电机。图 3 - 2 - 3 所示为"捕鲸叉"导弹岸舰发射装置。

　　导弹补充车为发射车补充导弹。它装有 1 个再装填的 4 联装发射箱，利用起重机将其吊运到发射装置上。

　　发射车和导弹补充车底盘可以采用相同类型的牵引拖车或卡车。

图3－2－3 "捕鲸叉"导弹岸舰发射装置

2.2.3 潜载"捕鲸叉"导弹发射装置

潜载"捕鲸叉"（UGM-84）于1981年开始装备潜艇，利用标准鱼雷发射管进行发射。导弹被装在一个无动力运载器内。运载器长6.25 m，外径为533 mm，质量为400 kg。发射时，液压或气压弹射装置将运载器从鱼雷发射管中水平射出。运载器在水下是无动力的，靠水的浮力和运载器上的一对稳定翼滑向水面，成45°角出水。运载器上装有可指示运载器出水及头盖打开的传感器。在运载器出水，头盖打开的同时，导弹助推火箭发动机点火，导弹随之脱离运载器。导弹离开运载器后，其鳍板、舵面和尾翼立即展开，然后进入空中弹道阶段，如图3－2－4所示。

图3－2－4 潜载"捕鲸叉"出水

2.3　美国"战斧"巡航导弹发射装置

美国于 20 世纪 70 年代提出，80 年代研制出了各种型号的"战斧"巡航导弹。美国巡航导弹发射方式有以下几种：机载空中发射、陆基发射和舰艇发射（水面舰艇与潜艇）。

2.3.1　舰载发射装置

水面舰艇发射"战斧"巡航导弹有两种：一种是甲板上倾斜发射，而另一种是甲板下垂直发射。

甲板上倾斜发射的发射装置主要由发射架和发射箱组成。发射架由液压驱动部分、局部控制板、外围设备、防风罩等部分组成。发射箱为 MK44 - 2，是专门为发射"战斧"巡航导弹而设计的。发射箱上有装甲外壳，以保护导弹免受碎片和机械损伤。平时，"战斧"巡航导弹被储存在发射箱中，发射时靠液压作动筒将发射架和带弹的发射箱从水平调到 25°发射。最大发射速度是每分钟 2 枚。每个发射箱装 2～4 枚导弹。图 3 - 2 - 5 所示为"战斧"舰载发射装置。

图 3 - 2 - 5　"战斧"舰载发射装置

垂直发射"战斧"巡航导弹，采用马丁·玛丽埃塔公司研制的 MK41 模块式垂直发射系统。MK41 垂直发射系统是通用垂直发射系统，除发射"战斧"巡航导弹外，还可发射"标准"舰空导弹、"阿斯洛克"反潜导弹等。MK41 垂直发射系统由多个发射模块组成。每个发射模块可装 8 枚导弹。图 3 - 2 - 6 所示为 MK41 导弹垂直发射装置。

"战斧"巡航导弹的参数为：

弹长：6.248 m。

弹径：0.517 m。

弹重：1 202 kg。

图 3 – 2 – 6　MK41 导弹垂直发射装置

"战斧"巡航导弹发射箱（MK14）的参数为：

箱长：6.71 m。

箱宽：0.635 m。

箱高：0.635 m。

"战斧"导弹被装在 MK14 发射箱中，如图 3 - 2 - 7 所示。导弹垂直发射时，发控台向导弹发动机发送点火信号，延时一段时间后，固弹栓的爆炸螺栓引爆，导弹解锁，

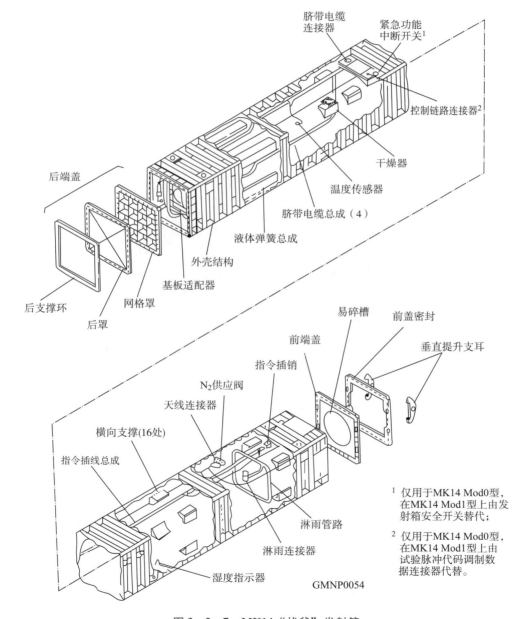

1　仅用于MK14 Mod0型，在MK14 Mod1型上由发射箱安全开关替代；

2　仅用于MK14 Mod0型，在MK14 Mod1型上由试验脉冲码调制数据连接器代替。

GMNP0054

图 3 - 2 - 7　MK14 "战斧"发射箱

穿破发射箱易碎盖。导弹意外点火时，在箱内有 12 s 的制约点火时间，此间通过铝质底板上开设的通气孔和烧蚀保护材料排出燃气，以保证发射箱内燃气压力不超过发射箱压力设计极限 0.275 MPa。MK14 发射箱的尺寸（长 × 宽 × 高）为 7 610 mm × 635 mm × 635 mm。发射箱箱体为钢制波纹板结构。顶盖由浸胶玻璃纤维制成，导弹可以穿通。发射箱后盖为铝质瓣片结构，由燃气流冲开。箱内涂有隔热层，允许发射 8 次。发射箱顶部装有喷淋活门，每分钟能喷水 176 L，被用于必要时给导弹降温。箱内电缆连接导弹和发射程序器。发射程序器监控发射箱开关的位置，并报告其安全启动状态。操作手经模块通道接近开关进行人工闭合。

2.3.2 "战斧"车载导弹发射装置

"战斧"车载发射装置由发射箱和发射车组成。发射箱上装有 4 枚导弹，如图 3-2-8 所示。

图 3-2-8 "战斧"车载发射装置

发射车包括牵引车和拖车。牵引车长 8.6 m，宽 2.5 m，最高时速 90 km，最低时速 4 km，最大行驶距离 800 km。牵引车还有 9 t 纹盘和 6 t 随车起重机。在牵引车后部的设备箱内有供电装置。拖车长 10.87 m，宽 2.44 m，重 5.2 t，载重 17 t。

拖车上的发射架用液压起降，可达 65° 的发射仰角。拖车两边各有一卷光纤电缆，在阵地上展开时，将电缆解开并与两个发射控制车相连。

整个发射车长 16.9 m，高 2.9 m，总重 35 t。

2.3.3 "战斧"潜射导弹发射装置

潜射 MK45 垂直发射装置由 12 个垂直发射管组成。每个发射管都由简体、前盖、后盖、垂直支撑装置、侧向支撑垫、发射密封装置、气体发生器等组成。发射管起到支撑、保护和抛射导弹的作用。

发射导弹时，由射击控制系统发出引爆信号，点燃气体发生器，导弹被弹射出发射管。

发射管内装有发射记录传感器、海拔发光指标器和连接电缆。在导弹上装有出水传感器，出水之后，靠助推器上的推力向量控制系统实现转弯，并过渡到巡航飞行。MK45 发射管实施再次发射时不需很大的维修工作量。图 3 - 2 - 9 所示为潜射"战斧"出水。

图 3 - 2 - 9　潜射"战斧"出水

水平潜射时，导弹随着保护筒由潜艇上的标准装填设备装填到鱼雷管内。潜艇下潜到 30 ~ 60 m 的发射深度时，MK117 射击指挥仪对导弹进行测试并输入制导数据，然后打开发射管盖，用液压抛射系统将导弹从保护筒内推出。导弹离开潜艇 10 m 左右时，其后拖着一条 12.2 m 长的拉索，因与保护筒一端相连而受拉，于是解除助推器保险，使其点火。助推器工作时间为 12 s，约一半时间在水下，出水之后可将导弹推至 305 m 的弹道最高点。导弹在空中 4 km 的发射弧段上，完成以下一系列动作：

（1）抛掉折叠翼槽上的盖，展开弹翼和尾翼。

（2）抛掉进气口盖，进气口从导弹腹部下面伸出。

（3）涡喷（涡扇）发动机开始工作，转变为巡航飞行。

导弹发射后，再将保护筒抛出。保护筒由筒体、头罩、底板、套筒、前流缝、后流缝、滑道等部分组成。筒体、底板和套筒都使用耐腐蚀的 17-4PH 合金钢制成。头罩由腈橡胶涂层的尼龙布制成。滑道由特氟龙涂层的氟橡胶制成。保护筒质量为 410 kg，里面敷有薄弹性衬垫，内储导弹时，弹翼和尾翼折叠。弹体与弹性衬垫之间有微小的径向晃动空间，其中填充干燥的 N_2，气压为 0.07 MPa。

2002 年起，美国海军开始将 4 艘"俄亥俄"级弹道导弹核潜艇的部分弹道导弹发射筒改装成巡航导弹发射筒。将第 3~24 号发射筒各安装一套巡航导弹组合发射装置。每筒装有 7 枚"战斧Ⅲ"或战术"战斧"导弹。图 3-2-10 所示为弹道导弹发射筒内的"战斧"潜射发射装置。

图 3-2-10　弹道导弹发射筒内的"战斧"潜射发射装置

"战斧"导弹在潜艇和地面机动车辆上发射时使用一种通用的发射筒。该发射筒主要由预拉伸成型的铝质圆筒、前飞穿隔膜盖和耐烧蚀的铝质底板组成。筒内有一层模塑的特氟龙衬垫，衬垫与导弹之间留有平均 2.7 mm 的晃动空间。对于导弹的脆弱制导部件，这个晃动空间效应造成的最大冲击载荷难以接受，因此在该部位的发射筒中加进了 4 块缓冲垫，使晃动空间减至零。这就消除了因晃动空间效应造成敏感元件的损坏。在发射筒内填充 0.05 MPa 的 N_2，并使发射筒密封，使导弹在 N_2 中得到保护。导弹通过两个固弹栓固定在底板上，防止导弹纵向移动和扭转。

2.3.4　"战斧"机载发射装置

"战斧"机载旋转式发射装置如图 3-2-11 所示。

机载"战斧"导弹挂架和 MJ-4 挂弹装置如图 3-2-12 所示。

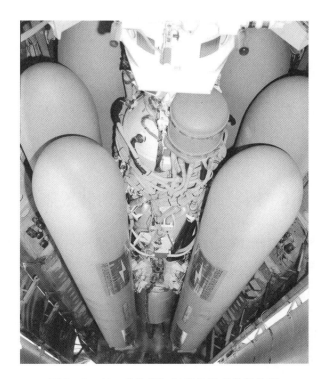

图 3 – 2 – 11　"战斧"机载旋转式发射装置

图 3 – 2 – 12　机载"战斧"导弹挂架和 MJ – 4 挂弹装置

第3章　俄罗斯巡航导弹发射装置

3.1　俄罗斯巡航导弹发射装置概述

20 世纪 50 年代初，苏联就开始研制和发展舰舰导弹，到了 60 年代已经有多种型号服役，如 SS－N－1"扫帚"亚声速中程舰舰导弹、SS－N－2A"冥河"亚声速近程舰舰导弹等。这些导弹体积庞大，笨重，抗干扰能力低，外形似飞机，隐蔽性差。这时的导弹发射装置笨重，定角倾斜发射。

20 世纪 70 年代，苏联继续积极研制发展新型舰舰导弹。如 70 年代服役的 SS－N－9"海妖"亚声速舰舰导弹增强了抗干扰能力，但体积、质量仍较大，导弹发射装置没有明显变化。20 世纪 70 年代中期服役的 SS－N－12"沙箱"为中、远程超声速舰舰导弹，后来服役的超声速舰舰导弹还有 SS－N－19"花岗岩"、SS－N－22"马基斯特"等，发射装置采用箱式发射。

冷战结束以后，俄罗斯又发展了新一代舰舰导弹，有 SS－N－27"俱乐部"、SS－N－26"宝石"等。这些导弹广泛采用了各种先进技术，在目标选择能力、抗干扰能力、导弹尺寸和质量等方面均有明显改善。俄罗斯的舰舰导弹优于其他任何国家的舰舰导弹，尤其是超声速反舰导弹。

新一代舰舰导弹 SS－N－26"宝石"采用了垂直冷发射。SS－N－27"俱乐部"不仅采用了垂直发射，而且研制了多种导弹通用发射系统。

3.2　SS－N－1"扫帚"舰舰导弹发射装置

SS－N－1"扫帚"舰舰导弹是苏联第一代舰舰导弹，也是世界上最早使用的舰舰导弹。它是在德国 V－1 巡航导弹的基础上发展起来的，主要用于攻击航空母舰、大型舰艇、港口和海岸目标，于 1958 年装备部队。导弹的参数为：

弹长：7.6 m。

弹径：1 m。

弹重：3 200 kg。

发射装置采用方位 200°、俯仰角 30°瞄准式双轨发射架。发射架长 17 m，宽 4 m。从甲板至发射架面高约 5.5 m。

发射架后方有一弹库，可储放 4~8 枚反舰导弹。当发射架对准弹库门时，反舰导弹可被直接从弹库推至发射架上，完成装填。

3.3　SS－N－2"冥河"反舰导弹发射装置

SS－N－2 是苏联于 20 世纪 50 年代研制的舰舰导弹，并形成系列舰舰导弹，有 SS－N－2、SS－N－2A、SS－N－2B、SS－N－2C 和 SS－N－2D。SS－N－2A 反舰导弹 П－15 的参数为：

弹长：5.8 m。

弹径：0.76 m。

弹重：2 300 kg。

20 世纪 50 年代末，开始研制改进的 П－15 导弹。改进的主要目标是克服原 П－15 导弹的缺点并增加射程，通过弹体加长增加燃料容量。因为原发射架太大而且笨重，故研制出新的折叠翼导弹，使导弹能装在较小的发射箱内。

SS－N－2 导弹为裸弹发射。

SS－N－2A 导弹采用箱式发射，发射架仰角 11.5°，可以在 4 级海情下发射。

SS－N－2B 导弹采用筒式发射。导弹筒内有导轨，如图 3－3－1 所示。发射装置由发射架、发射筒组成。发射架以高低射角 15°指向前方，被固定在甲板上。发射架尺寸（长×宽×高）为 8 m×3 m×1.8 m。

苏联也发展了 П－15 的机动海岸发射型导弹系统。导弹发射车采用改装的 MAZ－543M 底盘。底盘上有 1 个 KT161 发射装置。发射装置上装有 2 枚导弹。发射车总重 40 900 kg。发射车长 13 950 mm，宽 3 150 mm，高 4 050 mm。驾驶室后面有一个操纵人员用的方舱，车上还装有 1 部鱼叉监视雷达，被用于目标的捕获和跟踪。该系统是在 1978 年开始发展并投入使用的。

3.4　SS－N－12"沙箱"反舰导弹发射装置

SS－N－12"沙箱"是苏联于 1976 年装备的远程超声速反舰导弹。导弹的参数为：

弹长：10.8 m。

弹径：0.9 m。

翼展：2.6 m（折叠时为 1.8 m）。

弹重：4 800~5 000 kg。

图 3 - 3 - 1 "冥河"导弹发射装置

导弹动力装置为 1 台涡轮喷气发动机和 2 台固体火箭助推器，巡航速度为 2.5 Ma，巡航高度为 275 ~ 13 500 m，射程为 500 km。导弹采用自动驾驶仪控制 + 中段指令修正 + 主动雷达或红外末制导。战斗部为 900 kg 的高能常规弹头或 350 kg 的核弹头。

导弹采用储运发射筒发射，具有一定的扇面发射能力。发射筒呈圆柱形，可单筒或多筒构成一个发射装置。在装备了"沙箱"导弹的各型舰艇上，有的发射架平时水平放置，发射时能仰起约 30°，以发射导弹，以 30°仰角固定安装。

该型反舰导弹主要装备"基辅"和"明斯克"两型航空母舰和 E II 潜艇。其中"基辅"号航空母舰上有 4 座双联装 SS - N - 12 反舰导弹发射装置，被分置在舰炮和舰空导弹两侧。发射架长 13 m，宽 4.4 m，高 2.5 m。除发射装置内装的 8 枚 SS - N - 12 导弹外，弹库内还备弹 16 枚。SS - N - 12 反舰导弹也装"光荣"级舰。发射筒以 17°仰角固定安装，如图 3 - 3 - 2 所示。

图 3 – 3 – 2　SS – N – 12 "沙箱" 反舰导弹发射装置

3.5　SS – N – 19 "花岗岩" 舰舰导弹发射装置

SS – N – 19 "花岗岩" 是苏联研制的一种远程超声速掠海飞行的多用途反舰导弹，属于 SS – N – 12 "沙箱" 导弹的后继型。

导弹的参数为：

弹长：10 m。

弹径：0.8 ~ 1.1 m。

翼展：2.6 m。

弹重：5 000 ~ 7 000 kg。

导弹动力装置为 1 台涡轮喷气发动机和 2 台固体助推器，巡航速度大于 2.5 Ma，能做掠海突防。导弹采用惯性 + 主动雷达或被动红外末制导。

SS – N – 19 在 "基洛夫" 巡洋舰上装有 20 枚。发射架在甲板下。导弹以固定角 45°倾斜发射，为采用冷发射。发射筒长 10.5 m，直径 2.2 ~ 2.3 m，穿过 3 层甲板。发射井盖长 3.5 m，宽 2.5 m。整套发射装置占空间 3 250 m³。导弹弹翼经折叠，可由装填机通过舰上的装填座装入发射井内，然后盖上井盖，如图 3 – 3 – 3 所示。

3.6　SS – N – 22 "马基斯特" 反舰导弹发射装置

SS – N – 22 "马基斯特（白蛉）" 超声速反舰导弹是苏联于 20 世纪 70 年代初由彩虹设计局研制的，是 50 年代开发的 "冥河" 导弹的后继型号，是目前世界上最先进的反舰导弹之一。

导弹的参数为：

图 3 - 3 - 3　SS - N - 19 "花岗岩" 导弹发射装置

弹长：9.38 m。

弹径：0.76 m。

弹重：3 950 kg。

发射筒长：10.5 m。

该导弹不像 "捕鲸叉" 和 "飞鱼" 导弹那样采用装入密封储运发射箱的方式，而是将导弹弹翼折叠后直接装在固定于发射架上的发射筒内。发射筒有前、后盖。发射前采用液压系统打开前、后盖。发射架有双联装和 4 联装。4 联装发射架固定在减震器上，能减轻舰艇运动过载对导弹的影响。仰角为 15°，没有俯仰机构。图 3 - 3 - 4 所示为 "现代" 级驱逐舰上的 "白蛉" 4 联装发射箱。

图 3 - 3 - 4　"现代" 级驱逐舰上的 "白蛉" 4 联装发射箱

导弹射程为 120 km，改进型射程为 160 km，巡航速度为 2.5 Ma，攻击速度为 4.5 Ma，巡航高度为 20 m，末端飞行高度为 7 m。制导体制为惯性中制导 + 主动/被动雷达导引头。动力装置为整体式固体火箭冲压发动机。

发射筒由铝镁合金板焊接而成，两端有液压驱动的筒盖。筒内有导轨和导弹锁定机构，还有和发射控制系统相连的电气接插件。

导弹再装填时，打开发射筒前盖进行装填。"现代"级舰上装有 8 枚 SS－N－22 舰舰导弹，如图 3－3－5 所示。

图 3－3－5　SS－N－22 "马基斯特"反舰导弹发射装置

发射架是一个焊接的框架。其上部有发射箱的安装和锁定机构；而下部则有漏斗形的制动装置，可减轻导弹的过载。

发射架和舰艇之间安装有弹簧减震器，能减轻舰艇运动过载对导弹的影响，还能减轻近炸的水雷与炸弹引起的振动和冲击过载。

3.7　SS－N－25 "天王星"反舰导弹发射装置

SS－N－25 "天王星"是苏联于 1984 年开始研制的一种亚声速反舰导弹，1993 年服役。导弹的参数为：

弹长：4.4 m。

弹径：0.42 m。

弹重：630 kg。

射程：7～120 km。

3.7.1　舰载发射装置

舰载发射装置与美国"捕鲸叉"导弹4联装发射架极为相似，筒式发射。4发筒弹组合被安装在发射架上。发射架固定仰角为35°。如图3-3-6所示，发射筒4联装整体吊装，易于装舰。

图3-3-6　SS-N-25"天王星"反舰导弹发射装置

发射筒由铝镁合金板焊接而成，两端由端盖密封。端盖在爆炸螺栓引爆后被弹簧机构向下打开，如图3-3-7所示。在发射筒外部有两个矩形框架，被用于将4个储运发射筒连接成组，并将其固定在发射装置上。导弹发射后，发射筒经修复，可再次使用。

图3-3-7　SS-N-25"天王星"导弹舰载发射装置

3.7.2　岸防导弹发射装置

　　岸对舰导弹发射装置，由发射架和 MAZ - 543 汽车底盘组成。发射架为 8 联装。发射筒用钢架固连，液压起竖到 30°射角。汽车底盘驾驶室后面为发电机组和控制舱。舱内装有导弹测试、发控、通信设备。发射车长 13 500 mm，宽 3 100 mm，高 4 000 mm，如图 3 - 3 - 8 所示。

图 3 - 3 - 8　SS - N - 25 8 联装导弹发射车

　　岸防导弹系统由 2 辆指控通信车、4 辆发射车、4 辆运输装填车，以及用于车辆维护和进行射前准备的地面设备组成。导弹运输装填车装 8 发筒弹。车后部装有一台随车起重机，如图 3 - 3 - 9 所示。

图 3 - 3 - 9　SS - N - 25 岸防导弹运输装填车

3.8　SS - N - 26 "宝石" 反舰导弹发射装置

　　SS - N - 26 "宝石" 反舰导弹是苏联的第四代反舰导弹，20 世纪 70 年代末 80 年代初由机械制造科研生产联合体研制。"宝石" 反舰导弹从开始研制就考虑了多平台发射，即潜艇、水面舰、岸基和飞机发射。导弹的参数为：

弹长：8.9 m；8 m（空射）。

弹径：0.65 m。

弹重：3 000 kg；2 550 kg（空射）。

发射筒长：9 m。

发射筒直径：0.71 m。

发射筒重：900 kg。

射程：120～300 km。

导弹为筒式发射，如图3-3-10所示。

图3-3-10　"宝石"反舰导弹的储运发射筒

装在发射筒中的导弹可储存3年。舰载导弹可以15°～90°之间的任意角度发射，如图3-3-11所示。导弹采用储运发射筒弹射技术，弹体与筒体内壁之间几乎没有间隙，十分紧凑，而且储运发射筒的操作和维护非常简单，装舰后可随时投入作战使用，无须进行射前检查，大大提高了导弹作战使用性和可靠性。

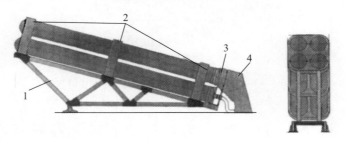

图3-3-11　"宝石"舰载倾斜发射装置

1—支撑框架；2—固定框；3—后支撑座；4—电连接器总成操作机构

　　1998 年，俄罗斯和印度在印度成立了"布拉莫斯"科研生产联合体，1999 年开始合作研制 PJ－10 新型反舰导弹。PJ－10 反舰导弹是在"宝石"多用途导弹的基础上研制的一种中远程超声速反舰导弹。导弹长 8.6 m，弹径 0.67 m。储运发射筒长 9 m，筒径 0.71 m。导弹质量 3 000 kg。发射筒重 900 kg。

　　PJ－10 反舰导弹采用垂直冷发射。垂直发射装置采用模块化设计，每个模块有 6 个发射隔舱，如图 3－3－12 所示。当导弹垂直发射离开发射筒 25～30 m 时，固体火箭助推器点火，导弹转向目标。

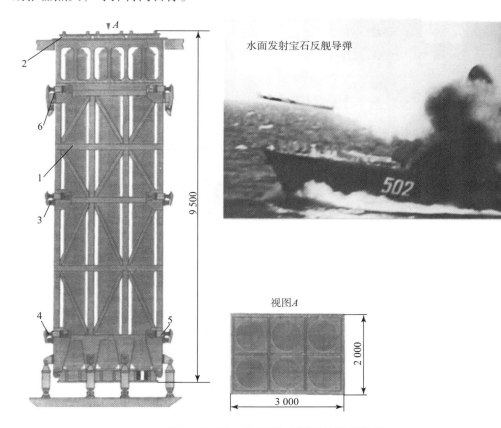

图 3－3－12　"宝石"舰载垂直发射装置

1—发射装置主体；2—盖；3—横向减震器*；4—垂直减震器*；

5—电连接器总成闭合机构；6—插销接合装置

注：* 根据需要。

　　PJ－10 反舰导弹也可以岸基作为发射平台，采用地面机动发射方式。发射架被安装在汽车底盘上。发射架可升降。系统还包括 1 辆机动的雷达搜索车和 1 辆指挥车。图 3－3－13 所示为"布拉莫斯"导弹车载发射装置。

图 3 - 3 - 13   "布拉莫斯"导弹车载发射装置

3.9   SS - N - 27"俱乐部"反舰导弹发射装置

SS - N - 27"俱乐部"反舰导弹是苏联于 1985 年开始研制的。

导弹的参数为：

弹长：6.2 m。

弹径：0.533 m。

弹重：4 000 kg。

导弹发射采用通用发射控制系统规划飞行任务，然后输入导弹中，并进行射前准备。由于各种类型的导弹都可与通用舰载发射控制系统兼容，因此可根据舰艇承担的任务和具体作战情况，在舰艇上装备不同的导弹。可以从潜艇、水面舰艇和发射车上发射 SS - N - 27。在潜艇上通过 533 mm 鱼雷管发射。通过发射车可发射岸防反舰导弹。图 3 - 3 - 14 所示为 SS - N - 27"俱乐部"导弹车载发射装置。

图 3 - 3 - 14   SS - N - 27"俱乐部"导弹车载发射装置

第4章　其他国家巡航导弹发射装置

4.1　法国"飞鱼"反舰导弹发射装置

"飞鱼"是法国于20世纪60年代研制的一种亚声速近程掠海飞行的反舰导弹，至今已形成"飞鱼"导弹系列。法国在"飞鱼"MM38基本型的基础上发展了AM39空对舰导弹、SM39潜对舰导弹、MM38岸对舰导弹和MM40中程岸对舰导弹。

4.1.1　"飞鱼"MM38舰对舰导弹

该导弹于1967年开始研制，1972年开始服役。导弹的参数为：

弹长：5.21 m。

弹径：0.35 m。

弹重：735 kg。

发射装置由发射箱、托架和底座3部分组成。发射箱有前、后盖。箱体由钢板制造，外面焊有15条加强框和4个主支架。箱内有悬挂式发射导轨、弹性支撑装置、发射箱工作程序装置、弹簧作动器、弹簧销及防水设备等。

导弹被悬挂在发射导轨上，用弹簧锁锁定。发射导轨通过12个弹性减震装置连在箱体上。端盖内连弹簧作动器，外下侧有转轴。端盖用爆炸螺栓固定在箱体上。箱内充有压力比大气压略高的N_2。箱与盖之间有密封装置。箱与舰用4条电缆相连。发射装置在舰上的布置如图3-4-1所示。

4.1.2　"飞鱼"MM38岸对舰导弹

"飞鱼"MM38岸对舰导弹是在"飞鱼"MM38舰对舰导弹的基础上发展的机动岸对舰导弹武器系统。该武器系统主要由导弹、探测雷达、指挥车等组成。其导弹性能与"飞鱼"MM38舰对舰导弹相同。

该武器系统以导弹连为独立的作战单位，每个导弹连都由1个雷达指挥所、4个发射排、1个运输排，以及1个维修班组成。指挥所包括目标探测雷达、计算机处理设备和指控台。它们全都被装在一辆车上。指挥所负责全连作战指挥工作。每个发射排都

图 3 - 4 - 1   "飞鱼" MM38 舰载发射装置

有 2 辆发射车，发射车为二轴全拖车。每辆发射车上都装有 2 枚箱弹。车载发射装置与舰上使用的储运发射箱完全相同。运输排也备有 2 辆运输车，且每辆车上都装 4 枚导弹。维修班有 1 辆维修车。图 3 - 4 - 2 所示为"飞鱼" MM38 岸对舰导弹发射装置。

图 3 - 4 - 2   "飞鱼" MM38 岸对舰导弹发射装置

4.1.3   "飞鱼" MM40 舰对舰导弹

"飞鱼" MM40 是法国在"飞鱼" MM38 和"飞鱼" MM39 的基础上发展的一种高亚声速，掠海飞行，超视距作战的舰对舰导弹。该导弹于 1973 年开始研制，1981 年装备部队。该导弹有舰对舰型和岸对舰型。

"飞鱼" MM40 导弹的布局和结构基本上与"飞鱼" MM38 相同，但弹长和弹重都有所增大。导弹长 5.78 m，弹径 0.35 m，弹重 855 kg。最主要的差别是采用了折叠式弹翼和尾翼。射程达到 370 km，命中精度达 95%，飞行速度为 0.93 Ma，巡航高度为 15 m。

该导弹已装备了法国的驱逐舰、护卫舰和巡逻艇。在巡逻艇上装有 4 枚"飞鱼"

MM40 导弹的轻便发射装置，总质量为 6.62 t。在护卫舰上装有 8 枚"飞鱼"MM40 导弹的发射设备，总质量为 13.51 t。图 3 - 4 - 3 所示为"飞鱼"MM40 舰载导弹发射装置。如图 3 - 4 - 4 所示，可以看到"飞鱼"MM40 采用适配器箱式发射。

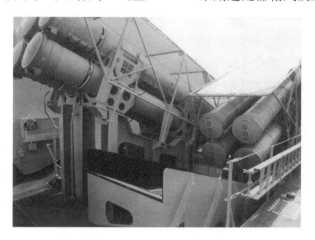

图 3 - 4 - 3 "飞鱼"MM40 舰载导弹发射装置

图 3 - 4 - 4 "飞鱼"MM40 舰对舰导弹发射

"飞鱼"MM40 筒内适配器被安装在导弹与圆形发射筒之间，前后各一圈，在导弹装填和运输中起到支撑导弹的作用。在导弹发射时，一方面对燃气起到密封作用，另一方面又对导弹起发射导向作用。每圈适配器可由 4 个扇形块组成。适配器块可以是若干层材料不同的黏合体：内层为海绵胶板，起补偿和减震作用；中层为本体，起定心和承力作用；外层为聚合物薄膜，在导弹装填和发射时，起减少摩擦阻力的作用。适配器中有定位销，连接着导弹与适配器，对适配器起定位和传力作用。

4.1.4 "飞鱼"MM40 岸对舰导弹

"飞鱼"MM40 岸对舰导弹是"飞鱼"MM40 舰对舰导弹的机动岸对舰系统。该武器系统主要由"飞鱼"MM40 导弹、TRS3410 型岸基对海探测雷达、指挥控制中心、发射装置、电源等组成。

"飞鱼"MM40 岸对舰导弹及其储运发射筒与"飞鱼"MM40 舰对舰导弹及储运发射筒完全相同。

导弹被装在储运发射筒内。4 个储运发射筒组成 1 个 4 联装发射架,如图 3 - 4 - 5 所示。发射架和发射操纵间被装在同一辆 6×6 卡车上。发射操纵间在驾驶室后面,装有导弹发射设备。操纵间后面是 4 联装发射架。行军状态发射架处于水平状态,发射时升起。发射车后面拖带 1 部发电机拖斗。

图 3 - 4 - 5 "飞鱼"MM40 车载导弹发射装置

该导弹的标准部署是以连为独立作战单位。1 个导弹连的建制为 1 个指挥所,备有 1 部 TRS3410 型雷达、1 辆指挥车和电源拖斗;3 个发射排,每排 1 辆发射车;1 个运输排,有 1 辆载 6 枚导弹的运输车。2 个导弹连设 1 个维修排。发射车如图 3 - 4 - 6 所示。

图 3 - 4 - 6 "飞鱼"MM40 导弹发射车

4.1.5　"飞鱼"SM39 潜射导弹

潜射"飞鱼"SM39 的运载器是有动力的，长为 5.8 m，质量为 1 350 kg（包括内装导弹），由头盖舱、中舱和尾舱 3 个舱段组成。头盖舱内装有用于抛掉头盖的小火药柱和出水传感器。中舱被用于装载导弹。尾舱分为前、后两段：前段内装有主燃气发生器，将导弹弹出运载器的弹射活塞，定时机构控制线路、电池组和作动器等设备；后段内装有一台固体火箭发动机。尾舱外均匀配置 8 个稳定尾翼。上尾翼上装有传感器。运载器的两个充气活门也被装在上尾翼上。中尾翼后缘装有弹簧操纵的火力控制舵面。平时运载器内充有 N_2 或干燥气体。运载器的推进装置就是被装在后段内的固体火箭发动机。该发动机可在水和空气两种介质中工作。导弹发射时，鱼雷管充水，运载器被弹射出去并在惯性作用下向前运动，同时进行内部自检，到达离潜艇 10～12 m 时，运载器发动机点火。其推力可使运载器的水下运行速度达到 20 m/s，之后以 45°角出水。运载器出水瞬间，其头部传感器向导弹发出出水信号。出水以后约 1.5 s（运载器离海平面高度 20 m）时，定时机构发出弹器分离指令。一级火箭发动机点火，作用于活塞，首先抛掉头盖，然后活塞将导弹加速推出运载器。运载器沉入水中，导弹进入巡航段。

4.2　以色列"迦伯列"反舰导弹发射装置

"迦伯列"是以色列于 20 世纪 60 年代研制的反舰导弹。"迦伯列 1"是基本型，后又研制了"迦伯列 2""迦伯列 3""迦伯列 3A/S"等型号。"迦伯列 1"导弹的主要参数为：

弹长：3.35 m。

弹径：0.34 m。

翼展：1.35 m。

弹重：430 kg。

"迦伯列 1"导弹被装在"萨尔 2"快艇上。"萨尔 2"的标准排水量为 220 t，速度为 30 节。为了装备"迦伯列 1"导弹，对快艇进行了改装，拆除了后面的火炮，装了 5 个导弹发射箱。作战时，首先由舰载雷达探测目标，捕获目标后将快艇机动到瞄准目标方向，然后发射导弹。

"迦伯列 1"导弹采用发射箱发射，方位角固定发射。

"迦伯列 2"在大舰上为 3 联装，而在导弹快艇上则有单联装和双联装。3 联装发射架被装在一个转动的平台上，如图 3-4-7 所示。

图 3 - 4 - 7　"迦伯列"发射装置

4.3　英国"海鸥"反舰导弹发射装置

英国的"海鸥"反舰导弹于 20 世纪 70—90 年代研制，先后研制了空射型和舰载型。导弹的主要参数为：

弹长：2.5 m。

弹径：0.25 m。

翼展：0.72 m。

弹重：145 kg。

射程：3~15 km。

"海鸥"导弹以小型、低成本和打击小型舰艇为设计目标。

"海鸥"导弹采用水平箱式发射，如图 3 - 4 - 8 所示。4 个导弹被装在 2 个双联装箱式发射装置中。每对发射装置带载只有 800 kg。

4.4　法国、意大利"奥托马特"反舰导弹发射装置

"奥托马特"是法国马特拉公司和意大利奥托梅拉腊公司联合研制的，1969 年开始工程研制，1977 年服役，并有许多派生型号。导弹采用小涡喷发动机。

"奥托马特 1"是"奥托马特"的基本型。导弹的参数为：

弹长：4.7 m。

图 3 - 4 - 8 "海鸥"导弹发射箱

弹径：0.46 m。

翼展：1.3 m。

弹重：770 kg。

射程：60 km。

"奥托马特"采用倾斜箱式发射，如图 3 - 4 - 9 所示。1980 年，法国为"奥托马特 2"专门设计了近似椭圆柱的储运发射箱，如图 3 - 4 - 10 所示，比原来发射箱轻了 225 kg。原来存放 1 枚导弹的空间可以叠放 2 枚导弹，使单舰的火力配置提高了 1 倍。导弹采用了折叠式弹翼。导弹射程为 150 km。

图 3 - 4 - 9 "奥托马特"发射装置

图 3 - 4 - 10 准备发射的"奥托马特 2"导弹

"奥托马特"岸舰导弹系统主要由"奥托马特 2"导弹、探测制导设备、火控系统、发射装置等组成。该型导弹武器系统同样以连为独立作战单位。每个连有 8 辆发射车。每辆发射车有两个发射箱，如图 3 - 4 - 11 所示。

图 3 - 4 - 11 岸防"奥托马特"导弹发射

意大利发射车上的新型"奥托马特"MK2 发射箱采用非金属蜂窝夹层结构。其横截面形状近似一个椭圆，内表面有一层耐高温烧蚀材料。箱内的上方有一条与箱体成为一个整体的上大下小的梯形横截面纵梁，被用来安装和固定发射导轨。导弹通过滑块下挂在导轨上。箱内纵向还有 4 条"L"形的通长弹翼限制导轨。发射箱的前、后端盖由非金属复合材料夹层结构构成，各由一个电动机构驱动向上打开，最大开动角度 95°，打开时间为 1.3 s。发射箱电气转接电缆、插头等均被置于箱体尾部。发射箱支架用铝合金型材焊接而成。发射箱用其两侧的导向板在箱架上定位，并通过螺栓使箱体底部与发射箱支架相连。支架被固定于发射车的底盘上。

4.5　瑞典反舰导弹发射装置

4.5.1　瑞典"罗伯特315"反舰导弹发射装置

"罗伯特315"既是瑞典于20世纪50年代初研制的反舰导弹，也是西方国家装备最早的反舰导弹。

导弹的主要参数为：

弹长：7.2 m。

弹径：0.67 m。

翼展：2.1 m。

弹重：1 360 kg。

飞行速度：0.85 Ma。

射程：18.5 km。

舰上发射架为倾斜导轨定角发射，导轨很长，估计有几十米。图3－4－12所示为发射架上的"罗伯特315"导弹。

图3－4－12　发射架上的"罗伯特315"导弹

4.5.2　瑞典 RBS－15 反舰导弹

RBS－15属于瑞典研制的第三代反舰导弹系统。RBS－15为基本型，后又发展了RBS－15M、RBS－15MK2、RBS－15MK3等反舰导弹。

RBS－15M导弹的参数为：

弹长：4.5 m。

弹径：0.5 m。

弹重：730 kg。

射程：70 km。

RBS - 15MK3 与 RBS - 15M 导弹几何尺寸没有大的变化。

RBS - 15MK3 发射架为双联装，倾斜发射筒式发射。发射筒为圆柱形。上、下两个发射筒组成一个发射模块，被固定在基座上。这种发射系统成本低，维修方便，大大减小了雷达散射面积，提高了武器系统的隐身能力，如图 3 - 4 - 13 所示。

图 3 - 4 - 13   双联装发射架上的 RBS - 15MK3 导弹

RBS - 15 岸舰导弹发射装置为 4 联装箱式发射，被装在 6×6 重型卡车上。导弹助推器按对角线在箱内呈 45°倾斜布置在发射箱内，以减少发射箱体积。发射箱由铝合金制成，采用侧开盖。发射前，起竖至 22°发射，如图 3 - 4 - 14 所示。

图 3 - 4 - 14   RBS - 15 岸舰导弹发射装置

图 3 - 4 - 14　RBS - 15 岸舰导弹发射装置（续）

4.6　日本 SSM - 1 反舰导弹发射装置

　　SSM - 1 是日本于 20 世纪 80 年代研制的中远程反舰导弹。在该导弹的基础上，经改进设计，研制了 SSM - 1A 岸对舰导弹。岸对舰导弹武器系统一个导弹营有 1 辆指挥车和 4 辆火控车。每辆火控车都控制 4 辆发射车。同时，又研制了 SSM - 1B 舰对舰导弹。SSM - 1 导弹的参数为：

　　导弹长：5.08 m（含助推器，无助推器为 4.0 m）。

　　弹径：0.350 m。

　　翼展：1.2 m。

　　弹重：660 kg。

　　SSM - 1 反舰导弹采用储运发射筒发射。储运发射筒的前、后盖为平盖。

　　SSM - 1A 岸对舰导弹的发射装置由发射车底盘和起竖发射架组成。该发射架有 6 个发射筒，分上、下两排，并捆扎在一起，被安装在起竖发射架上，组成 6 联装发射架，如图 3 - 4 - 15 所示。该系统由发射车、导弹、指挥车、通信车等组成。以连为独立作战单位，每连有 4 辆发射车。发射车以 73 式大型卡车为底盘。导弹发射完后，可利用车上起重机迅速卸下用过的 6 联装发射筒，重新装上新的筒弹。

　　SSM - 1B 舰对舰导弹采用"捕鲸叉"导弹的发射架发射。它包括 MK140 专用箱式发射架、MK112 "阿斯洛克"反潜导弹发射架和 MK11 "鞑靼人" 舰对空导弹发射架，如图 3 - 4 - 16 所示。

图 3 - 4 - 15 SSM - 1A 反舰导弹发射装置

图 3 - 4 - 16 SSM - 1B 反舰导弹发射装置

4.7 挪威"企鹅"反舰导弹发射装置

挪威发展了"企鹅-1""企鹅-2""企鹅-3""企鹅-4"系列导弹。"企鹅-1"于 1970 年装备。导弹的参数为:

弹长: 2.95 m。

弹径: 0.28 m。

翼展: 1.42 m。

弹重: 330 kg。

"企鹅－2"舰载导弹的参数为：

弹长：3.0 m。

弹径：0.28 m。

翼展：1.42 m。

弹重：340 kg。

发射装置为一个储运发射箱支架和储运发射箱，通过支架被固定在甲板上，如图3－4－17所示。

图3－4－17　"企鹅"舰载发射装置

挪威海军的岸防"企鹅"导弹是在"企鹅"舰对舰导弹的基础上发展而来的，它有固定型、半机动型和机动型3种。岸防"企鹅"导弹与舰对舰导弹相同，最初固定型和半机动型使用的是"企鹅－1"型导弹，后来改用了"企鹅－2"型导弹。机动型使用的是"企鹅－2"型导弹。固定型和半机动型系统以连为独立作战单位，且每个连备有8枚导弹和1辆指控车（指挥中心）。另外，还有导弹运输车等设备。也可用一辆指挥车同时指挥两个导弹连作战。机动型系统的导弹连由1辆指挥车和1辆发射车组成，或将整个系统装在一辆车上。车底盘后段横着装有3个发射箱。底盘前部装雷达、指控系统和3名操作人员。

"企鹅－3"为空舰导弹，是在"企鹅－2"的基础上进行研制的，1986年定型生产。导弹的参数为：

弹长：3.2 m。

弹径：0.28 m。

翼展：1 m。

弹重：372 kg。

导弹被挂在机翼下的挂架上（挂架上安装适配器）发射。有3种基本发射方式：

第一种是雷达控制发射方式，在无干扰条件下使用；第二种为半人工发射方式，通过目视瞄准具与平视显示器来选定目标和发射导弹；第三种为完全人工发射方式，由飞行员操纵飞机使十字线对准目标，并发射导弹。

"企鹅 – 4" NSM 导弹的参数为：

弹长：3.95 m。

翼展：1.4 m（折叠 0.7 m）。

弹重：407 kg。

发射箱长：4.08 m。

发射箱截面尺寸：0.89 m×0.8 m。

箱弹重：846 kg。

在发射箱内导弹能被安全储存 3 年，每 5～10 年检查一次。导弹寿命为 30 年。

NSM 导弹采用储运发射箱发射方式，如图 3 – 4 – 18 所示。储存时，导弹腹部朝上，呈倒置状态，弹体上表面的弹耳与矩形发射箱底部的固定件相连。导弹飞离发射箱瞬间仍呈颠倒状态，助推器燃尽，导弹即滚转至正常状态，随之，涡轮喷气发动机点火，导弹进入巡航飞行阶段。

图 3 – 4 – 18　NSM 导弹发射装置

"企鹅"导弹既可装备挪威海军舰艇，又可供舰载直升机挂载，是海空平台均可发射的新一代反舰导弹，具有很好的通用性；同时，为满足机载要求，严格限制了几何尺寸和总重。在其发射箱内，所有与武器之间的通信都是通过 MILSTD1760 协议来实现的。这与现代战斗机上的通信方式完全一致。因为导弹的挂点在弹体背部，所以能方便地挂到标准的机载 1760 型武器挂架上。该导弹还可被集成到 F – 35 联合攻击战斗机及欧洲战斗机上。

4.8　法、德"独眼巨人"反舰导弹发射装置

"独眼巨人"是一种光纤制导导弹，是德国航天航空公司于20世纪80年代初率先提出研制构想的一种非常规反舰导弹。1982年开始先期可行性研究；1984—1986年进行了原理验证性试验；1991年和1994年，法国马特拉公司和意大利导弹公司相继加盟该导弹的开发计划，组成"独眼巨人"导弹集团。

在舰载型、机载型"独眼巨人"反舰导弹开始研制后不久，德国航天航空公司又与挪威康斯堡公司联合开发了潜载型"独眼巨人"光纤制导导弹，并命名为"海神"。其样弹已在1998年6月的柏林航展上公开展出。"海神"潜射导弹长为2 m，重120 kg，飞行速度为200 m/s，射程为15 km，巡航高度为20~60 m，主要适于攻击水面舰艇、反潜直升机和近岸其他目标。

"独眼巨人"岸防导弹采用6联装箱式发射车发射，如图3-4-19和图3-4-20所示。

图3-4-19　"独眼巨人"发射箱

图3-4-20　"独眼巨人"车载发射装置

第四篇　战术火箭发射装置

第1章 概　　述

1.1　战术火箭发射装置发展历程

　　火箭发射装置是一种多发联装发射火箭的武器。其特点是发射速度快、火力猛烈、突袭性强、有高的机动能力和越野能力，多被用于对面目标实施突然、猛烈、密集的火力袭击，压制敌有生力量、装甲目标；但火箭炮的射弹散布大，发射时火光大，易暴露阵地。

　　火箭炮一般由定向器、回转盘、高低机、方向机、发火系统和载车组成。定向器是发射火箭的导向装置，被用以安放火箭。现代火箭炮采用管式定向器，发射前将火箭弹装在管内，在发火系统控制下以一定的顺序和时间间隔发射。

　　"喀秋莎"（БМ－13）是苏联在第二次世界大战时期研制的火箭炮。"喀秋莎"是一种多轨道的自行火炮，火箭弹16发，火箭弹直径132 mm，最大射程8.5 km，既可单射，也可部分连射或者一次齐射。一次齐射仅需7～10 s。装填16发火箭弹需5～10 min。"喀秋莎"火箭炮机动灵活，转移阵地迅速，机动速度可达90 km/h。

　　第二次世界大战后，苏联的火箭炮发展得比较快，而且射程不断增大。北约国家直到20世纪70年代，才逐步认识到多管火箭炮的独特作用，开始重视火箭炮的研制和发展。火箭炮现已成为各国军队中重要的压制武器。

　　20世纪50年代起，苏联开始对"喀秋莎"进行改进，使其减小了弹射散布，并且可发射低速旋转尾翼火箭弹。到了20世纪60年代初期，苏联在改进型的火箭弹的基础上，研制出有40个发射管，口径为122 mm的9K51式"冰雹"（БМ－21）火箭炮。它不但可以发射低速旋转的折叠尾翼火箭弹，而且提高了射弹密度。它的发射管多，射程远，杀伤威力比以前的改进型有大幅度提高。苏联于20世纪70年代中期研制的（БМ－27）火箭炮，发射弹径为240 mm，最大射程为40 km。苏联于20世纪80年代研制的9K58式"旋风"（БМ－30）火箭弹，发射弹径为300 mm，最大射程为70 km。

　　美国直到20世纪70年代才开始研制火箭炮，80年代初研制出了世界上先进的M270多管火箭炮，射程可达40 km。

1.2　战术火箭发射装置发展趋势

战术火箭发射装置目前呈现的趋势为：

（1）以发展射程远，威力大的中型和重型火箭炮为主。

（2）通过采用新结构、新材料和高性能复合推进剂等，提高有效载荷（战斗部）与全弹的质量比，并获得更大的射程。

（3）通过配用先进的射击指挥系统、定向定位系统、火控系统及自动化装填系统等，提高火箭炮的射击精度和火力反应速度。

（4）发展多种形式的战斗部，如远程子母弹战斗部、反坦克布雷战斗部、末制导反坦克子母弹战斗部等。

（5）发展轻型多管火箭炮，以提高其机动能力，能利用运输机和直升机吊运。

目前世界上最有代表性和最先进的火箭炮有俄罗斯的9K58式（БМ－30）"旋风" 300 mm 多管火箭和美国的 M270（MLRS）多管火箭炮。

第2章　美国战术火箭发射装置

美国战术火箭炮有 M270 多管火箭炮和高机动火箭炮，还计划发展一种最大射程达 70 km 的远程重型火箭炮。

2.1　美国 M270 多管火箭炮

第二次世界大战以后很长一段时间内，由于美国把火箭炮的射弹散布大，精度不高的缺点看得过重，而忽视了它提供大面积密集火力作战能力，因此一直没有发展多管火箭炮。直到 20 世纪 70 年代，美国才认识到多管火箭炮在战争中的重要性。并于 1976 年开始发展代号为 GSRS 的多管火箭炮，1983 年开始装备部队，1991 年在海湾战争中首次使用。该多管火箭炮目前在美国陆军的代号为 M270 多管火箭炮，又称 MLRS 多管火箭炮。

2.1.1　M270 式多管火箭炮的构成

M270 火箭炮发射车由发射装置、火控系统和底盘 3 大部分组成。

（1）发射装置。

发射装置是由一个铝制矩形发射箱与每组各 6 根的两组发射管组装而成。在发射箱上装有双臂式起重机，可伸到发射箱外进行自动装弹或卸弹，操作十分方便。

发射装置有 12 个口径为 227 mm，长约 4 m 的玻璃钢制发射管。发射管后段安装 4 条螺旋导轨，缠角为 12°，使火箭弹滑离定向器而获得低速旋转，以提高发射精度。12 个发射管可装填 12 发火箭弹。这 12 个发射管首先被组装成两个发射—储存器（每个发射—储存器为两层，共 6 个发射管），然后再把两个发射—储存器装入长方形发射箱内。图 4-2-1 所示为 M270 多管火箭炮。

发射—储存器既是发射管的运输箱，又是火箭弹的储存箱。装入发射管内的火箭弹，经密封后储存期可达 10 年以上。发射—储存器是可以更换的。当火箭弹发射完后，即可利用自备的起重设备将不带弹的发射—储存器从发射箱吊到地面，再把带弹的发射—储存器吊入发射箱。由于实现了装填机械化，一人操作装填 12 发火箭弹只需 5 min。图 4-2-2 所示为 M270 式 227 mm 多管火箭炮在自动装弹。

图 4 – 2 – 1　M270 多管火箭炮

　　为了保证多管火箭炮在战场上得到充足的弹药，美国专门为多管火箭炮研制了
M985 式高机动重型卡车作为火箭弹运输装填车。一辆 M985 卡车及拖车可运输 8 个发
射—储存器，共 48 发火箭弹。

　　M270 多管火箭炮采用 2 个并联的发射箱，每个发射箱在出厂时已将 6 枚火箭弹或
1 枚陆军战术导弹装好。发射箱由一个轻型铝制框架和 6 个玻璃钢发射管组成。发射箱

图 4-2-2　M270 式 227 mm 多管火箭炮在自动装弹

装弹前重约 402.27 kg，装弹后重约 2 287.27 kg。在火箭弹发射箱底部的 4 个角上有 4 个减震垫。在存储和运输火箭弹时这 4 个减震垫对火箭弹有保护作用。

（2）火控系统。

火控系统是多管火箭炮在现代战场上赢得时间，获得速度和效率优势的关键设备。它由火控装置、遥控发射装置、定位定向系统、电子装置、火控面板等组成，能完成射击数据计算、瞄准和发射（单发射、几发连射和齐射）等任务。

由于将本炮的操瞄系统移到驾驶室内，故操作手可在驾驶室内完成各种战斗操作。只有在驾驶室遭到破坏或火控面板发生故障时，才使用遥控发射装置。此时，操作手可利用一根 35 m 长的电缆，在车外选一个适当的隐蔽地点进行发射。

在多管火箭炮上装的定位定向系统，由稳定基准平台（主要是一部电动陀螺罗盘）和定位系统两部分组成。稳定基准平台可为火控系统提供方向、高低和倾斜参数，而定位系统则可提供位置参数。稳定基准平台与定位系统相结合，既能准确地测出多管火箭炮本身的行驶方向和所在位置，又能连续提供多管火箭炮本身的现地坐标，因而大大提高了火箭炮"炮自为战"的独立作战能力。这对炮兵间瞄武器系统来说，无疑是一个很大的技术突破。

（3）底盘。

该底盘是由 M2 步兵战车底盘 M993 型履带车改装而成的。底盘的后部装有发射装置，而发射装置通过整体式座圈与底盘连接。驾驶室位于车体前部，可容纳 3 名乘员（驾驶员、瞄准手和炮长）。如前所述，由于操瞄系统被设置在驾驶室内，故全部战斗操作动作都要在驾驶室内完成。因此，有装甲防护的驾驶室，实际上也是一个小型的战斗室。驾驶室配有过压及核、生、化防护系统。该系统装有音频和视频警报触发装置。此外，该底盘还增设有闭锁装置，被用于在发射前闭锁悬挂装置，以提高发射时的稳定性。采用 M2 步兵战车底盘研制的 M270 火箭炮，发动机功率为 367 kW，具有良好的越野机动性，提高了火箭炮在战场上的生存能力。

火箭炮进入阵地后，自动放倒，然后自动调平，自动计算射击诸元，并进行修正。火箭炮发射完后自动收炮，自动化程度高。

2.1.2　M270 式多管火箭炮用火箭弹

多管火箭炮配用 3 种火箭弹，分别是双用途子母火箭弹、反坦克雷火箭弹和末制导火箭弹。这 3 种火箭弹的发动机和稳定装置都是相同的，所不同的只是战斗部。

（1）双用途子母火箭弹。

双用途子母火箭弹是最初为该火箭炮研制的基本型火箭弹，已装备使用。它既能杀伤人员，又能摧毁轻型装甲车辆，故称为双用途子母弹，主要被用来打击炮兵发射阵地，密集的无装甲防护车辆，防空兵器阵地，以及停留在降落场上的直升机等，其射程为 32 km。一门火箭炮二次齐射 12 发双用途子母弹能覆盖约 60 000 m² 面积，足以摧毁性地打击敌军一个炮兵连阵地。

（2）反坦克雷火箭弹。

反坦克雷火箭弹的质量较轻，射程可达 40 km。其战斗部装有 28 枚 AT-2 型反坦克雷。一门多管火箭炮一次齐射 12 发，可发射出 336 枚反坦克雷。两门火箭炮即可布设约 1 000~1 500 m 宽的雷场，被用以击毁各种装甲车辆和无装甲防护的车辆。

（3）末制导火箭弹。

末制导火箭弹利用火箭弹自身的制导装置，在外弹道末段将弹丸导向目标。多管火箭弹配用末制导火箭弹。其战斗部内装有 3 枚末制导子弹。子弹上装有全天候毫米波寻的器，能准确地探测、跟踪，直到命中目标，射程可达 40 km，主要被用来攻击敌方的坦克、自行火炮及其他装甲车辆的行军纵队。

除以上 3 种火箭弹外，美国陆军还在为 M270 火箭炮研制"萨达姆"火箭弹和二元化学火箭弹等新弹种，并研制了一种用该火箭炮发射的近程战术导弹。

陆军战术导弹系统是一种近程 120 km 的战术导弹，由 M270 火箭炮稍加改装而成，可装 2 枚导弹。图 4-2-3 所示为可发射战术弹道导弹的

图 4-2-3　可发射战术弹道导弹的 M270 式改进型火箭炮

M270 式改进型火箭炮。

2.1.3　M270 式多管火箭炮的战术技术性能

M270 式多管火箭炮的战术技术性能为：

（1）火箭炮。

口径：227 mm。

管数：12 个。

射速：12/5（发/s）。

高低射界：0°～ +60°。

方向射界：360°。

战斗射速（一次齐射）：12/50（发/s）。

发射车不装弹重：20 t。

战斗全重：25.191 t。

最大射程：32 km（双用途子母火箭弹）；

　　　　　40 km（AT2 反坦克地雷的火箭弹）；

　　　　　40 km（末制导子母弹战斗部火箭弹）；

　　　　　57 km（"萨达姆"子母弹战斗部火箭弹）。

行军战斗转换时间：5 min。

战斗行军转换时间：2 min。

行军状态：长：6.972 m；

　　　　　宽：2.972 m；

　　　　　高：2.617 m。

再装填时间：5 min。

行军速度：64 km/h。

最大行程：483 km。

机动方式：自行。

运载车型号：M993 履带车。

乘员：3 人。

（2）火箭弹。

弹径：227 mm（双用途子母弹）；

　　　236.6 mm（反坦克布雷弹）。

弹长：3.940 m。

弹重：310 kg（双用途子母弹）；

　　　257.5 kg（布雷弹）；

257.59 kg（反坦克布雷弹）。

2.1.4 M270式多管火箭炮的性能特点

M270式227 mm 12管火箭炮的性能特点为：

（1）射程远，威力大。射程可达40 km。该炮配有多种战斗部。

（2）自动化程度高，反应速度快。该炮配有自动化火控系统。

（3）应用广泛。该炮不仅可发射多种火箭弹，还可发射战术ATAMS导弹。

2.2 美国"海玛斯"（HIMARS）高机动火箭炮

高机动火箭炮是在M270式227 mm多管火箭炮的基础上发展起来的。它的特点是质量轻，机动性强，便于空运，能满足轻型、快速部署部队及快速兵力投送和快速反应的需要。

发射车底盘为6×6越野车，载重5 t。在车后部安装一个发射架。发射架上既可以装有6枚M270式火箭炮配用的火箭弹的发射箱，也可以装1个装有1枚陆军战术导弹的发射箱。

高机动火箭炮的操作程序与现役的M270式火箭炮系统相同，采用同样的火控系统、电子装置和通信系统，并且保持着现役多管火箭炮系统的自动装填和自主作战。

高机动火箭炮可用C－130、C－141、C－5飞机运输。由于发射车采用轻型越野车底盘，有高的公路机动行驶速度。图4－2－4所示为"海玛斯"高机动火箭炮。

图4－2－4 "海玛斯"高机动火箭炮

高机动火箭炮的战术技术性能为：

（1）火箭炮。

口径：227 mm。

管数：6 个。

发射方式：单射、连射和齐射。

高低射界：0°～+60°。

方向射界：360°。

运载车质量：8.273 t。

发射架/装弹机重：2.915 t。

发射箱重：2.282 t。

战斗全重：13.696 t。

最大射程：32～57 km。

行军状态：长：6.940 m；

宽：2.4 m；

高：3.180 m。

最低点离地高：0.564 m。

行军速度：89 km/h。

最大行程：480 km。

配用弹种：双用途子母弹、"萨达姆"子母弹、"萨达姆"远程子母弹和远程火箭弹。

（2）火箭弹。

弹径：227 mm。

弹长：3.940 m。

弹重：308 kg。

加速度：50 g。

火箭发动机：固体燃料火箭发动机。

第3章 俄罗斯战术火箭发射装置

历史上最著名的火箭炮是苏联的"喀秋莎"火箭炮,是苏联卫国战争时期发展的火箭炮,并在战争中发挥了巨大威力。第二次世界大战后,苏联的火箭炮发展得比较快,先后研制出了9K51式"冰雹"122 mm多管火箭炮(БМ-21)、9K57式"飓风"220 mm多管火箭炮(БМ-22)和9K58式"旋风"300 mm多管火箭炮(БМ-30)等火箭炮,在射程、精度、威力、自动化程度等方面都有了很大程度的提高。

3.1 БМ-13"喀秋莎"火箭炮

苏联的"喀秋莎"火箭炮于20世纪30年代末期研制,1941年6月苏德战争爆发后大量生产,主要适于压制面目标,歼灭集结步兵。

1941年7月—1944年12月苏联共生产"喀秋莎"火箭炮1万余门,在第二次世界大战中发挥了巨大威力。

其发射架为滑轨式。8条滑轨被并排安装在越野车底盘上。每条滑轨上、下各挂一枚火箭弹。一次齐射需7~10 s,可发射16枚火箭弹。图4-3-1所示为"喀秋莎"火箭炮。

图4-3-1 "喀秋莎"火箭炮

火箭弹弹径132 mm,最大射程8.5 km,重新装填时间为5~10 min。由于火箭弹发射时火光和烟雾很大,易暴露阵地,因而将其安装在卡车上,以便"打了就跑",迅速转移其发射位置。

3.2　9K51 式"冰雹"122 mm 多管火箭炮

9K51 式"冰雹"122 mm 多管火箭炮是苏联新一代多管火箭炮，1960 年装备部队，适于摧毁暴露和隐蔽的有生力量，集结地区的无装甲防护装备和装甲输送车，以及火炮连、迫击炮连、多管火箭炮连、指挥所、弹药库和其他目标。

为了提高火箭弹的射击精度，在弹上安装了旋转定向钮，有较高的炮口转速，可以提高射击精度。

该系统组成为：122 mm 火箭弹、БМ – 21 火箭炮和自动火控系统。

БМ – 21 火箭炮的载车采用乌拉尔（6×6）–375D 卡车底盘。底盘上安装了自动瞄准和火控系统。БМ – 21 火箭炮如图 4 – 3 – 2 所示。

用于摧毁暴露和隐蔽的有生力量，集结地区的无装甲防护的装备和装甲输送车，以及火炮连、迫击炮连、多管火箭炮连、指挥所、弹药库和其他目标。系统组成：

——122 mm 火箭弹；

——改进型БМ–21火箭炮；

——"卷心菜虫"–Б自动火控系统

图 4 – 3 – 2　9K51 式"冰雹"122 mm 多管火箭炮

1—引信数据传输装置；2—倾角指示陀螺自定向系统；3—卫星导航天线；4—卫星导航设备；

5—瞄准手操纵台；6—遥控输入设备；7—"板条"–41 计算机；8—里程表

自动瞄准系统包括40个筒式定向管、摇架、回转盘、方向机、高低机、平衡机、瞄准装置等。定向管排列4排，每排10管，用金属带固定在一起，采用以电力传动为主，人工传动为辅的传动系统。既可在驾驶室电控发射，也可在60 m外遥控发射。发射架高低射界为0°～+55°；方向射界左为120°、右为60°。

主要战术技术性能为：

口径：122.4 mm。

发射管数：40。

发射管长：3 000 mm。

一次齐射40发时间：20 s。

发射方式：单射、连射和齐射。

发射间隔：0.5 s。

高低射界：0°～55°。

方向射界：+70°～－102°。

最大射程：20.38 km。

精度：横向：1/123；

纵向：1/217。

瞄准速度：高低：5°/s；

方向：7°/s。

质量：13.7 t。

外形尺寸（长×宽×高）：7 350 mm×2 040 mm×3 000 mm。

底盘：乌拉尔－375D。

最大行驶速度：75 km/h。

最大行程：650 km。

行军战斗转换时间：3 min。

再装填时间：7 min。

（1）БМ－21改进型火箭炮性能。

①可以从未经测地准备的阵地上发射。

②乘员在乘舱内且不使用瞄准点就能瞄准定向管束。

③自主确定定向管束的纵轴方位角。

④有关定向管束的位置和路径的图像信息直观地反映在视频监视器上。

⑤缩短在发射阵地的停留时间。

⑥发射制式火箭弹及带时间引信的火箭弹。

⑦采用两个轻型模块式发射箱（各装有20枚火箭弹）替换原有的发射装置。

（2）火箭弹主要性能。

弹径：122 mm。

弹长：2 870 mm。

弹重：66 kg。

"冰雹"多管火炮系统研制各种用途的 122 mm 火箭弹：

①9M22Y 杀伤爆破火箭弹，射程为 20.1 km。

②配有增强战斗部的 9M521 式杀伤爆破火箭弹，对目标的杀伤效能是 9M22Y 火箭弹的 2 倍，射程为 40 km。

③配有可分离战斗部的 9M522 式杀伤爆破火箭弹，对目标的杀伤效能是 9M22Y 火箭弹的 6 倍，射程为 37.5 km。

④配有末敏子弹的 9M217 火箭弹，射程为 30 km。

⑤配有破甲子弹的 8M218 火箭弹，射程为 30 km。

3.3　9K57 式"飓风"220 mm 多管火箭炮

9K57 式"飓风"220 mm 多管火箭炮是苏联于 20 世纪 70 年代中期研制，1977 年装备部队的，被用于歼灭集结的有生力量，压制集群坦克及装甲车辆等目标。

采用管式定向器，分 3 层排列，上层 4 管，下面两层各 6 管，如图 4-3-3 所示。行军时，定向器向后，发射时通过下架使定向器转向 180°发射方向，并使重心前移。这种结构有利于调整发射车前后桥的载荷分布。发射车采用"吉尔-135"（8×8）越野汽车底盘。该汽车底盘轮胎有中央调气系统（自动充、放气）。每门火箭炮都配有两辆火箭弹运输装填车，而每辆车载 16 枚火箭弹。

图 4-3-3　"飓风"220 mm 多管火箭炮

火箭炮定向器长 5 000 mm，其主要战术技术性能为：

口径：220 mm。

发射管数：16。

发射管长：5 000 mm。

发射间隔：1 s。

发射方式：单射、连射和齐射。

齐射时间：20 s。

最大射程：40 km。

再装填时间：15 ~ 22 min。

高低射界：0° ~ +55°。

方向射界：240°。

最大行驶速度：65 km/h。

最大行驶里程：500 km。

行军战斗转换时间：3 ~ 5 min。

战斗全重：22 750 kg。

炮班：6 人。

火箭弹的主要性能为：

弹径：220 mm。

弹长：4 800 mm。

弹重：300 kg。

3.4 9K58 式"旋风"300 mm 多管火箭炮

9K58 式"旋风"300 mm 多管火箭炮（BM - 30）是苏联研制的口径最大的火箭炮，1983 年设计定型，1987 年开始装备部队。

"旋风"多管火箭炮主要适于压制和歼灭有生力量，摧毁装甲目标、炮兵连队，集团军阵地的飞机和直升机、军师指挥所、仓库及其他地面目标。

"旋风"多管火箭炮的发射装置由 12 根 8 m 长的定向管呈"Ⅱ"形配置而成，上面一排 4 根，下面每侧各 2 排，每排 2 根，安装在 MAZ - 543M（8 × 8）越野车底盘上，如图 4 - 3 - 4 所示。发射车驾驶室装有自动化指挥系统，并有装甲防护，配有 2 个射击稳定器。该车共有 4 名乘员，即驾驶员、操作员、装填手和炮长。该火箭炮全重（包括 12 发火箭弹）43.7 t。

"旋风"多管火箭炮还配有 MAZ - 543M（8 × 8）火箭弹运输装弹车。该车可运载 12 发杀伤子母火箭弹，并可机械半自动装填，战斗全重 43.10 t。

"旋风"多管火箭炮有以下主要特点：

（1）自动化程度高。

图 4 - 3 - 4　"旋风" 300 mm 火箭炮

火箭炮配有自动化射击指挥系统。每个火箭炮连都配有 1 辆射击指挥车。车上装有计算机系统、通信器材、无线传输系统和定位定向系统。行军战斗转换时间为 3 min。

（2）射程远。

该火箭炮最大射程为 70 km 和 90 km。

（3）射弹覆盖面积大。

发射的杀伤子母火箭弹重 800 kg，战斗部重 240 kg，内装 72 枚直径为 75 mm 的子弹药。1 门火箭炮一次齐射可抛出 864 枚子弹药，覆盖面积达 60 万 m^2。

（4）精度好。

定向管内有两条螺旋导槽，火箭弹采用初始简易惯性制导和自动修正技术，使得火箭弹散片精度达 $1/300 \times 1/300$。散布精度好。

改进型 9A52 - 2 火箭炮安装了自动瞄准和火控系统，如图 4 - 3 - 5 所示。改进后的性能为：

①从未经测地准备的阵地上发射。

②乘员在座舱内且不使用瞄准点就能瞄准定向管束。

③自主确定定向管束的纵轴方位角。

④在视频终端上用直观图像显示有关定向管束瞄准的信息、车辆运动路径和位置，以及目的地和运动方向。

⑤因为缩短了在发射阵地的停留时间，故增加了多管火箭炮系统的生存能力。

⑥增加了瞄准操作手的舒适性，尤其是在恶劣的天气条件下和夜间。

⑦由于拥有导航和连测设备，提高了自主作战能力，能够迅速更换射击阵地和自主运动。

⑧减少了乘员。

图4-3-5 改进的"旋风"300 mm多管火箭炮

1—卫星导航设备；2—卫星导航设备天线；3—"板条"-41计算机；4—瞄准手操纵台；
5—里程表；6—遥控输入设备；7—倾角指示陀螺自定向系统

火箭炮的主要战术技术性能为：

发射管数：12。

火箭弹质量：射程70 km：800 kg；

　　　　　　射程90 km：815 kg。

火箭炮质量：43 700 kg。

一次齐射时间：38 s。

再装弹时间：20 min。

外形尺寸（长×宽×高）：12 100 mm×3 050 mm×3 050 mm。

乘员：3人。

底盘：MAZ-543M。

高低射界：+15°～+55°。

方向射界：左、右各27°。

最大行驶速度：65 km/h。

第4章 其他国家战术火箭发射装置

4.1 德国"拉尔斯 – Ⅱ" 110 mm 火箭炮

"拉尔斯"是口径为 110 mm 的轻型火箭炮,于 1965 年开始研制,1969 年装备德国部队使用。这种火箭炮既可单发射击,也可以齐射。它是世界上第一种具有反装甲作战能力的火箭炮,不仅配备了杀伤火箭弹,而且最早配用了布雷火箭弹、子母火箭弹,后又增添了末制导火箭弹。布雷火箭弹内装有 5 ~ 8 枚反坦克地雷。这些每个重 2 kg 的地雷带有降落伞,可降落在敌方坦克或装甲车辆经过的地方,专炸坦克装甲比较薄弱的履带和车底部位。子母火箭弹内含有 65 个重 0.21 ~ 0.23 kg 的反装甲杀伤子弹,每个子弹装 0.03 kg 炸药,杀伤半径为 3 m,能穿透 65 ~ 100 mm 厚的均质装甲。末制导火箭弹内装有 1 枚重 11 kg,长 700 mm,直径 102 mm 的红外寻的子弹。当火箭弹的飞行高度为 1 500 m 时,子弹从母弹内抛出,降到离地面 1 000 m 时,子弹开始在直径 700 m 的范围内搜寻地面目标,然后进行攻击。

"拉尔斯"轻型火箭炮主要被用来歼灭和压制敌有生力量,如装甲部队和摩托化部队。

"拉尔斯"火箭炮主要由两个火箭发射箱、载车、上架、下架、瞄准装置及电发火系统等组成,如图 4 – 4 – 1 和图 4 – 4 – 2 所示。

图 4 – 4 – 1 德国"拉尔斯" 110 mm 火箭炮

图 4 - 4 - 2 德国"拉尔斯"110 mm 火箭炮后视图

发射箱的两个耳轴被装在上架上，可以转动。每个发射箱都有 18 枚定向管。定向管由铝管制成，长 3 900 mm。在定向管内有 4 条膛线，被用来赋予火箭弹每秒 8 转的起始转速。行军和射击时，操作人员均坐在驾驶室里。驾驶室内有各种电子装置，被用来检测火箭发动机点火具和火箭弹引信，装定引信时间分划，装定地雷起爆时间，选择射击方式及控制发射等。另外，在发射车驾驶室顶部还装有一挺 7.62 mm 机枪。

这种火箭炮的火控系统主要由跟踪雷达、数字式计算机、操作控制台、电源装置及射击诸元显示器等组成。跟踪雷达采用圆锥扫描、单束跟踪原理来跟踪和测量火箭弹的弹道，以求取射击诸元；而射击诸元显示器则被直接安装在每门火箭炮上，可显示 4 位数的射击诸元。

"拉尔斯"110 mm 火箭炮不仅能发射普通杀伤火箭弹和子母型火箭弹，而且是最先配用末制导火箭弹的火箭炮，因而提高了射击精度和威力。

"拉尔斯"火箭炮的主要特点是：射程远，射击精度高，杀伤威力大，越野性能强。

火箭炮的主要战术技术性能为：

口径：110 mm。

管数：36。

管长：3 900 mm。

战斗射速（一次齐射）：36/18 发/s。

发射方式：单发、连射和齐射。

发射间隔：0.5 s。

高低射界：0° ~ +55°。

方向射界：±95°。

战斗全重：17 480 kg。

射程：最大射程：14 000 m；

最小射程：6 000 m。

行军战斗转换时间：3 min。

行驶速度：90 km/h。

最大行程：700 km。

最大爬坡度：31°（60%）。

机动方式：自行。

运载车：MAN 7 t。

火箭弹的参数为：

弹径：110 mm。

弹长：2 263 mm。

弹重：35.15 kg。

稳定方式：尾翼和旋转。

起始飞行速度：50 m/s。

最大飞行速度：63 m/s。

4.2　法国"阵风"145 mm 火箭炮

法国"阵风"145 mm 火箭炮于1971 年开始研制，1982 年和1985 年分别完成了18 管和30 管两种火箭炮的研制工作。

"阵风"18 管火箭炮的发射架由 3 个组合式发射箱组成，且每个发射箱都有 6 根定向管，如图 4-4-3 所示。

图 4-4-3　"阵风"18 管火箭炮

"阵风"30管火箭炮的发射架由3层定向管组成，每层10根，如图4-4-4所示。定向管内制有两条导向槽，可使火箭弹低速旋转，以提高射弹精度和密集度。

图4-4-4 "阵风"30管火箭炮

两种发射架均采用雷诺 TRM9000 型（6×6）卡车底盘。驾驶室内有火控操纵台，被用于检查和控制发射。发射前，车体两侧的4个液压千斤顶支撑在地面上，以保证火箭炮射击的稳定性。

火箭弹采用弧形折叠翼，加之发射管内有两条定向槽，使火箭弹能以4 r/s的转速做低速旋转，因而精度比较高。

主要战术技术性能为：

口径：145 mm。

发射管数：18 或 30。

定向管长：5 000 mm。

初速：100 m/s。

最大飞行速度：1 100 m/s。

最大射程：30 km。

最小射程：10 km。

发射间隔：0.5 s。

再装填时间：15 min。

高低射界：+14°~52°。

方向射界：280°。

最大行驶速度：87 km/h。

最大行程：800 km。

最大爬坡度：24°14′（45%）。

战斗射速（一次齐射）：30/15 发/s。

发射方式：单射或齐射。

发射架不装弹重：2 000 kg。

精度：横向：0.4/100；

纵向：1.1/100。

炮班：3 人。

4.3　以色列 LAR – 160 式 160 mm 火箭炮

以色列 LAR – 160 式 160 mm 火箭炮有自行式和牵引式两种。自行式火箭炮于 1982 年装备陆军。1986 年又发展一种轻型牵引式火箭炮，主要适于压制和摧毁装甲部队、机械式部队以及固定和半固定军事设施。

火箭炮由一个或两个发射箱组成。发射箱为管式结构，定向管数根据底盘大小和吨位而定，分 8 管、16 管、18 管、26 管、32 管和 50 管 6 种。定向管用铝合金或玻璃钢制成。管内有若干条导轨。火箭弹在生产厂就被密封在发射管内，无须维护和保养，可用卡车、履带车作为载车。图 4 – 4 – 5 所示为 LAR – 160 式自行多管火箭炮。

图 4 – 4 – 5　LAR – 160 式自行多管火箭炮

火箭炮配用越野车载的瑞士"野战卫士"或美国快速射击"射击指挥系统"。作战时，每门火箭炮都配备一辆火箭弹运输装填车。再装填时，采用车上的液压起重机，先卸下空发射箱，再换上装满火箭弹的发射箱。整个再装填过程操作简便，所需时间为 10 s。

LAR – 160 式 160 mm 火箭炮定向器长 3 460 mm，最大射程 30 km，高低射界 +11° ~ +54°，炮班 3 人。

4.4 比利时 LAU – 97 式 70 mm 火箭炮

比利时研制的 LAU – 97 式 70 mm 火箭炮有牵引式和自行式两种，适于对面目标射击，1984 年装备。

发射箱长 1 800 mm，宽 835 mm，高 600 mm，内装 40 根定向管，排列 5 排，每排 8 根，基座可 360°转动。发射架的高低和方向瞄准由电动机驱动，具有两挡速度。高速挡被用于粗瞄准，而低速挡则被用于精确瞄准。还配有手轮进行人工瞄准，瞄准装置为 BRZ 式迫击炮用瞄准具，也可采用周视瞄准镜。火箭炮由遥控发射装置控制，可单射或连射。

火箭炮发射装置可被安装于载质量大于 1 200 kg 的车辆或拖车上，采用人工装填方式，如图 4 – 4 – 6 所示。

图 4 – 4 – 6   LAU – 97 式 70 mm 火箭炮

主要战术技术性能为：

发射管数：40。

口径：70 mm。

最大射程：10 km。

方向射界：360°。

高低射界：0° ~ +55°。

射速：40 发/6 s。

齐射覆盖面积：200 m × 300 m。

圆概率偏差：170 m。

自行式携弹量：160 发。

最大行驶速度：80.5 km/h。

炮班：3 人。

4.5　日本 75 式 130 mm 火箭炮

日本 75 式 130 mm 火箭炮于 1969 年开始研制，1975 年装备部队，主要适于歼灭集结部队和反突击部队，摧毁指挥所等目标。

日本 75 式 130 mm 火箭炮为口径 130 mm 30 管自行式火箭炮，如图 4 – 4 – 7 所示。

图 4 – 4 – 7　日本 75 式 130 mm 火箭炮

日本 75 式 130 mm 火箭炮由发射装置、地面测风装置、瞄准装置、运载车等组成。发射装置为长方形箱体，定向管排列 3 层，每层 10 根。采用电控发射，紧急时也可手动控制发射。专门配用的地面测风装置，缩短了火箭炮的反应时间，提高了射击精度。运载车为履带式装甲输送车，而车体为铝合金全焊接结构，越野性能好。

驾驶室座位前面装有 3 具潜望镜。其中夜视红外潜望镜能 360°回转。发射车上还装有陀螺罗盘式导航仪，射击准确而迅速。

主要战术技术性能为：

发射管数：30。

口径：130 mm。

定向器长：3 000 mm。

最大射程：15 km。

射速：30 发/12 s。

发射间隔：0.2～0.5 s。

高低射界：0°～ +50°。

方向射界：左、右各 50°。

最大行驶速度：53 km/h。

最大行程：300 km。

炮班：3 人。

发射架长：3 m。

发射架不带弹重：2 000 kg。

发射架带弹重：3 200 kg。

战斗全重：16 500 kg。

外形尺寸：5.78 m×2.8 m×2.67 m。

最大爬坡度：31°（60%）。

载车型号：73 式装甲输送车。

4.6　南非"战神婢女"127 mm 火箭炮

南非"战神婢女"主要适于对敌军营、集结地等处装甲车队等目标进行突击，并重点凸显这种炮的机动性和简易操作性。

"战神婢女"127 mm 火箭炮的发射车安装布篷后，其外形与一般卡车无异，有助于迷惑敌方，因而成为世界上第一种善于隐蔽的火箭炮。它的一辆发射车仅由 2 人操作，并可在 5 min 内完成发射准备，而且发射后可在 2 min 内转移阵地，并在 10 min 内重新装填。这些特性大大有利于火箭炮进行隐蔽作战，以便出其不意地袭击敌人。

用汽车载运该炮，并以其作发射车，其最大时速为 90 km。"战神婢女"的发射架为 3 层，每层 8 个发射管，总共为 24 个发射管，可在 50 m 外用遥控器发射。发射方式有两种，既可每秒一发地单发射击，也可 24 发齐射。每发火箭弹的杀伤面积可达 1 500 m²。图 4-4-8 所示为"战神婢女"127 mm 火箭炮。

图 4-4-8　"战神婢女"127 mm 火箭炮

4.7　印度"皮纳卡"214 mm 多管火箭炮系统

1983 年提出研制新型多管火箭炮计划，2002 年入列印度陆军装备。

该系统由 1 辆发射车、1 辆弹药补给装填车、1 辆指挥车，以及高空气象雷达和火箭弹等组成。

（1）发射车。

以印度仿制的"太脱拉"8×8 越野车作为底盘。发射车前部驾驶室可乘坐 5 人，而车后部装有 2 个发射箱，每箱 6 个发射管。车上装有三防系统和中央轮胎调压装置，以适应不同的路面。该车公路行驶最大车速为 80 km/h，爬坡度为 30°。

发射车装配了被动式夜用驾驶设备，先进的火控计算机，以及自动火炮校准和定位系统，具有计算机地面导航及目标捕获和瞄准能力，可以不依靠射击指挥中心而自主作战。发射车采用电力控制高低机、方向机，方向射界 ±90°，最大仰角 55°。发射车有以下几种作业模式：

①自动模式。发射车由火控计算机完全控制。车上的微处理器可自动执行来自火控计算机的指令，将系统状态显示在操作员的显示器和指示仪上。

②单机模式。发射车不连接火控计算机系统，控制台前的操作人员输入所有发射车瞄准指令和选定的射击诸元。

③遥控模式。遥控装置最远可在 200 m 距离上对发射系统、发射车定点位置进行遥控，并可遥控卸载使用后的发射箱。

④人工模式。包括瞄准和发射在内的所有操作程序都可由人控制。在微处理器失效或微处理器电源中断的情况下可采取这种作业模式。

（2）火箭弹。

配用 214 mm 非制导火箭弹。其性能参数为：

弹长：4.95 m。

弹径：214 mm。

弹重：275 kg。

最大射程：40 km。

齐射时间：44 s/12 枚。

火箭弹被装在两个发射箱内，便于运输、装填和卸载。发射箱为敞开式结构，由轻型高强度铝合金制成。6 枚火箭弹被分别装在各自的纤维增强塑料（FRP）发射管中。

（3）自动火炮校准和定位系统（AGAPS）。

AGAPS 被集成在发射车上，是法国 SAGEM 公司提供的先进技术。AGAPS 使用环形激光陀螺仪和加速器组成一个惯性传感器。它的定向精度可达 1 密位，可以进行快速计算，显著提高了火箭炮的射击密度。该系统与 GPS 系统联合使用，实现发射车的地面导航。乘员无须任何外援，即可在战场上进行导航，以打击目标，因此也不需要预先测地。

参 考 文 献

［1］张玉龙．海军舰空导弹武器手册［M］．北京：兵器工业出版社，1997．

［2］总装备部电子信息基础部．美国武器装备［M］．北京：国防工业出版社，2004．

［3］刘桐林，等．现代海战的利矛——反舰导弹［M］．北京：军事科学出版社，2003．

［4］崔玉屏，等．导弹之最［M］．北京：国防工业出版社，2003．

［5］李自力，等．世界陆军武器装备［M］．长沙：国防科技大学出版社，2001．

［6］总装备部电子信息基础部．法国武器装备［M］．北京：国防工业出版社，2004．

［7］刘桐林，等．巡航导弹［M］．北京：解放军文艺出版社，2001．

［8］崔金泰，杜波．火炮之最［M］．北京：国防工业出版社，2003．

［9］李喜仁．防空导弹发射装置［M］．北京：中国宇航出版社，1993．

［10］军事科学院军事百科研究部．兵器百科全书［M］．北京：蓝天出版社，2005．

索　引

1~9

75 式 130 mm 火箭炮　283

9K51 式冰雹 122 mm 多管火箭炮　270、

　　271（图）

9K57 式飓风 220 mm 多管火箭炮　273

9K58 式旋风 300 毫米多管火箭炮　274

9 次试验的基本数据（表）　119

A

ADAMS 地空导弹发射装置　188

　　导弹参数　188

　　发射车（图）　189

　　发射系统　188

　　发射箱　188

　　武器系统　188

AGAPS　285

ATACMS 导弹　29、120

　　发射装置　30、31（图）

　　结构特点　120

AVLS　122

C

C－300B/安泰－2500 地空导弹发射装

　　置　147

　　9A82 发射车　148

　　9A83 发射车　147

安泰－2500 防空系统　148

导弹参数　147

发射车　147、147（图）

武器系统　147

装填/发射车　148

C－300ПMY 发射装置　133

　　导弹参数　133

　　发射车　133、134（图）

　　发射车性能　133

　　机械液压系统　136

　　控制舱　135

　　控制舱参数　135

　　控制舱组成　135

　　汽车底盘性能参数　134

　　载车　134

C－300ПMY1 地空导弹发射装置　136

　　C－300 半拖车发射车（图）　138

　　半拖车　139

　　储运发射筒　136

　　储运发射筒功用　136

　　储运发射筒后支座（图）　138

　　储运发射筒结构（图）　137

　　储运发射筒组成　136

　　导弹固定升降机构　139

　　发射车　137

　　发射车功用　137

　　发射车组成　138

发射控制设备　139

牵引车　139

弹射装置　137

筒弹参数　136

遥码通信天线　139

战术技术性能　139

自主电源　139

C－300ΠMY2 地空导弹发射装置　140

C－300 导弹武器系统　76、132

C－300 地空导弹发射装置　132

特点　124

C－300 牵引车（图）　139

C－400 导弹发射车（图）　141

C－400 地空导弹发射装置　140

战术技术性能参数　140

指挥控制系统　140

C－400 凯旋防空导弹武器系统　140

CACX 机动轮式气垫运输车　26

CCL　118

减震要求　120

控制框图（图）　118

设计方法　119

试验研究　118

Chu－SAM 地空导弹发射装置　186

导弹发射车（图）　187

垂直发射车　186

导弹参数　187

E

EX－31 发射装置（图）　115

G

GWS25 发射装置　204

GWS25 型 6 联装发射装置后视图
（图）　205

GWS26 垂直发射装置　206

H

HCA　122

HGM－16F 宇宙神导弹　12

HGM－25A 导弹　12

HML　25、26

L

LAR－160 式 160 mm 火箭炮　281、281
（图）

定向管　281

发射箱　281

LAU－97 式 70 mm 火箭炮　282、282
（图）

发射箱　282

发射装置　282

战术技术性能　282

LGM－25C 导弹　13

LGM－30A 导弹　13

LGM－30B 导弹　13

LGM－30F 导弹　13

LGM－30G 导弹　13

发射装置　14

M

M－1 导弹　60

M－20 导弹　61

M270 多管火箭炮　261、263、264（图）

储存箱　263

底盘　265

定位定向系统　265

发射—储存器　263

发射管　263

发射箱　264

发射装置　263

火箭炮构成　263

火箭炮性能特点　268

火箭炮用火箭弹　268

火箭炮战术技术性能　267

火控系统　268

运输箱　263

运输装填车　264

自动装弹（图）　265

M270 式多管火箭炮用火箭弹　266

反坦克雷火箭弹　266

末制导火箭弹　266

双用途子母火箭弹　266

M270 式多管火箭炮战术技术性能　267

火箭弹　267

火箭炮　267

M270 式改进型火箭炮（图）　266

M－2 导弹　63

M－4 导弹　63

MEADS 中程增程型防空武器系统　192

360°全方位覆盖能力　192

发射车（图）　193

发射装置　193

防御性能　192

即插即用能力　193

网络化指挥控制能力　193

远程控制能力　193

MGM－118A 导弹　14

MGM－118A 和平卫士（MX）导弹发射装置　20

MX 导弹战术技术指标　20

垂直掩体式发射方案　21

导弹发射车车厢和安全车厢　23

发射方式论证　20

发射装置　22

机动/地下井结合式发射方案　21

利用民兵导弹地下井发射方案　21

密集部署超硬地下井发射方案　21

水平跑道式机动发射方案　21

水平掩体式发射方案　21

铁路发射车方案　23

铁路机动发射方案　22

铁路机动发射列车　23

武器系统　20

MGM－140 陆军战术导弹系统　29

MGM－140 陆军战术导弹系统发射装置　30

ATACMS－Ⅰ性能参数　30

ATACMS 发射车技术参数　31

发射箱　30

MGM－31A 潘兴ⅠA 导弹　28

MJ－4 挂弹装置（图）　231

MK10 导弹发射装置（图）　103

MK13 发射箱（图）　107

MK13 发射装置　95

MK13－4 导弹发射系统　96

系统结构（图）　96

MK14 战斧发射箱（图）　227

MK26 发射装置（图）　102

MK29 发射装置（图）　115

MK41 垂直发射系统　111

特点　111

MK41 垂直发射装置　94、103、110、225、226（图）

不足　94、116

MK41 导弹　77、103～110、225

垂直发射装置　103、225、226（图）

　　发控系统方块图（图）　110

　　发射模块（图）　104

　　燃气排导系统（图）　105

　　箱弹装填（图）　109

　　装填模块（图）　108

MK45 垂直发射装置　228

MK48 导弹垂直发射装置　112、113（图）

MK57 AVLS　122

MK57 先进垂直发射系统　122

MX 从地下井发射（图）　22

MX 导弹发射装置示意（图）　23

MX 铁路发射车样车（图）　24

N

NSM 导弹发射装置（图）　256

NTACMS　32

P

PAC－3 导弹　78

PAC－3 发射车（图）　90

PGM－11 红石导弹　12、28

PJ－10 新型反舰导弹　241

PVLS 舷侧垂直发射系统　122

R

RBS－15MK3 导弹（图）　252

RBS－15 岸舰导弹发射装置（图）　252、253

RBS－15 反舰导弹　251

RGM－84A 捕鲸叉舰载发射装置　221

　　MK140 发射架　222

　　MK141 发射架　222

　　导弹参数　221

　　发射架　222

RGM－84 捕鲸叉反舰导弹发射装置（图）　223

S

S－2 导弹　60

S－3 导弹　60

S－4 导弹　60

SA－1 地空导弹发射装置　125

　　导弹参数　125

　　发射装置　125

SA－2 地空导弹发射装置　125、126（图）

　　导弹参数　125

　　发射臂　125

　　发射装置　125

　　发射装置参数　127

　　机电随动系统　126

SA－3 地空导弹发射装置　127

　　4 联装发射车（图）　128

　　导弹参数　127

　　发射装置　127

　　双联装发射架参数　127

SA－4 地空导弹发射装置　128

　　导弹参数　128

　　发射车　129、129（图）

　　发射车性能　129

SA－5 地空导弹发射装置　129

　　导弹参数　129

SA－6 地空导弹发射装置　130

　　导弹参数　130

　　发射车（图）　130

　　发射架　130、131

载车　130

载车性能　130

整车　131

整车性能　131

SA－8 地空导弹发射装置　131

6 联装武器系统（图）　132

导弹参数　131

发射架　132

武器系统　131

载车　132

载车性能　132

SA－9 地空导弹发射装置　144

导弹参数　144

发射车（图）　145

发射装置　144

载车性能　144

SA－11 地空导弹发射装置　145

导弹参数　145

发射车　146、146（图）

发射车参数　146

装填/发射车　146

装填/发射车参数　146

SA－13 地空导弹发射装置　148

导弹参数　148

发射车（图）　149

发射装置　148

武器系统　148

载车参数　148

SA－15（TOP）地空导弹发射装置　141

TOP 参数　142

TOP 载车　144

导弹模块　141

发射模块　142、143（图）

发射箱结构（图）　143

发射装置　142

技术支援设备　142

武器系统　141

载车性能　144

作战装备　141

SA－17 地空导弹发射装置　150

导弹参数　150

发射车　150、150（图）

SADRAL 发射架（图）　198

SA－N－1 舰空导弹发射装置　154

SA－N－3 舰空导弹发射装置　155

SA－N－4 舰空导弹发射装置　156

SA－N－6 舰空导弹　77

发射装置　158

SA－N－7 舰空导弹发射装置　160

SA－N－9 舰空导弹发射装置　162

SA－N－11 舰空导弹发射装置　164

SA－N－24 共架垂直发射装置（图）　166

SA－N－24 舰空导弹发射装置　165

9M96E 导弹　166

9M96E2 导弹　166

9M96E3 导弹　166

9M96E4 导弹　167

SCL　121

单隔舱发射装置　95

设计　121

SICBM　24

SM－1 导弹发射装置　95

SM－2ER 导弹发射装置　103

导弹参数　103

发射装置　103

SM－2MR 导弹发射装置　102

MK26 发射装置性能参数　102

导弹参数　102

　　发射装置　102

SS－1A 导弹　54

SS－1B 导弹　54

SS－1C 导弹　54

SS－2 导弹　54

SS－3 导弹　54

　　被安装在发射台上（图）　55

SS－4 导弹　33

　　装井及弹头对接示意（图）　34

SS－5 导弹　33

　　地下发射井（图）　35

SS－6 导弹　33

　　发射阵地（图）　36

SS－7 导弹　33

　　地下发射井（图）　37

SS－9 导弹　37

　　地下发射井（图）　38

SS－11 导弹　38

　　地下发射井（图）　39

SS－12 导弹　55

SS－13 导弹　38

　　运输车和发射阵地（图）　40

SS－14 导弹　39

SS－15 导弹　40

SS－16 导弹　40

SS－17 导弹　40

　　地下发射井（图）　41

SS－18 导弹　40

　　安装在运输发射筒内（图）　44

　　地下井发射方式（图）　43

SS－18 地下井发射装置　42

　　导弹参数　42

　　地下井发射装置　43

　　发射筒　43

冷发射技术　43

　　武器系统　42

SS－19 导弹　42

SS－20、SS－25、SS－27 主要战术技术指标（表）　45

SS－20 导弹　42、45

　　发射车（图）　46

SS－21 导弹　55

SS－23 导弹　56

SS－24 导弹　42

SS－24 手术刀导弹铁路机动发射装置　50

SS－24 发射方式　51

SS－24 铁路机动发射系统特点　53

SS－24 战术技术指标　50

保障车　52

测控车　52

导弹列车　51

发电车　53

发射车　51

发射方式　51

发射筒　51

辅助车辆　51

接触网短路侧推装置（图）　53

内燃机车　53

燃料车　53

生活车　53

铁路发射车（图）　51

通信车　52

武器系统　50

指挥车　52

转向架　52

SS－24 铁路机动发射系统特点　53

SS－25 白杨导弹　42、45

SS－25 导弹发射车（图）　46

　技术参数（表）　50

　可延伸底部（图）　49

SS－25 发射筒顶盖在水平状态打开

　（图）　48

SS－25 机动发射系统　47

SS－26 导弹　56

SS－26 伊斯坎德尔导弹发射装置　57

　导弹发射车　57、58（图）

　地面设备　57

　技术特点　59

　技术维护和修理车（图）　59

　生活保障车　59

　武器系统　57

　武器系统性能参数　57

　信息处理站（图）　59

　运输装弹车（图）　58

　指挥车（图）　59

　总体参数　58

SS－27 白杨－M 导弹　45

　发射车（图）　47

SSM－1A 反舰导弹发射装置（图）　254

SSM－1B 反舰导弹发射装置（图）　254

SS－N－1 扫帚舰舰导弹发射装置　232

　导弹参数　232

　发射架　233

　发射装置　233

SS－N－12 沙箱反舰导弹发射装置　233、

　235（图）

　储运发射筒　234

　导弹参数　233

　动力装置　234

　发射装置　234

SS－N－19 花岗岩舰舰导弹发射装置

235、236（图）

　导弹参数　235

　动力装置　235

　发射架　235

　发射装置　235

SS－N－2 冥河反舰导弹发射装置　233

　Π－15 机动海岸发射型导弹系统　233

　导弹参数　233

　发射架　233

　发射装置　233

SS－N－20 导弹　42

SS－N－22 马基斯特反舰导弹发射装置

235、237（图）

　导弹参数　235

　动力装置　237

　发射架　236、237

　发射筒　236、237

SS－N－25 8 联装导弹发射车（图）　239

SS－N－25 岸防导弹运输装填车（图）　239

SS－N－25 天王星反舰导弹发射装置

237、238（图）

　岸防导弹发射装置　239

　岸防导弹系统　239

　导弹参数　237

　发射架　239

　发射筒　238

　发射装置　238

　舰载发射装置　238

SS－N－26 宝石反舰导弹发射装置　239

　PJ－10 新型反舰导弹　241

　布拉莫斯科研生产联合体　241

　导弹参数　240

　发射架　241

　发射筒　240

SS－N－27 俱乐部反舰导弹发射装置
　　242、242（图）
　　导弹参数　242
SS－N－8 导弹　42

T

TAN－SAM 地空导弹发射装置　185
　　导弹参数　185
　　导弹发射架（图）　186
　　发射架　185、186
　　武器系统　186
　　载车　185
THAAD 导弹　78
THAAD 地空导弹发射装置　91
　　导弹参数　91
　　发射车　92、92（图）
　　发射装置　91
TOP 地空导弹发射装置　141
TOP 发射车（图）　142
TVLS 导弹发射系统　187
　　导弹参数　187
　　发射车　187、188（图）
　　发射架　187

U

UGM－27A 导弹　13
UGM－27Є 导弹　14
UGM－73A 导弹　14

V

VM40 发射装置　205

П

П－15 机动海岸发射型导弹系统　233

Б

БМ－13 喀秋莎火箭炮　261、270
БМ－21 冰雹火箭炮　261
БМ－30 多管火箭炮　274

A

阿达茨导弹发射装置　184、185（图）
　　导弹参数　184
　　发射车　184
　　发射转塔　184
阿卡什地空导弹发射装置　190
　　导弹参数　191
　　发射架　191、191（图）
阿斯派德地空导弹　180
阿斯特 15/30 地空导弹　175
爱国者导弹半拖车（图）　85
爱国者导弹发射箱结构（图）　89
爱国者导弹武器系统　76
爱国者地空导弹发射装置　85
　　PAC－3 发射车（图）　90
　　PAC－3 发射箱　90
　　导弹参数　85
　　导弹滑轨　89
　　导弹制动插锁自锁装置　90
　　电子设备　86
　　发电机组　86
　　发射车　85、86
　　发射车行军图（图）　86
　　发射车系统结构（图）　87
　　发射车展开状态（图）　86
　　发射架　87、88
　　发射架连接组合　88
　　发射箱　88～90

方位驱动作动筒　88

俯仰同步作动筒　87

控制模块　87

通信模块　87

指挥控制车　85

自行发射车　86

安泰－2500 防空系统　148

岸防奥托马特导弹发射（图）　250

岸防捕鲸叉导弹发射装置　223

　导弹补充车　223

　发射车　223

　控制车　223

　武器系统　223

岸防导弹发射装置　239

岸防企鹅导弹　255

奥利康地空导弹发射装置　182、183
（图）

　发射装置　183

　武器系统　183

奥萨（SA－N－4）舰空导弹发射装
置　156

　发射参数　156

　发射架　157

　发射装置　157

　发射装置示意（图）　157

　武器系统（图）　157

奥托马特 2 导弹（图）　250

奥托马特反舰导弹发射装置　248、249
（图）

　岸舰导弹系统　250

　奥托马特 MK2 发射箱　250

　储运发射箱　249

　导弹参数　248

　发射车　250

发射箱　250

B

巴基斯坦弹道导弹发射装置　66

巴拉克－1 舰空导弹武器系统　208

　垂直发射单元　208

　垂直发射系统　208

　导弹参数　208

　维修体制　208

巴拉克－8 导弹（图）　210

巴拉克－8 舰空导弹武器系统　209

　发射装置　210

　舰空导弹　210

巴拉克垂直发射单元（图）　209

巴拉克舰空导弹　77

白蛉 4 联装发射箱（图）　236

白杨导弹　42、45

白杨系列导弹公路机动发射装置　45

　SS－25 导弹缩短发射准备时间措
　　施　48

　SS－25 发射车　48

　SS－25 发射筒　49

　导弹发射车　47

　导弹发射车特点　50

　底盘　47

　底座　49

　发射车　48

　发射车底盘　47

　发射筒　49

　发射系统　47

　发射装置　46

　可延伸底部技术　49

　快速发射技术　48

　快速调平起竖技术　48

　　冷发射技术　49

　　武器系统　45

　　自行式底盘　46

半挂车底盘　9

宝石反舰导弹储运发射筒（图）　240

宝石反舰导弹发射装置　239

宝石舰载垂直发射装置（图）　241

宝石舰载倾斜发射装置（图）　240

北极星 A－1 导弹　13

北极星 A－3 导弹　14

比利时 LAU－97 式 70 mm 火箭炮　282

标准 1 导弹发射装置　95、96（图）

　　BITE　100

　　CO_2 系统　99

　　MK13－4 导弹发射系统　96

　　MK13－4 发射系统设计特点　99

　　MK13 发射装置　95

　　N_2 系统　99

　　标准 1 导弹　95

　　导弹舱　97

　　导弹舱通风系统　99

　　导向臂结构（图）　98

　　发射架　97

　　发射控制系统　97

　　防冰系统　99

　　辅助设备　97

　　机内测试设备　100

　　喷水系统　97

　　注水系统　99

标准 2 导弹发射装置　102

冰雹 122 mm 多管火箭炮　271、271（图）

　　БМ－21 改进型火箭炮性能　272

　　定向管战术技术性能　272

　　火箭弹性能　272

　　旋转定向钮　271

　　载车　271

　　自动瞄准系统　272

冰雹火箭炮　261

波马克地空导弹发射装置　81、81（图）

　　导弹参数　81

　　发射装置　81

波音公司的 HML　26、26（图）

捕鲸叉导弹发射装置（图）　224

捕鲸叉反舰导弹　220

　　发射装置　221、222（图）

捕鲸叉舰对舰导弹　221

布拉莫斯导弹车载发射装置（图）　242

布拉莫斯科研生产联合体　241

C

参考文献　287

舱盖控制总成　122

长剑 2000 发射架（图）　180

长剑地空导弹发射装置　178

　　导弹参数　178

　　发射装置　178、179

　　牵引式发射装置　178、179（图）

　　自行式发射装置　179、179（图）

长矛导弹　28

超声速巡航导弹　220

　　缺点　220

　　优点　221

储运发射箱发射　217

　　发射箱　218

垂直发射　217

　　优点　124

垂直近瞄　8

垂直掩体式发射方案　21

D

大地导弹　62

　发射车（图）　62

　舰艇发射（图）　63

大力神Ⅰ导弹　12

大力神Ⅱ导弹　13

单车作战　8

单隔舱导弹发射装置　95、120、121（图）

弹道导弹　5

弹道导弹发射装置　3、5、7、12、33、60、62、66

　发展历程　5

　发展趋势　7

弹炮合一防空系统　151、153

导弹发射车　56

导弹发射装置　101～103、112、114、116、120、184、223、224

　提高隐身与伪装能力途径　10

导弹挂架　218

导弹火力单元　78

导弹机动性　8

导弹生存能力提高技术途径　10

导轨式挂架　218

导流装置　218

道尔武器系统　141

德国Ⅴ－1导弹发射导轨（图）　215

德国地空导弹发射装置　187

德国拉尔斯－Ⅱ110 mm火箭炮　277

低比压场坪发射技术　7

低成本　11

底盘　9

地空导弹　80

　发射装置　80～85、91、92、124～132、136、140、141、144～151、168、170、172、174～192

第一代地空导弹　80

第一代反舰导弹　215

第一代防空导弹　73

第一代舰空导弹　77

第一代战术弹道导弹　7

第二代反舰导弹　216

第二代防空导弹　74

　武器系统　74

第二代防空导弹发射装置性能　75

　多联装　75

　发射装置调转跟踪速度　75

　机动性　75

　快速反应　75

第二代舰空导弹　77

第二代战术弹道导弹　7

第三代地空导弹　76

第三代反舰导弹　216

第三代舰空导弹　77

　武器发射装置　154

第三代战术弹道导弹　7

第四代反舰导弹　216

第四代防空导弹　78

　发射装置要求　78

电气控制系统　218

靛青地空导弹发射装置　181、182（图）

　导弹参数　181

　发射车　181

　发射架　178

　发射装置　181、182

　火控车　181

载车　181

载车性能　181

独眼巨人反舰导弹发射装置　257

岸防导弹　257

车载发射装置（图）　257

发射箱（图）　257

反舰导弹　257

多管火箭炮　271～274

系统　285

多联装发射　217

多平台发射　10

E

俄罗斯弹道导弹发射装置　33

俄罗斯地空导弹发射装置　124

俄罗斯舰空导弹发射装置　154

发展　154

俄罗斯巡航导弹发射装置　232

俄罗斯战术火箭发射装置　270

F

发控室　218

发射方式　7

论证　20

发射架　116、217

单独模块型（图）　117

舰艇一体化模块（图）　117

发射控制系统　118

发射平台　10

发射箱　217～219

发射装置　1、5、7、10、12、14、20、33、55、60、66～71、80、94、121、124、215

发展趋势　216

机动性　217

机械化和自动化水平　217

全寿命周期成本降低途径　11

通用化　9、217

发射准备时间　9

法国、意大利奥托马特反舰导弹发射装置　248

法国弹道导弹发射装置　60

地地战略导弹　60

地地战术导弹　61

潜地战略导弹　60

法国地空导弹发射装置　168

法国飞鱼反舰导弹发射装置　243

法国舰空导弹发射装置　194

法国阵风145 mm 火箭炮　279

反舰导弹　215、216、251

发射装置　235、237、239、242、243、247～257

防空导弹　73、74、78

发射技术　73

反应时间（表）　75

机动性参数（表）　75

武器系统　74、154

防空导弹发射装置　71、73、77

发展历程　73

发展趋势　77

跟踪参数（表）　76

飞毛腿导弹　54～56

飞毛腿 A 导弹　54

飞毛腿 B 导弹　54、55

飞毛腿 B 导弹发射车（图）　54

飞鱼 MM38 岸对舰导弹　243

发射装置　244、244（图）

武器系统　243

飞鱼 MM38 舰对舰导弹　243
　导弹参数　243
　发射导轨　243
　发射装置　243、244（图）
飞鱼 MM40 岸对舰导弹　245
　储运发射筒　246
　发射车　246、246（图）
　发射架　246
　作战单位　246
　发射装置（图）　246
飞鱼 MM40 舰对舰导弹　244
　导弹发射（图）　245
　发射筒　245
　发射装置　245、245（图）
飞鱼 SM39 潜射导弹　247
　运载器　247
飞鱼反舰导弹发射装置　243
风暴（SA－N－3）舰空导弹发射装置　155
　导弹参数　155
　发射架装弹状态（图）　156
　发射装置　156
复仇者弹炮结合武器系统（图）　91
复仇者地空导弹发射装置　91

G

改进的旋风 300 mm 多管火箭炮（图）　276
高机动火箭炮　268、268（图）
高里－1 导弹　68
高伪装性能　10
格赞纳维导弹　67
国际合作地空导弹发射装置　192

H

哈德斯导弹　61
哈塔夫－1 导弹　66
　导弹发射（图）　66
哈塔夫－2 导弹　67
　导弹发射（图）　67
哈塔夫－3 导弹　67
　发射车（图）　67
　运输/发射车　67
哈塔夫－4 导弹　68
哈塔夫－5 导弹　68
　发射车（图）　68
哈塔夫－6 导弹　68
　发射车（图）　69
海标枪舰空导弹发射装置　201
　弹库　203
　弹库安全防护措施　204
　导弹补给装填设备　204
　导弹参数　201
　发射架　201
　发射架性能　202
　发射装置　201
　辅助舱室　203
　双联装发射架（图）　202
　双联装发射架装弹（图）　203
　扬弹机　203
　应急投掷设备　204
　远距离动力控制系统　203
海光舰空导弹发射装置　207
　导弹参数　207
　发射转塔　207
　武器系统（图）　207
海基弹道导弹　5

海军战术导弹系统　32

海狼导弹垂直发射（图）　207

海狼舰空导弹发射装置　204

　　GWS25 发射装置　204

　　GWS25 型 6 联 装 发 射 装 置 后 视
　　（图）　205

　　GWS26 垂直发射装置　206

　　VM40 发射装置　205

　　垂直发射筒　206

　　发射筒　206

　　海狼导弹装填　205、205（图）

　　海狼发射筒（图）　206

　　轻型海狼装弹示意（图）　206

　　双联装发射架　205

　　箱式发射架　206

海浪（SA－N－1）舰空导弹发射装
　置　154

　　导弹参数　154

　　发射架（图）　155

　　发射装置　155

海麻雀 MK48 导弹发射装置　112

　　MK20 导弹发射箱　112

　　MK48 垂直发射系统　112、114

　　MK48 发射装置　112

　　MK48 装舰条件　113

　　垂 直 发 射 型 海 麻 雀 RIM－7M 导
　　弹　112

　　导弹使用条件　114

　　海麻雀导弹发生哑弹操作步骤　114

　　燃气流对舰的影响　113

海麻雀舰空导弹武器系统　112

海玛斯（HIMARS）高机动火箭炮　268、
　268（图）

　　火箭弹　269

　　火箭炮　269

　　战术技术性能　268

海猫舰空导弹发射装置　200

　　4 联装发射架（图）　201

　　导弹参数　200

　　发射架　201

海鸥反舰导弹发射装置　248

　　导弹参数　248

　　发射箱（图）　249

　　发射装置　248

海神导弹　14

海响尾蛇舰空导弹发射装置　194

　　8MS 型分开式发射架（图）　196

　　8S 集中式发射架（图）　196

　　CN2 系统　197

　　VT1 导弹　197

　　储运发射筒　194

　　弹库　196

　　弹库使用环境　196

　　导弹性能参数　194

　　发射架　195、197

　　发射架性能　196

　　发射筒（图）　195

　　发射筒参数　195

　　发射装置　194

　　舰船运动参数（表）　197

　　新一代响尾蛇　197

海小懈树导弹发射装置　101、101（图）

　　导弹参数　101

　　发射装置　101

航天发射　1

　　发射装置　1

　　科学技术　1

和平卫士导弹　14、20

和平卫士（MX）导弹发射装置　20

红石导弹　12、28

花岗岩导弹发射装置　235、236（图）

火箭弹　266

火箭发射装置　261

火箭炮　261、279、281～284

霍克地空导弹发射装置　82

　　导弹参数　83

　　发射架　83

　　发射装置　83

　　牵引式发射装置（图）　83

J

机动/地下井结合式发射方案　21

机动发射装置　10

机动海岸发射型导弹系统　233

机动性提高　8

机载发射装置　218、230

机载战斧导弹挂架和 MJ－4 挂弹装置
（图）　231

基德级战舰装备的 RGM－84 捕鲸叉反舰
导弹发射装置（图）　223

迦伯列反舰导弹发射装置　247、248
（图）

　　导弹参数　247

　　发射箱　247

甲板上倾斜发射　225

舰舰导弹　232

　　发射装置　232、235

舰空导弹　77

　　发射装置　94、154～166、194、195、
　　　200、201、204、207～210

　　武器　154、209

舰载发射装置　217、221、225

"箭"地空导弹发射装置　189、190
（图）

　　箭－2 导弹参数　189

　　箭－2 导弹发射装置　189

警犬地空导弹发射装置　176

　　导弹参数　176

　　发射架　176

　　MK2 发射装置（图）　176

　　发射装置　176

俱乐部反舰导弹发射装置　241

　　车载发射装置（图）　241

飓风 220 mm 多管火箭炮　273、273
（图）

　　定向器战术技术性能　273

　　发射车　273

　　管式定向器　273

K

喀秋莎火箭炮　261、270、270（图）

　　发射架　270

　　火箭弹　270

卡什坦（SA－N－11）舰空导弹发射装
置　164

　　弹炮结合武器系统（图）　164

　　弹炮结合系统性能指标　165

　　导弹参数　164

　　导弹储存和再装填系统　165

　　发射装置　164、165

　　转塔参数　164

铠甲－C1 弹炮合一系统　152、153
（图）

　　基本性能　153

　　系统组成　153

克里诺克（SA－N－9）舰空导弹发射装

置　162

　储运发射筒　162

　弹射装置　163

　弹射装置技术指标　163

　导弹参数　162

　导弹弹射装置（图）　163

　点火器　163

　发射井　162

　发射井盖（图）　162

　缓冲器　163

　燃气发生器　163

　燃气缸　163

　作动筒　163

快速反应　8

快速装填　217

L

拉尔斯 - Ⅱ 110 mm 火箭炮　277、277
（图）

　发射箱　278

　后视图（图）　278

　火箭炮特点　278

　火箭炮战术技术性能　278

　火控系统　278

　轻型火箭炮　277

拉姆导弹发射装置　114

　10 联装轻型发射装置　116

　21 联装蜂窝状密集型发射装置　115

　EX - 31 导弹发射装置　115

　MK29 导弹发射装置　115

　导弹参数　114

　发射装置　114

雷鸟地空导弹发射装置　177

　导弹发射架（图）　177

　发射装置　177

　雷鸟 2 型导弹参数　177

雷神导弹　12

　发射设备　5

　冷发射方式　6、43

冷弹射方式　124

　缺点　124

　优点　124

利夫（SA - N - 6）舰空导弹发射装置
158、159（图）

　5B55 导弹参数　158

　储运发射筒　158

　弹库　159

　发射装置　159、160

利夫舰空导弹　77

利用民兵导弹地下井发射方案　21

连续发射准备时间　9

烈火导弹　63

　烈火 Ⅰ 导弹　63

　烈火 Ⅱ 导弹　63

　烈火 Ⅲ 导弹　64

　烈火 Ⅳ 导弹　64

　烈火 Ⅴ 导弹　65

　烈火 Ⅱ 公路发射车　63、64（图）

　烈火 Ⅱ 铁路发射车　63、64（图）

　烈火 Ⅲ 公路发射车（图）　65

　烈火 Ⅳ 导弹发射（图）　65

　烈火 Ⅴ 公路发射车（图）　66

猎鹰地空导弹发射装置　170

　导弹参数　171

　导弹发射车　171、171（图）

　导弹发射制导车　171

　发射装置　171

　载车性能　171

陆基弹道导弹　5

罗伯特 315 导弹（图）　251

罗伯特 315 反舰导弹发射装置　251

　　导弹参数　251

　　发射架　251

罗兰特地空导弹发射装置　172

　　导弹参数　173

　　发射车（图）　173

　　发射架　174

　　载车性能参数　174

罗兰特防空导弹　74

M

马丁公司的 HML　26、27（图）

马基斯特反舰导弹发射装置　235、237
（图）

马舒卡舰空导弹发射装置　194

马舒卡双联装发射架（图）　195

美国 M270 多管火箭炮　263

美国弹道导弹发射装置　12

美国地空导弹发射装置　80

　　特点　80

美国第一代防空导弹武器系统　94

美国第一代战略弹道导弹　12

美国第二代舰载防空导弹武器系统　94

美国第二代战略弹道导弹　13

美国第三代舰载防空导弹武器系统　94

美国第三代战略弹道导弹　13

美国第四代战略弹道导弹　14

美国舰空导弹发射装置　94

美国巡航导弹发射装置　220

美国战术弹道导弹　28

美国战术火箭发射装置　263

米卡地空导弹发射装置　174

发射车　174、175（图）

　　米卡地空导弹　174

米康地空导弹发射装置　183、184（图）

　　导弹参数　183

　　发射装置　183

密集部署超硬地下井发射方案　21

民兵Ⅰ导弹　13

　　A 导弹　13

　　B 导弹　13

民兵Ⅱ导弹　13

民兵Ⅲ导弹　13

　　发射试验（图）　15

民兵Ⅲ导弹发射装置　14

　　地面设备　15

　　地面设备特点　16

　　地下发射控制中心　16

　　民兵Ⅰ地面设备　16

　　民兵Ⅱ地面设备改进　18

　　民兵Ⅲ地面设备改进　18

　　民兵Ⅲ战术技术指标　15

　　武器系统　14

　　运输—起竖车　16

民兵导弹地下发射控制中心（图）　17

民兵导弹运输—起竖车　（图）17、18

民兵导弹在发射井中（图）　16

冥河反舰导弹发射装置　233、234（图）

冥王星导弹　61

N

奈基地空导弹发射装置　82

　　发射装置　82

　　奈基－2 导弹参数　82

　　奈基－2 发射装置（图）　82

南非战神婢女 127 mm 火箭炮　284

挪威地空导弹发射装置　191

挪威企鹅反舰导弹发射装置　254

挪威先进地空导弹系统　191

　　导弹参数　191

　　发射装置　191、192（图）

P

潘兴ⅠA导弹　28

潘兴Ⅱ导弹　29

　　运输起竖发射车（图）　29

皮纳卡214 mm多管火箭炮系统　285

　　AGAPS　285

　　发射车　285

　　发射车作业模式　285

　　火箭弹　285

　　自动火炮校准和定位系统　285

普里特维导弹　62

普吕东导弹　61

Q

企鹅反舰导弹发射装置　254、255（图）

　　NSM导弹　256

　　NSM导弹发射装置（图）　256

　　储运发射箱　256

　　导弹参数　254

　　发射箱　256

　　发射装置　255

　　基本发射方式　255

　　企鹅-2舰载导弹参数　255

　　企鹅-2型导弹　255

　　企鹅-3空舰导弹　255

　　企鹅-3空舰导弹参数　255

　　企鹅-4NSM导弹参数　256

　　企鹅导弹　255、256

起竖装置　218

牵引式长剑发射装置（图）　179

潜射导弹发射装置　218、228

潜射战斧出水（图）　229

潜载捕鲸叉出水（图）　224

潜载捕鲸叉导弹发射装置　224

轻型海狼装弹示意（图）　206

倾斜发射　80

　　缺点　80

　　优点　80

全尺寸ATACMS导弹发射试验　120

R

日本75式130 mm火箭炮　283、283
（图）

　　发射装置　283

　　驾驶室　283

　　战术技术性能　283

日本SSM-1反舰导弹发射装置　253

　　储运发射筒　253

　　导弹参数　253

　　发射装置　253

日本地空导弹发射装置　185

瑞典RBS-15反舰导弹　251

　　RBS-15岸舰导弹发射装置　252

　　RBS-15M导弹参数　251

　　RBS-15MK3发射架　252

　　发射架　252

　　发射装置　252

瑞典反舰导弹发射装置　251

瑞典罗伯特315反舰导弹发射装置　251

瑞士地空导弹发射装置　182

S

三叉戟导弹 14

　三叉戟Ⅰ导弹 14

　三叉戟Ⅱ导弹 14

三叉戟系列导弹发射装置 19

　发射装置 20

　三叉戟Ⅰ战术技术指标 19

扫帚舰舰导弹发射装置 232

沙箱反舰导弹发射装置 233、235（图）

沙欣－1导弹 66

沙欣－2导弹 67

沙伊那地空导弹 170

山猫地空导弹发射装置 177、178（图）

　导弹参数 178

　发射架 178

　发射装置 178

圣甲虫导弹 55

施基利（SA－N－7）舰空导弹发射装
　置 160

　弹库 161

　弹库中导弹布置（图） 161

　导弹参数 160

　发控装置 161

　发控装置技术指标 161

　发射架 160、160（图）

　发射装置 160

实时定位定向技术 8

手术刀导弹铁路机动发射装置 50

双联装发射架上的 RBS－15MK3 导弹
　（图） 252

水平瞄准 7

水平跑道式机动发射方案 21

水平掩体式发射方案 21

斯拉姆拉姆地空导弹发射装置 92

　导弹参数 92

　发射车（图） 93

　发射装置 92

斯帕达地空导弹发射装置 180

　6联装发射架（图） 181

　导弹参数 180

　发射车 180

　发射架 180、181

　发射箱 181

　发射装置 180

　武器系统 180

苏联/俄罗斯战略弹道导弹 33

　第一代战略弹道导弹 33

　第二代战略弹道导弹 37

　第三代战略弹道导弹 40

　第四代战略弹道导弹 42

苏联/俄罗斯战术弹道导弹 54

苏联第三代舰空导弹武器发射装置特
　点 154

随机发射 7

缩比试验 119

T

台湾基德级战舰装备的 RGM－84 捕鲸叉
　反舰导弹发射装置（图） 223

弹射式挂架 218

特里舒尔地空导弹发射装置 190

　导弹参数 190

　发射架 190

天王星导弹舰载发射装置（图） 238

天王星反舰导弹发射装置 237、238
　（图）

铁路发射车方案 23

铁路机动发射　22、51

　　不足　51

　　方案　22

　　优势　51

通古斯卡弹炮合一防空系统　151、151

（图）

通古斯卡地空导弹发射装置　151

　　发射装置　152

　　发射装置性能参数　152

　　筒弹参数　152

　　支援装置　152

　　作战装备　152

同心发射筒　117

　　组成（图）　117

同心筒发射装置　95、116

　　功能　116

　　优点　95

　　组成　116

W

外加伪装器材　10

外围垂直发射系统　122、123（图）

无依托瞄准技术　7

X

西北风舰空导弹发射装置　198

　　导弹参数　198

　　发射架　198

西卡地空导弹发射装置　172

　　轮式载车　172

　　模块结构　172

西卡牵引式 6 联装导弹发射车（图）　173

西卡自行式 6 联装导弹发射车（图）　172

席尔瓦（SYLVER）发射装置　198

先进垂直发射系统　122

现代级驱逐舰上的白蛉 4 联装发射箱

　　（图）　236

限制性发射试验　119、120

　　条件（表）　120

响尾蛇地空导弹发射装置　168

　　导弹装填车　170

　　发射架　169

　　发射架性能　170

　　发射筒　168

　　发射制导车　168、169（图）

　　筒弹参数　168

　　武器系统　168、170

　　新一代响尾蛇导弹发射车　170

　　载车　169

　　载车性能　169

　　作战设备　168

响尾蛇防空导弹　74

小懈树地空导弹发射装置　84

　　导弹参数　84

　　发射装置　84

　　牵引式发射架（图）　84

小型化、一体化发射设备　9

小型洲际弹道导弹　24

谢克斯娜发射装置　33

新型模块式单隔舱发射装置　121

新一代海响尾蛇 CN2 发射装置（图）　197

新一代舰舰导弹　232

新一代响尾蛇导弹发射车（图）　170

信天翁舰空近程点防御系统　210

　　导弹发射箱（图）　211

　　导弹性能参数　210

　　导弹装填方式　211

　　导弹装填设备　211、211（图）

导弹作战使用环境 212

发射架 211

发射箱 210、211

发射装置 211

箱式倾斜发射 211

旋风 300 毫米多管火箭炮 274、275
（图）、276（图）

发射装置 274

改进后性能 275

特点 273

战术技术性能 276

巡航导弹发射装置 213 ~ 217、220、
225、232、243

发展历程 215

发展趋势 216

基本组成 217

Y

亚声速巡航导弹 220

一体化发射设备 9

伊斯坎德尔导弹 56

发射车 56、58（图）

发射装置 57

外形（图） 57

伊斯坎德尔其他辅助车辆（图） 59

伊斯坎德尔运输装弹车（图） 58

以色列 LAR – 160 式 160 mm 火箭炮 281

以色列地空导弹发射装置 188

以色列迦伯列反舰导弹发射装置 247

以色列舰空导弹发射装置 208

意大利奥托马特反舰导弹发射装置 248

意大利地空导弹发射装置 180

意大利舰空导弹发射装置 210

隐身设计 10

印度弹道导弹发射装置 62

印度地空导弹发射装置 190

印度皮纳卡 214 mm 多管火箭炮系
统 285

英国地空导弹发射装置 176

英国海鸥反舰导弹发射装置 248

英国舰空导弹发射装置 200

有限元结构模拟 119

鱼雷管水平发射 218

宇宙神导弹 12

远程防空导弹 78

Z

战斧车载导弹发射装置 228、228（图）

发射车 228

发射架 228

战斧导弹 221

战斧机载发射装置 230、231（图）

战斧舰载发射装置（图） 225

战斧潜射导弹发射装置 228

MK45 垂直发射装置 228

导弹发射系列动作 229

发射管 229

发射筒 230

潜射发射装置（图） 230

潜射战斧导弹出水（图） 229

巡航导弹发射筒 230

战斧巡航导弹发射装置 225

MK14 发射箱 227、227（图）

MK 41 导弹垂直发射装置 225、226
（图）

导弹参数 225

发射箱 225、227

发射箱参数 227

舰载发射装置　225

战略弹道导弹　5

第一代导弹　5

第二代导弹　6

第三代导弹　6

第四代导弹　6

发射装置　12、33

特点　5

战区高空区域防御导弹系统　78

战神婢女 127 mm 火箭炮　284、284
（图）

发射车　284

发射架　284

战术弹道导弹　7

发射装置　28、54

战术火箭发射装置　259、261～263、
270、277

发展历程　261

发展趋势　262

阵风 145 mm 火箭炮　279

发射架　279、280

发射箱　279

火箭弹　280

战术技术性能　280

阵风 18 管火箭炮（图）　279

阵风 30 管火箭炮（图）　280

蜘蛛导弹　56

B 导弹　56

发射车（图）　56

宙斯盾 MK41 导弹发射装置　103

MK13 发射箱（图）　107

MK41 垂直发射系统　103

MK41 垂直发射系统特点　111

MK41 垂直发射装置　110

MK41 发控系统方块图（图）　110

MK41 发射模块　103

MK41 发射箱　106

MK41 模块化设计　103

MK41 箱弹装填（图）　109

MK41 装填模块（图）　108

安全系统　106

备战状态　109

舱口盖系统　105

导弹储运发射箱（图）　106

发控单元　109、111

发控台工作状态　109

发射控制系统　109

发射模块　104、108

发射模块系列　107

发射箱　106

模块尺寸（表）　106

模拟状态　109

燃气排导系统　105

战斗状态　109

宙斯盾导弹　77

侏儒导弹　14

发射装置特点　27

侏儒导弹公路机动加固发射装置　24

发射装置　25

发射装置特点　27

加固机动发射车　25

牵引车　25

武器系统　24

侏儒战术技术指标　25

紫菀 15/30 地空导弹发射装置　175

导弹系统　175

防空导弹　175

载车　175

紫菀 30 导弹发射车（图）　175

紫菀舰空导弹发射装置　198

　垂直发射技术　198

　多功能垂直发射系统　199

　席尔瓦 A70 型垂直发射系统　200

席尔瓦垂直发射系统　199

席尔瓦垂直发射装置　199（图）、200

紫菀 15 导弹参数　200

自行式底盘　9

自行式长剑导弹发射车（图）　179